Edizioni PensareDiverso
Cenacolo Jung Pauli

Bruno Del Medico
Knjigo je ilustrirala Elisabetta Del Medico

Vse barve kvantne zapletenosti.

Od mita o Platonovi jami, do sinhronosti Carla Junga do holografskega vesolja Davida Bohma. Kvantna fizika zavrača materializem in razkriva duhovno komponento vesolja.

3

Povzetek.

Uvod. O čem govori ta knjiga.

Knjiga je razdeljena na tri dele. V prvem delu (Intuicije) avtor obravnava najpomembnejše hipoteze o lažni realnosti zaznavnega sveta. Veliki misleci so predvideli obstoj ravni zavesti, ki presega snov. To idejo najdemo v Platonovem "Mit o jami", v Berkeleyjevi "Nematerialistični teoriji" in tudi v "Psihologiji oblike" (Gestaltpsychologie). Najbolj verodostojen vir leži v delih o "kolektivni podzavesti" in "Teoriji sinhronosti" Carla Junga.

V drugem delu (Potrditve) avtor na elementaren, a podroben način opiše pot kvantne fizike, od poskusa pregrade z dvema režama Thomasa Younga do pojavov superpozicije stanj in kvantne korelacije. S pomočjo teh privilegiranih ključev je mogoče razumeti kvantno prepletenost. V tretjem delu (Perspektive) avtor opisuje teorije, ki jih je David Bohm razvil o "kvantnem potencialu" o "implicitnem vesolju in eksplicitnem vesolju" in o holografski viziji kozmosa. Vse je razloženo z absolutno preprostostjo, brez uporabe matematičnih formul in s pomočjo številnih ilustracij.

Človeštvo je od svojega izvora želelo raziskati izvor in sestavo stvari, odkriti njihovo delovanje in intimni namen.

Vsesplošno uporabljena metoda je razčlenitev predmetov na manjše in manjše dele, nato pa njihovo analizo z vsemi možnimi tehnikami, od vizualne preiskave do kemičnih reakcij. To se dogaja še danes. Na primer, če želi znanstvenik odkriti kemično in fizikalno zgradbo granitne kocke, jo bo razbijal na vse manjše koščke, dokler ni razdeljena na posamezne atome.

Če pa znanstvenik sam želi raziskati posamezne delce, ki sestavljajo atom, prejme neverjetno presenečenje. Granitna kocka se obnaša kot ledena kocka. Znanstvenik vidi snov, ki postane megla, izhlapi in izgine med prsti. Trdna snov postane energija, ki vibrira.

Posamezni delci se brez več telesnosti pretvorijo v nihajoče valove.

Na subatomski ravni snov ni več trdna snov, postane nekaj drugačnega.

Osnovni delci nas varajo. Videti so kot trdne pike, če jih nekdo opazi, vendar se obnašajo kot vibrirajoči valovi, ko jih ne opazijo.

Atomi praktično vsebujejo samo vakuum.

Na površju verjamemo, da se lahko dotikamo, tehtamo, manipuliramo in merimo s snovjo. Toda v svoji najbolj intimni sestavi materija postane valovanje praznine, energije, informacij, valov ali vibracij. Kar se nam zdi trden material, v svojem najbolj intimnem bistvu ni več trden material.

Na tej točki je jasno, da ne moremo več govoriti o eni sami resničnosti. Glede na stopnje opazovanja, od skrajno majhnih do neskončno velikih, obstaja mnogo resničnosti, ki so različne, a vse popolnoma resnične.

Ali morda obstaja veliko vidikov višje resničnosti, še vedno neznanih. Vse filozofije in religije so vedno postavljale hipoteze o "območju duha", ki presega snov; nihče pa še nikoli ni mogel predložiti dokazov o njegovem obstoju. Danes kvantna fizika odpira ogromno okno za obzorja, ki si ga do prejšnjega stoletja nismo mogli predstavljati. Potrditve prihajajo iz uspešno izvedenih poskusov, zlasti tistih, ki se nanašajo na pojav kvantne zapletenosti.

Danes vemo, da obstaja stopnja resničnosti, ki ni več podvržena omejitvam newtonske fizike. Fizika snovi ni več dovolj za opis vesolja.

Kvantna fizika dokazuje obstoj ravni, na kateri energija in informacije prevzemata materijo. To je tako imenovana "nelokalna" raven. Lahko bi ga opredelili kot psihični ali duhovni nivo. Na tej ravni univerzalna inteligenca komunicira s človeštvom. Poti komunikacije z inteligentnim vesoljem potekajo skozi kolektivno nezavedno, ki jo je teoretiziral Carl Jung.

Jungovske sinhronosti nas vodijo v kulturnem evolucijskem projektu. To je projekt, ki se ga začenjamo zavedati.

Prvi del. Intuicije.

Nepojasnjeni pojavi.

Po nekaterih priznanih besedilih letalske tehnike sršen ne more leteti zaradi oblike in teže telesa glede na površino kril. Toda sršen ne ve in zato še naprej leti. (Igor Ivanovič Sikorski, ruski letalski pionirPo nekaterih priznanih besedilih letalske tehnike sršen ne more leteti zaradi oblike in teže telesa glede na površino kril. Toda sršen ne ve in zato še naprej leti. (Igor Ivanovič Sikorski, ruski letalski pionir)

Guinnessova knjiga rekordov vsebuje veliko nenavadnosti. Med temi nenavadnimi novicami je ena zelo posebna. To je razvrstitev, ki se nanaša na pare dvojčkov, rojenih ob različnih časih. Guiness navaja pare dvojčkov, ki so se rodili z največjim časovnim zamikom med seboj.

V nasprotju s tem, kar bi si lahko predstavljali, ta interval ni sestavljen iz ur ali dni, ampak celo mesecev. Na primer, leta 2000 je Sandra Beveridge iz West Lothian, škotskega okrožja, rodila dvojčka v 28 dneh narazen. Še bolje se je odrezala Peggy Lynn, dama iz Pensilvanije. Leta 1995 je Peggy rodila dvojčka, rojena v razmaku 84 dni. Sicer pa trenutni rekord pripada Marii Jones-Elliot, ki je leta 2013 na Irskem rodila Amy in šele po 87 dneh rodila dvojčico Katie.

Zdravniki poudarjajo, da gre za zelo redke primere. Ti primeri se pojavijo le, če dvojčka rasteta v ločenih placentnih vrečkah.

Kvantno korelirani dvojčki.

Zanimiv je vidik, ki me je prepričal, da omenim evidenco zapoznelih rojstev dvojčkov. Gre za to, da je knjiga "Guinnessova knjiga rekordov" nastala izpod peresa dveh avtorjev. Imenujeta se Ross in Norris McWhirter in tudi onadva sta bila dvojčka. Ta dva dvojčka sta bila poleg tega, da sta avtorja knjige, protagonista »nemogočega« dogodka.

Guinness je trenutno tretja najbolje prodajana knjiga na svetu, takoj za Svetim pismom in Koranom. Ta knjiga predstavlja praktičen razvoj ideje, ki se je rodila povsem mimogrede, med lovom, ki je potekal 4. maja 1951.

Eden od udeležencev lova je bil sir Hugh Beaver, generalni direktor pivovarne Guinness Breweries v Dublinu.

Sir Beaver ni uspel zadeti nekaterih ptic z nenavadnim imenom "zlate ptice" (Pluvialis apricaria). Ptice so bile hitrejše od njegove puške in so z veliko hitrostjo pobegnile takoj, ko so začutile prisotnost lovca.

Ta nevšečnost je sprožila razpravo med sirom Beaverjem in drugimi lovci, da bi ugotovili, katera ptica je najhitrejša.

V dneh, ki so sledili, je sir Beaver, ki očitno ni bil preveč zaposlen z vlogo administratorja, še naprej razmišljal o problemu. Sčasoma je prišel do zaključka, da bi mnoge, tako kot on, zanimalo ne samo, katera ptica je bila najhitrejša, ampak tudi katera koli druga vrsta odličnosti v različnih nastopih. Zato se je odločil ustvariti knjigo, kjer bi lahko vsak imel dostop do tovrstnih informacij.

Vsebina knjige naj bi bila zbirka primatov v različnih dejavnostih. Sir Beaver je zato poiskal pomoč pri dveh specialistih v atletskem sektorju, bratih Rossu in Norrisu McWhirterju, in jima naročil, da napišeta knjigo.

Knjiga je prvič izšla 27. avgusta 1955 s podpisom obeh bratov. Naslov je bil "Guinnessova knjiga rekordov". Knjiga je takoj požela odmeven uspeh, ki traja še danes. (slika 1). Očitno sta avtorja postala zelo znana, zato so dogodki iz njunega življenja zelo dobro dokumentirani in izpričani.

Slika 1 - Dvojčka Norris (levo) in Ross McWhirter (desno), avtorja prve izdaje "Guinnessove knjige rekordov". Oba sta bila protagonista neverjetnega primera zunajčutne komunikacije.

Dvojčka Ross in Norris McWhirter.

Ross in Norris sta se rodila 12. avgusta 1925 Williamu McWhirterju, uredniku "Sunda Pictorial", in Margaret Williamson. Leta 1950 sta oba postala športna novinarja. Njun prijatelj, tekač Christopher Chataway, je bil zaposlen v pivovarni Guinness. Ko je Christopher izvedel, da administrator Hugh Beaver išče kompetentne ljudi za izdelavo knjige o primatih, je priporočil dvojčka. Oba sta takoj dobila nalogo, da napišeta knjigo.

V šestdesetih letih je Ross postal politični aktivist konservativne stranke. Ne glede na težke čase je podpiral številne restriktivne zakone, ki jih je Velika Britanija sprejela proti irskemu prebivalstvu.

Razpisal je celo nagrado v višini 50.000 funtov vsakomur, ki bi posredoval koristne informacije za aretacijo celice IRA (Irska republikanska armada). Takrat je IRA v Londonu izvajala številne napade. IRA je na Rossa McWhirterja gledala kot na neposrednega sovražnika.

27. novembra 1975 sta dva člana IRA ubila Rossa. Oba sta ga počakala, ko se je vrnil domov. Ko je prišel, so vanj izstrelili dva strela iz revolverja. Ura je bila 6.45 popoldne.

V istem času, ko je bil Ross ubit, je bil njegov brat dvojček Norris približno 30 milj stran in se pogovarjal z nekaterimi ljudmi.

Nenadoma se je Norris prijel za glavo z rokami, kot da bi mu glava počila.

Na začudenje prisotnih se je skoraj onesvestil. Ura je bila 6.45 popoldne.

Prisotni so to potrdili. Pričevanje je dokumentiral učenjak Guy Lyon Playfair v svoji knjigi "Twin Telepathy":

> »Zgodaj zvečer 27. novembra 1975 sta pisatelja in televizijskega voditelja Rossa McWhirterja v glavo in prsa ustrelila dva strelca, ko je stal na pragu svojega doma v severnem Londonu. Odpeljali so ga v bolnišnico, a so ga kmalu po prihodu razglasili za mrtvega. Očividec, ki je bil s svojim bratom dvojčkom Norrisom McWhirterjem, mi je povedal naslednje: "Norris je imel dramatično reakcijo, skoraj kot da bi ga zadela nevidna krogla."

To ni edini primer dvojčka, ki se na veliki razdalji odziva na dogodke v zvezi z drugim dvojčkom.

Vikontesa Thelma Furness.

Thelma Morgan, rojena v Švici 23. avgusta 1904, je bila hči Harryja Haysa Morgana, ameriškega diplomata, ki je bil ameriški konzul v Buenos Airesu in Bruslju. Thelma in sestra dvojčica Gloria sta se rodili Lauri Delphine Kilpatrick. (slika 2).

Laura Delphine je bila vnukinja generala Unije in je bila po babici po materini strani potomka španske kraljeve hiše Navarre.

Zato sta imeli sestri dvojčici vse pogoje za obisk najboljše družbe tistega časa. Thelma je postala ljubica princa Walesa, bodočega kralja Edvarda VIII.

Dejansko je bila Thelma v Edwardovem srcu pred Wallis Simpson. Kasneje pa se je zaradi ljubezni do Wallis Edward odrekel prestolu in postal vojvoda Windsorski.

Med razmerjem s princem Edwardom leta 1929 se je Thelma poročila s plemičem, vikontom Marmadukom Furnessom. Zakon ni trajal dolgo, vendar ji je omogočil, da je vse življenje nosila naziv vikontesa Furness. Med kratkim zakonom je Thelma rodila Williama Anthonyja.

Themina dvojčica Gloria se je poročila z Reginaldom Claypooleom Vanderbiltom.

Kljub pestremu in razgibanemu življenju sta sestri ohranili močno psihično vez.

Ta vez se je močno pokazala, ko je Thelma, ki je bila noseča z Williamom Anthonyjem, prezgodaj rodila otroka. Takrat je bil v Melton Mowbrayu v Veliki Britaniji.

Takrat je bila njena sestra Gloria na drugi strani oceana, v New Yorku, zato ji je bil prezgodnji porod povsem neznan.

A hkrati z dogajanjem z njeno sestro dvojčico je Gloria začutila tudi hude bolečine v trebuhu, kot da bi sama morala roditi otroka.

Glorii so nemudoma pomagali, vzroka njenih bolečin pa nikoli ni bilo mogoče ugotoviti.

Šele kasneje je bilo mogoče Glorijine bolečine povezati s Thelminim rojstvom, ki je potekalo istočasno.

Gloria je skrivnostno delila Thelmine težave, kot bi bila eno s svojo sestro. Zveza ni bila samo psihična, ampak tudi fizična.

Primera, ki sem ju omenil, sta zelo znana. O teh primerih obstaja veliko in zanesljivih dokazov. Ti primeri potrjujejo, da lahko nekateri pari dvojčkov zaradi skrivnostne vezi, vzpostavljene s skupnim rojstvom, delijo fizične občutke na način, ki je v nasprotju z vsemi osnovnimi zakoni fizike. To je bolj očitno, če upoštevamo razdaljo med dvojčkoma, ko se dejstva zgodijo.

Zaradi razvpitosti in pričevanj teh primerov je težko trditi, da gre za izmišljene zgodbe. Te epizode so tako dobro dokumentirane, da so omenjene tudi na spletni strani CICAP (Italijanski odbor za nadzor trditev o psevdo-znanostih).

To združenje si je zadalo poslanstvo izpodbijati in diskreditirati vse trditve v zvezi z ekstrasenzornimi pojavi. Vendar pa CICAP katalogizira primere, opisane kot "čutna naključja" in jih definira kot "odločno senzacionalne primere".

Pravzaprav zgodbe teh dvojčkov kažejo veliko korespondenco z nekaterimi tipičnimi vidiki subatomskih delcev. Kvantna fizika je pokazala, da dva korelirana delca, to je združena s posebnimi pogoji (običajno sta nastala iz skupnega dogodka), pridobita sposobnost, da ostaneta "zavestno" povezana na kateri koli razdalji, kot da bi bila en sam delec. O tem bomo govorili v drugem delu knjige.

Slika 2 - Thelma Morgan, vikontesa Furness (desno) z dvojčico Glorio. Medtem ko je bila Thelma v Združenem kraljestvu v stiski zaradi prezgodnjega poroda, je njena sestra Gloria v New Yorku čutila enake bolečine.

Materija, samo materija, nič drugega kot materija.

"Materialisti in norci nikoli ne dvomijo."
(Gilbert Keith Chesterton)

Glede na današnjo znanost so nekatere stvari "lahko", in druge, ki "ne morejo biti".

Prvi so vse tiste stvari, ki jih je mogoče stehtati, izmeriti in reproducirati v laboratoriju. Med temi stvarmi razumemo tudi povezane učinke, kot sta magnetizem in gravitacijska sila.

Vsi drugi primeri, začenši z ekstrasenzornimi pojavi, so rezultat iluzije ali vraževerja. Zagovorniki teh pojavov so goljufi ali v najboljšem primeru duševno bolni in bi morali biti podvrženi zdravljenju. V podporo tej tezi se iščejo absurdne razlage, ki mejijo na posmeh. Vsekakor je obstoj teh pojavov vnaprej zanikan.

Povedati je treba, da sedanja znanost ta odnos opira na očitno trdne temelje, to je na znane fizikalne zakone. Ti zakoni so bili vzpostavljeni in utrjeni nekaj stoletij. To so zakonitosti, ki jih lahko preverimo tudi sami, če s svojimi varljivimi čuti opazujemo svet okoli sebe. Poskušal bom na kratko povzeti materialistične teorije.

Monizem in materialistični redukcionizem.

Koncept monizma je zelo starodaven, sega v 5. stoletje pred našim štetjem, natančneje v filozofijo Parmenida. Izraz "monizem" je leta 1734 uporabil nemški filozof Christian Wolff. Učenjak v svojem delu "Racionalna psihologija" definira "monista", ki "priznava eno samo vrsto snovi".

Monizem se razlikuje od dualizma ali pluralizma, po katerem je mogoče celoto izslediti do dveh ali več vrst substanc. Nekateri tipični dualizmi so:

- psiha / materija
- um/telo.

Materialistična znanost zreducira vso resničnost na eno vrsto "snovi", trdno snov. Hkrati pa materializem izključuje kakršno koli psihično ali duhovno prisotnost. Samo vse, kar je fizično, je resnično. Um, misel, zavest so le ostanek kemičnih procesov, ki se odvijajo v možganih.

Mimogrede navajamo, da ne obstaja le materialistični monizem; na primer, obstaja tudi monizem, imenovan "idealist". To je "mentalizem" in trdi ravno nasprotno: resničen je samo mentalni vidik.

Obe stališči sta napačni glede na nedavna odkritja kvantne fizike, kot bomo videli kasneje v knjigi. Pravzaprav oba zanikata, da lahko obstaja vesolje, v katerem materija in psiha (ali duh) harmonično sodelujeta v velikem ustvarjalnem projektu.

"Determinizem" in "vzročnost".

Po teh načelih je vesolje stroj, ki deluje kot ura. Vse je vzpostavljeno, vse je posledično. Vsak dogodek, vsaka sprememba predmeta je funkcionalna glede na njegov položaj, njegovo začetno hitrost in materialne sile, ki so prisotne okoli njega.

Seme absorbira hranila iz zemlje in proizvede kalček. Seme z določeno silo potiska kalček navzgor. Če je moč zadostna, semenski kalček pretrga skorjo zemlje in vznikne, sicer pod zemljo odmre.

Ko kalček semena požene iz tal, ga moč korenin potisne navzgor. Takrat lahko tekmuje z okoliškimi rastlinami v absorpciji sončne svetlobe in dežja. Vse deluje kot ura, rastlina raste z vrsto mehanizmov, ki se jih rastlina absolutno ne zaveda.

Če vržem kamen, bo šel po poti, ki jo določata njegova teža in sila, s katero sem ga vrgel. Če kamen zadene predmet, daje zadetemu predmetu sunek, sorazmeren z energijo, ki jo ima. Nikoli se ne zgodi, da bi se kamen premikal avtonomno sam. Noben predmet se ne premakne, razen če ga stimulira drug predmet.

Zato je vsako dejanje povzročeno z drugim dejanjem. Vsako dejanje podeduje moč od dejanja, ki ga je povzročilo, in porazdeli moč na naslednja dejanja.

To je zelo uporabno za sedanjo znanost, saj vam omogoča, da kadar koli določite položaj vsakega predmeta v vesolju in napoveste obnašanje strojev in industrijske opreme. Stroji lahko, če prejmejo pravo energijo, izvajajo natančne funkcije do tisočinke milimetra, da dosežejo želene rezultate.

René Descartes je realnost razdelil na dualizem um-materija in tako predvidel koncept determinizma, ki izključuje potrebo po umu. Koncept izključitve uma v korist edinstvenosti materije je kasneje razvil Isaac Newton. Tudi Pierre Laplace prevzame ta koncept v svoji knjigi o nebesni mehaniki. (Mécanique céleste, 1805).

To je bila prva knjiga, ki ne omenja Boga kot vzroka stvarjenja. Sam cesar Napoleon je bil začuden in vprašal Laplacea: "Zakaj v svojem delu niste omenili Boga?"

Laplace je odgovoril: "To je hipoteza, ki je nisem potreboval".

Kavzalnost absolutno zanika možnost, da obstaja ustvarjalni projekt, v katerem sodeluje človek. Človeška inteligenca je neuporaben stranski produkt materije. Vsa fizična snov deluje dobro brez potrebe po kakršnem koli prispevku inteligence.

Kontinuiteta in smer časa.

Trditev znanosti je, da vsak dogodek povzroči drug dogodek. Vsak dogodek izzove druge. To implicira koncept, da se vse spremembe in vsa dinamika vesolja dogajajo nenehno, brez premora, v vrtiljaku, ki se je začel z velikim pokom in se ne bo nikoli končal. Še več, vsa ta nenehna evolucija poteka samo v eno smer, v skladu s puščico časa, ki teče samo naprej.

"Časovna smer" imenujemo pojav, pri katerem se fizični sistem lahko razvije iz začetnega stanja v naslednje stanje v danem času, vendar se nikoli ne more vrniti v začetno stanje.

Resničnost, kot jo dojemamo, se imenuje realnost na makroskopski ravni. Na tej ravni smo podvrženi zakonu entropije. Ta zakon pravi, da se lahko motnja s časom le poveča. Torej, če razbijete kozarec, boste zagotovo lahko razbili vsak kos naprej.

Vendar pozabite na možnost, da se bodo različni kosi ponovno povezali in ponovno oblikovali zdravo steklo.

Zanimivo je, da lahko vidimo, da je to res le na makroskopski ravni. Namesto tega so na mikroskopski ravni skoraj vsi fizični procesi simetrični. To pomeni, da enačbe, ki jih opisujejo, kažejo, da bi zelo dobro delovale tako naprej kot nazaj v času.

Nenavadno je, da znanost po načelu vzročnosti lahko natančno napove obnašanje vesolja okoli nas. Vendar pa znanost hkrati zanika, da bi lahko vnaprej vedeli, kaj se bo zgodilo v našem osebnem življenju. Zato znanost zavrača obstoj pojavov slutnje. To pomeni, da znanost trdi, da lahko napove prihodnost vesolja, vendar zanika možnost napovedi prihodnosti za posameznega posameznika.

Koncept "ne-lokalnosti".

Vsi pojavi in njihovi učinki so lokalizirani, to pomeni, da se dogajajo v določenem delu prostora. Poleg tega se širijo s hitrostjo in časom, ki ju je mogoče natančno izmeriti.

Delovanje na daljavo med dvema objektoma brez posredovanja »fizične sile«, ki ju povezuje, je nemogoče. Nujno je, da »nekaj« združuje dva objekta tako, da v določenem času prečka prostor, ki ju ločuje. Ta sila se z večanjem razdalje zmanjšuje.

Materialni objekti imajo omejitev hitrosti približno 300.000 kilometrov na sekundo. Nič ne more preseči te hitrosti. To na primer določa, da se lahko komunikacija med vesoljskimi sateliti in površjem planeta celo zelo zakasni.

Če pride do izbruha na površju Sonca, ga lahko vidimo šele po osmih minutah. To je čas, ki je potreben, da svetloba od eksplozije potuje do Zemlje. Torej, če slučajno gledate v Sonce, vedite, da je to Sonce izpred osmih minut. Medtem je lahko sonce počilo, a vedeli bomo šele po osmih minutah.

Ta funkcija preprečuje, da bi določeno dejanje, izvedeno na enem mestu, imelo sodoben učinek na drugem mestu.

Torej, če vzamemo prostorski primer, lahko domnevamo, da če nori asteroid pobegne iz Oortovega oblaka in se usmeri naravnost proti planetu Zemlji, bomo imeli vsaj nekaj let časa za razvoj obrambnih strategij.

V tem smislu je znanost z navdušenjem sprejela Einsteinovo potrditev, po kateri koncept lokalnosti ostaja veljaven tudi v okviru relativnostne teorije.

Na srečo omejitev svetlobne hitrosti preprečuje, da bi asteroid, ki je pobegnil iz Oortovega oblaka, takoj zadel naš planet.

Na makroskopski ravni, torej v dimenzijah vesolja, znani fizikalni zakoni to preprečujejo. Naše vsakdanje življenje poteka tudi na makroskopski ravni. »Lokalni zakon« nam zagotavlja, da imamo čas, da se premaknemo, če nas zakonec v družinskem sporu vrže v krožnik.

Kot bomo videli, na subatomski ravni vendarle velja »zakon nelokalnosti«. Na tej ravni bi nas lonec zadel takoj, ko bi ga vrgli, ne glede na našo razdaljo.

Objektivna realnost.

Materialni svet je popolnoma neodvisen od človeške misli, torej od zavesti. Zavest nima teže ali mase in zato ne more povzročiti premikanja predmeta na daljavo, kot bi to lahko bila biljardna krogla. Nobena obdelava zavesti ne more spremeniti materije ali vplivati nanjo.

Vendar pa obstajajo situacije, na subatomski ravni, v katerih opazovalec s svojo voljo in torej s svojo vestjo določa realnost. S svojo metodo opazovanja lahko opazovalec ugotovi naravo subatomskega objekta, torej lahko ugotovi, ali je ta predmet val ali delec. Ne samo to, opazovalec lahko določi obnašanje predmeta. Zato je na subatomski ravni drugačna objektivna realnost. Ta vidik bomo preverili v poglavju, posvečenem eksperimentu z dvojno režo.

Iluzorni simptomi.

Tudi po mnenju zagovornikov materializma je vse, kar ni materialno, nezaželen produkt fizične materije.

Zavest, misel, občutki, ljubezen ali usmiljenje so pomožne, "lažne" manifestacije materije in njihova prisotnost ali odsotnost ne vpliva na razlago resničnih pojavov. Pojavi lahko obstajajo le, če so fizično povezani s samo materijo. Duhovnost in vsa miselna obdelava sta odpadni produkt kemičnih procesov, ki potekajo v možganski snovi.

Da, vendar Gödelov izrek o popolnosti...

Toliko znanstvene varnosti takoj postavi pod vprašaj sama znanost. Kurt Friedrich Gödel je bil avstrijski naturalizirani ameriški matematik, logik in filozof, najbolj znan po svojih delih o nepopolnosti matematičnih teorij.

Izrek, ki nosi njegovo ime, v bistvu pove eno. Vsak algoritemski sistem, ki se uporablja za testiranje matematičnega principa, se izkaže za nepopolnega ali protislovnega, saj bo neizogibno vseboval del, ki ga ni mogoče dokazati.

To se zgodi, ko je algoritem dovolj dodelan.

Fizikalni zakoni so tudi matematični. Zato fizikalni zakoni temeljijo na matematičnih algoritmih, ki neizogibno vsebujejo del, ki ga ni mogoče logično dokazati.

Vendar ti algoritmi delujejo.

To pomeni, da ko matematik izdela algoritem, izstopi iz logičnega sistema, da zajame matematično resnico, ki presega kontekst, v katerem držita logični postopek in dokaz.

Uporabljajo že obstoječe koncepte, ki jih ni mogoče »ujeti« v formulo. Realnost zaznavamo in uporabljamo instinktivno, ne da bi jo lahko "sistematizirali".

Če torej fizikalni zakoni vodijo vedenje materije, je treba priznati, da vsebujejo elemente, ki obstajajo a priori in presegajo materialni svet.

To idejo imenujemo "matematični platonizem", saj je že Platon slutil, da je obnašanje materialnega sveta podvrženo matematičnim simbolom, ki ne pripadajo logičnemu postopku, temveč arhetipskemu svetu.

Um in možgani.

Ali je vesolje le kup materije ali pa ima svojo lastno zavest, kot so trdile najstarejše kulture?

Ali je naša zavest stranski produkt možganske kemije ali izhaja iz univerzalne zavesti?

Teorija večine kultur pravi, da je "univerzalna zavest" vir, iz katerega izvira vse stvarstvo. Vse je živo in vse je eno.

To pojmovanje, ki ga lahko opredelimo kot mistično, je znanstvena kultura zadnjih stoletij zanikala in izpodbijala. To je kultura, ki se je plemenito razvila v razsvetljenstvu, potem pa se je pokvarila v materializmu.

Trenutno večina znanstvenih krogov verjame, da je um le stvaritev možganov. Človek bi bil samo stroj, ki je kot sekundarni učinek pridobil sposobnost procesiranja misli in občutkov. Ko bi imeli stroje, ki bi lahko globoko analizirali možgane, bi lahko zagotovo vedeli, kakšne kemične reakcije izhajajo iz občutka, da imamo dušo, da ljubimo svojo mater ali da verjamemo v obstoj večnega življenja.

Upanje materializma je, da bo nekega dne mogoče razviti "čistilec možganov", ki bo zaviral nastanek teh nadležnih kemičnih reakcij in osvobodil človeštvo teh praževerij!

Zato znanost fenomen življenja obravnava od spodaj. Primarna osnova je materija. Snov se združuje v molekule in celice, ki se razvijajo in vzpenjajo po evolucijski lestvici pod vodstvom DNK, ki se spontano rodi po naključju.

Naključno generirana DNK nato naključno generira možgane. V možganih elektrokemični dražljaji ustvarjajo dispozicije, ki poganjajo telesne stroje. Kot stranski produkt možgani ustvarjajo tudi sanje, občutke, čustva, ustvarjalnost in vse, kar imenujemo miselna dejavnost.

Nasprotno, vse velike duhovne tradicije menijo, da se pojav življenja začne od zgoraj, ne od spodaj. Na prvem mestu je univerzalna zavest, iz katere izhaja vse, predvsem življenje.

Univerzalna zavest je še naprej prisotna v vseh oblikah življenja. Vsaka oblika življenja ima del univerzalne zavesti. Iz univerzalne zavesti izhaja vse stvarstvo, vključno s snovjo.

Tudi materialni predmeti vsebujejo univerzalno zavest. Zaradi tega se lahko fizična materija harmonično organizira po načrtu, ki zagotovo ni vsebovan v "fizični materiji".

Mit o "Platonovi jami".

Otroku lahko odpustimo, ko se boji teme. Prava tragedija življenja je, ko se odrasel človek boji svetlobe.
(Platon)

Kako je narejen stol?

Vedno je obstajal kulturni tok, ki je prečkal različne miselne discipline, od filozofije, duhovnosti do moderne znanosti, podpiral iluzornost realnosti, v kateri živimo.

V pesmi "O naravi" grškega filozofa "Parmenice" avtor trdi, da so mnogoterost in spremembe fizičnega sveta iluzorne. Kot bomo videli, Platon v "Platonovi republiki" predlaga slavni mit o jami. Kasneje bo George Berkeley trdil, da imamo občutek, da stvari dejansko obstajajo, v resnici pa so stvari le mentalne reprezentacije. Po Berkeleyju ni materialnih predmetov, ampak le zbirke idej.

Do pred nekaj desetletji so te veljale za "nenavadne ali fantastične teorije". Današnja kvantna fizika je pokazala, da so to resnične ideje, obdarjene z znanstvenim dostojanstvom.

Pravzaprav preučujemo "stvari" na naši makroskopski ravni in jih smatramo za trdne. Vendar, če preučujemo "stvari" v infinitezimalnem, se "stvari" zdijo popolnoma drugačne.

Stol se nam nedvomno zdi trden predmet. Sam stol, pregledan na ravni atomov in subatomskih delcev, ki ga sestavljajo, postane skupek vibracij, razpršenih v neizmerni praznini.

Vse snovi, preučene v svoji subatomski sestavi, imajo te lastnosti.

Stvari so takšne, kot se zdijo, samo zato, ker jih tako prikazujejo naši čuti.

Tako nam čutila pokažejo imaginarni kozmos. Čutila delujejo na ta način, da nam omogočajo doživljanje in interakcijo z okoljem okoli nas.

Na žalost so vse stvari velikanska iluzija, zgrajena na podlagi naše fizičnosti.

Slika 3 - Platon (Atene, 428/427 pr. n. št. - Atene, 348/347 pr. n. št.), je bil starogrški filozof. V "Timeu" razpravlja o rażmerju med svetom narave in svetom idej.

V bistvu živimo v "hiši igrač". Vse pohištvo in oprema hiše izdelana po meri naših potreb.

Zunaj naše "hiše igrač" je vse zelo drugače.

Po nekaterih presenetljivih poskusih bi lahko bilo vse, kar zaznavamo kot "resničnost", vključno z lastnimi telesi, rezultat interakcij, ki se pojavljajo med našo zavestjo in dražljaji katere koli narave, ki jih zaznavajo naši čuti.

V praksi je vizija realnosti, ki nas obdaja, popolnoma razdelana z našo vestjo. O tej resničnosti, o tem, kakšna je v resnici, vemo zelo malo.

Kaj je torej resničnost? Če se sklicujemo na tisto, česar se lahko dotaknemo, povohamo, okusimo ali vidimo, smo na napačni poti. Vsi ti "občutki" so le kemični, električni ali drugi signali. Naša čutila zaznavajo te signale in jih pošiljajo v možgane. Možgani nato sestavijo sliko po malo znanih postopkih.

Če pogledamo drevo pred seboj, naš vid zazna njegovo obliko in jo pošlje v možgane. Podoba drevesa je zgrajena v možganih. Možgani pripisujejo barve, vonjave, teksture in druge značilnosti obliki drevesa. Poleg obdelave, ki jo proizvajajo možgani, ne vemo, kako je drevo narejeno, niti kakšne barve je, niti ne vemo, ali je v resnici obarvano.

Platon in iskanje znanja.

Platon je bil starogrški filozof. Skupaj s svojim učiteljem Sokratom in učencem Aristotelom je postavil temelje zahodne filozofske misli. (slika 3). Rodil se je v Atenah plemiških staršev: njegov oče Ariston je imel med predniki zadnjega atenskega kralja Codra, medtem ko naj bi njegova mati Perictione izhajala iz zakonodajalca Solona.

Oče mu je dal ime Aristocle, kar je bilo isto ime kot njegov učitelj gimnastike. Pozneje mu je Aristokles dal vzdevek Platon, tako zaradi širine njegovih ramen kot tudi zaradi preprečitve, da bi imel učenec isto ime kot učitelj.

Po pričevanju Apolodorja iz Aten je bil Platon rojen na začetku 88. grške olimpijade, to je konec maja 428 pr.

Platon je imel dva brata, Adimanta in Glavkona, ki sta omenjena v njegovem delu "Republika". Imel je tudi starejšo sestro, po imenu Potone.

Platon je sodeloval v treh vojaških ekspedicijah, med peloponeško vojno, na Tanagro, Korint in Delij.

Platon je po srečanju s Sokratom uničil vse svoje pesniške skladbe in se popolnoma posvetil filozofiji.

Srečanje s Sokratom je bilo temeljno za Platonovo osebnost. Platon je trpel, ker je atenska demokratična vlada Sokrata obtožila bogokletja in kvarjenja mladine.

Sokrat je bil obsojen na smrt leta 399 pr.

Po Sokratovem izginotju so njegovi učenci, vključno s Platonom, zapustili Atene in se zatekli v Megaro.

Od leta 395 je Platon začel pisati prve "dialoge". V teh spisih obravnava kulturni problem, ki ga predstavlja lik Sokrata in njegova kривična obsodba.

Leta 387 se je Platon vrnil v Atene; in kupil park, posvečen Academu. V tem parku je ustanovil šolo, ki jo je poimenoval »Akademija«.

Akademija je izvajala posebno metodo poučevanja, imenovano dialektika. Pouk je potekal v obliki debat, v katerih so sodelovali učenci sami, v režiji Platona ali starejših učencev. Včasih so v Akademiji organizirale konference slavne osebnosti, ki so potovale skozi Atene. Platon je umrl leta 347 pr.

Platonic philosophy

Po Platonu je človek sestavljen iz dveh delov. Prvi del je sestavljen iz telesa. Telo je neločljivo povezano s svetom stvari iz materije. Človeško telo torej sledi isti usodi kot vsemu, kar pripada temu svetu, na primer rastlinam in živalim.

Drugi del človeka je duša, sestavljena iz »zavesti in razuma«. Ta del ni iz materije in je zato nesmrten, saj ne more končati v fizičnem razpadu.

Platon potrjuje obstoj psihičnega kraja, imenovanega "Svet idej". Ta svet obstaja tako kot obstaja svet materialnih stvari. "Svet idej" je najljubše mesto za obstoj duše. Človek lahko spozna ta kraj z razumom.

Duše obstajajo v "Svetu idej" (Πλατωνικό υπερουράνιο) in čakajo, da se naselijo v telesu. V tem čakanju duše dozorijo v popolnem poznavanju "Idej". Ko pa se duše spustijo v telo, pozabijo na to spoznanje, oziroma ohranijo le bled spomin nanj. Zato vsaka oblika učenja, ki se razvije v človekovem življenju, ni novo pridobivanje informacij, temveč proces spominjanja že znanega, a pozabljenega.

Konceptualna podlaga Platonove filozofije je izpopolnjena v različnih "Dialogih". V teh delih Platon zanika, da je iskanje znanja nemogoče, kot so trdili "heristični" filozofi, kot sta Evtidem in Dionizidor. Teze teh filozofov lahko povzamemo takole:

- Recimo, da ne veste, kaj iščete. Če bi ga našli, ga ne bi prepoznali kot tarčo iskanja.
- Če že veste, kaj iščete, je vaše iskanje brez pomena.

Platon s svojo filozofijo nasprotuje tem predpostavkam:

- Predmet raziskovanja je le delno neznan, saj vsaka človekova duša že pred rojstvom pozna izvorne Ideje, potem pa jih pozabi. Posledično je cilj človekovega raziskovanja znanje, ki je v njem že prisotno, četudi je pozabljeno.

Mit o Platonovi votlini.

Za Platona so "Ideje" popolne in nespremenljive ter obstajajo neodvisno od teles, zato ne morejo izhajati iz čutov (vida, sluha, vonja itd.). Pet čutov je nepopolno orodje telesa. Za razlago tega koncepta uporablja mit o jami. Jama je zatočišče za moške, ki so prisiljeni gledati varljivo resničnost, namreč sence, ki se odsevajo na zadnji steni. Prave podobe najdemo zunaj jame, v svetlobi sonca, torej v luči razuma in znanja. Te luči ni mogoče zaznati s petimi čutili; na žalost se zaporniki ne zavedajo njihovega obstoja.

Platon predlaga ta mit v VII. knjigi svojega dela "Republika". Razlaga jo skozi dialog med Sokratom in učencem Glavkonom. Dialog gre nekako takole.

> (Sokrat). "Prijatelj moj, predstavljaj si takšno situacijo. Predstavljaj si, da nekateri ljudje bivajo v podzemnem bivališču v obliki jame. Moški so tukaj zaprti že od rojstva. Ti moški so zvezani z verigami. Ne morejo premikati svojih teles .
>
> Za njimi sije svetloba gorečega ognja."
>
> Glavkon je odgovoril: "Kako čudna je ta slika in kako čudni ujetniki!"
>
> Sokrat je nadaljeval z besedami:
>
> "Seveda so ujetniki videti čudno. Ali menite, da so v življenju videli kaj drugega kot sence, ki jih meče ogenj na dnu jame? Torej, če bi se lahko pogovarjali, bi bila verjetno tema pogovora sence, ki se pojavijo na dnu jame."

"Brez dvoma."

"Zato bi zaporniki verjeli, da so sence teh predmetov edina obstoječa resničnost."

"To je popolnoma res."

"No, če bi kdo te zapornike izpustil iz njihovih verig, kaj bi se lahko zgodilo? Če bi zapornik nenadoma lahko vstal in pogledal naokoli, šel ven in pogledal luč, kaj bi se zgodilo?

Verjetno zaradi slepeče svetlobe zapornik ne bi mogel videti sveta okoli sebe.

Se vam ne zdi, da bi bil ta zapornik zmeden? Jetnik bi verjetno sklepal, da so sence boljše od svetlobe, ki ga zdaj slepi. Se vam ne zdi?"

Mit o jami predstavlja popolno analogijo med stanjem jetnikov in našim stanjem. Z analizo simbolike mita lahko ugotovimo nekaj vzporednic:

- Zaporniki nas predstavljajo, v smislu, da živimo v podobni situaciji.
- Notranjost jame je naš empirični svet, torej vsakdanji svet našega doživljanja.
- Verige, ki nas ujamejo, je pet čutov. Čutila so popolnoma nepopolna orodja, ki nas silijo, da vidimo lažno resničnost.
- Sence, ki se pojavljajo na dnu jame, so sanje, strahovi, fantazije in iluzije. Ti so zgrajeni na splošni lažnosti situacije.
- Osvoboditi se verig, da bi lahko videli resničnost in svetlobo sonca, pomeni osvoboditi se pogojenosti čutov.

To prisilno pogojevanje ni filozofsko, ampak fizično. Slišimo in vidimo le v ozkih mejah možnih frekvenc, okušamo v mejah sladkega in slanega. Zato imamo lahko le omejene informacije o predmetih. Trdnost in toploto predmetov lahko ocenimo zelo okvirno. Hkrati ne moremo razumeti ničesar o elementarni sestavi molekul in atomov, ki sestavljajo snov.

Naše dojemanje sveta se mora osvoboditi verig. Sprostitev ne more biti fizična, ker ne moremo prisiliti petih čutov, da delujejo drugače. Navsezadnje moramo biti petim čutilom hvaležni za njihovo delovanje, saj nas naredijo sposobne interakcije z makroskopsko realnostjo, v kateri živimo.

Zato mora biti osvoboditev mentalna, razumska. V sebi moramo zgraditi zavedanje, da realnost obstaja in je »tam zunaj, zunaj jame«. Čutila nam ne dovolijo videti te resničnosti. Vendar pa je to resničnost mogoče doživeti z razumom.

Na ravni zavesti lahko priznamo, da so vse resnice, ki jih čutila zanikajo, kot so na primer duhovnost, duša, psihična dimenzija idej in urejena inteligenca kozmosa prav »tam, zunaj jame«. Te ideje se lahko močno manifestirajo v naši zavesti.

To se lahko zgodi tudi takrat, ko v vsakodnevnih izkušnjah ostanemo priklenjeni s fizičnimi čutili.

Ujetniki niso nikoli videli ničesar razen svojih senc; zato mislijo, da so sence resničnost. Toda ujetnik pobegne in se ozre. Vidi predmete in razume, da so bolj resnični kot sence. Pride iz jame in zaslepi ga sonce. Sluti, da je zunaj jame vse bolj resnično. Sprašuje se, od kod prihaja svetloba, in spozna, da svetloba daje smisel vsemu. Svetloba predstavlja znanje in idejo dobrega in lepega.

Vendar Platon sencam ne pripisuje popolnoma negativne vrednosti. Pot iz jame se začne čisto v senci. Sence so povezane z resničnimi predmeti. Po Platonu so predvsem "Ideje". Iz "Idej" izhajajo predmeti čutnega sveta. "Ideje" so "psihični arhetipi", tj. "izvirni primitivni modeli". Po teh modelih so oblikovani predmeti, ki se ujetnikom zdijo kot sence.

Vsa Platonova filozofija ima veliko podobnosti s "teorijo arhetipov" in "teorijo kolektivne podzavesti", ki ju je mnogo stoletij kasneje razvil Carl Jung.

Slika 4 - Nekatere osebnosti, ki so izrekle teorije, ki so nasprotne materializmu (fotografija s spleta).

Od Platona do teorije "vitalizma.

Teorija "vitalizma" se je razvila med 18. in 19. stoletjem, v znamenju neoplatonskih idej in renesančne filozofije. Po tem miselnem toku bi morale biti Platonove "Ideje" razširjene na vso naravo in postati sestavni del vsakega posameznega organizma in vsega, kar obstaja. Zato ves kozmos poživlja inteligentni princip, Duša sveta. (v latinščini »Anima Mundi«).

Ta filozofski izraz označuje vitalnost narave v njeni celovitosti in jo obravnava kot podobno enemu velikemu živemu organizmu. Zato je združujoče načelo kozmosa. Iz njega se oblikujejo posamezni organizmi: ti, čeprav so artikulirani in diferencirani vsak glede na svoje individualne posebnosti, so med seboj vendarle povezani s skupno univerzalno Dušo.

Gottfried von Leibniz je življenje in sposobnost mišljenja celo pripisoval materiji, inertni materiji.

To je bilo seveda v popolnem nasprotju z materialističnim determinizmom, ki nikoli ni sprejel možnosti globoke enotnosti vse narave.

Velik zagovornik vitalizma v 20. stoletju je bil Henri-Louis Bergson (1859-1941), francoski filozof in Nobelov nagrajenec za književnost leta 1927.

V svojih spisih, v polemiki z materialističnim determinizmom, Bergson ponovno potrjuje, da biološko življenje ni sestavljeno iz naključnega združevanja kemičnih spojin, ki se same razmnožujejo, ampak je večna in nenehna tvorba.

Bergson trdi, da je v osnovi vsega vitalni impulz, ki materijo potiska k vse kompleksnejšim stvaritvam. Ta zagon se širi v različne smeri in z različno intenzivnostjo. Na ta način pojasnjuje obstoj rastlinskega sveta ločenega od živalskega sveta. V Bergsonovem pojmovanju materialistične teze mehanizma in determinizma nimajo več pomena.

Evolucija, ki jo je zasnoval Bergson, izhaja iz predpostavke, da nič ni fiksno ali določeno, ampak je vse v vnaprej določenem gibanju. Evolucija sledi poti, ki ima samo en izvor.

Bergson predstavlja ustvarjalno evolucijo.

V tem kontekstu je materija vrhunec ustvarjalnega impulza. Tako je po Bergsonu materija manifestacija duha.

Bergson tudi obsoja poskuse odkrivanja skrivnosti življenja z analizo posameznih delov živega bitja. V tem smislu se strinja z izjavo Mefista v Faustu:

> »Da bi razumeli in opisali živo bitje, ga mnogi ubijejo in njegovo telo razdelijo na dele. Potem ostanejo v tvoji roki le še inertni drobci, ki - na žalost - nimajo nobene povezave z življenjem."

Nikoli ne moremo razumeti skrivnosti življenja tako, da živo bitje razstavljamo na koščke. Dejansko bi materialisti to radi storili, kot posnemanje otroka, ki razbije igračo, da bi razumel, kako deluje. To je mogoče storiti z igračami, saj je skrivnost, kako deluje, v kakšni mehanski vzmeti ali kakšni prestavi; torej se skrivnost nahaja znotraj igrače. Po drugi strani pa skrivnost življenja ni v biološkem bitju: prihaja od zunaj, je del duše sveta.

Od Hansa Driescha do Carla Junga.

Posebno zanimiva osebnost na področju teorije "vitalnosti" je Hans Driesch, (1867-1941), nemški filozof in biolog, pionir raziskav na področju embriologije. Med letoma 1891 in 1900 je raziskoval morske ježke na Zoološkem Neapeljska postaja.

Sprva je poskušal razložiti razvoj zarodkov na podlagi mehaničnih teorij.

Vendar je kmalu moral spoznati nezadostnost teh teorij.

Nazadnje je Driesch He postavil hipotezo o vitalnem principu nematerialnega tipa, ki prihaja od zunaj organizmov.

Na podlagi Aristotelovih študij je Driesch to načelo poimenoval "Entelehija iz grške "ἐντελέχεια". Ta izraz označuje realnost, ki v sebi vsebuje končni cilj, h kateremu se teži razvijati. Entelehija, ki se uporablja za vrsto ali celo za posameznega posameznika, predpostavlja obstoj "kraja", kjer ta informacija prebiva.

To je "kraj", ki je zunaj fizičnosti posameznika. Vendar lahko posamezniki črpajo informacije iz tega "mesta".

Driescheve teorije so bile za Carla Junga še posebej fascinantne. Švicarski psiholog v svojem leta 1952 objavljenem delu "Sinhroničnost kot princip nenaključnih povezav", s katerim je svetu uradno naznanil svojo teorijo sinhronosti, priznava, da je bil od leta 1925 pod vplivom branja Drieschevih spisov.

Jungova razmišljanja o sinhroniciteti so se začela že leta 1916, a prve eksplicitne formulacije teorije segajo prav okoli leta 1925, ko sovpadajo z ugotovitvami z Drieschevimi teorijami.

"Stopnje obstoja" Ernsta Schumacherja.

Hanspeter Padrutt v svojem zvezku "Epohalna zima. Trenutni premisleki" prevzame in komentira posebno razvrstitev, ki jo je v prejšnjem stoletju oblikoval Ernst Friedrich Schumacher, glede različnih stopenj bivanja (slika 5).

Ernst Schumacher je bil vpliven nemški filozof in ekonomist, rojen v Bonnu leta 1911 (slika 4). Pred drugo svetovno vojno je emigriral v Anglijo, da bi se izognil življenju pod nacizmom: kljub temu so ga ob izbruhu vojne imeli za »sovražnega tujca« in so ga internirali na osamljeno kmetijo v Združenem kraljestvu. V tem obdobju je spoznal znanega ekonomista Johna Keynesa. Keynes je cenil nekatera njegova dela in dosegel njegovo izpustitev. Na ta način je Schumacher lahko prispeval h gospodarskemu in finančnemu okrevanju britanske vlade. Posledično je Schumacher dobil dober položaj na univerzi v Oxfordu.

Ernst Schumacher se je začel zanimati za probleme premogovništva in postal znan po svoji kritiki zahodnih gospodarstev in po svojih predlogih glede sprejemanja bolj humanih industrijskih tehnologij.

Leta 1977 je izdal "Vodnik za zbegane". V tem eseju kritizira znanstveni materializem in se poglobi v raziskovanje narave in organizacije znanja o biti. Schumacher se v tem malem "vodiču po življenju v svetu" odreka paradigmam klasične znanosti.

Schumacher vabi bralca, da se obrne nase in ponovno pridobi svoje življenje in smisel obstoja.

Poleg ekonomije in filozofije je bila njegova velika strast vrtnarjenje, ki se mu je strastno posvečal. Umrl je leta 1977 med potovanjem po Švici.

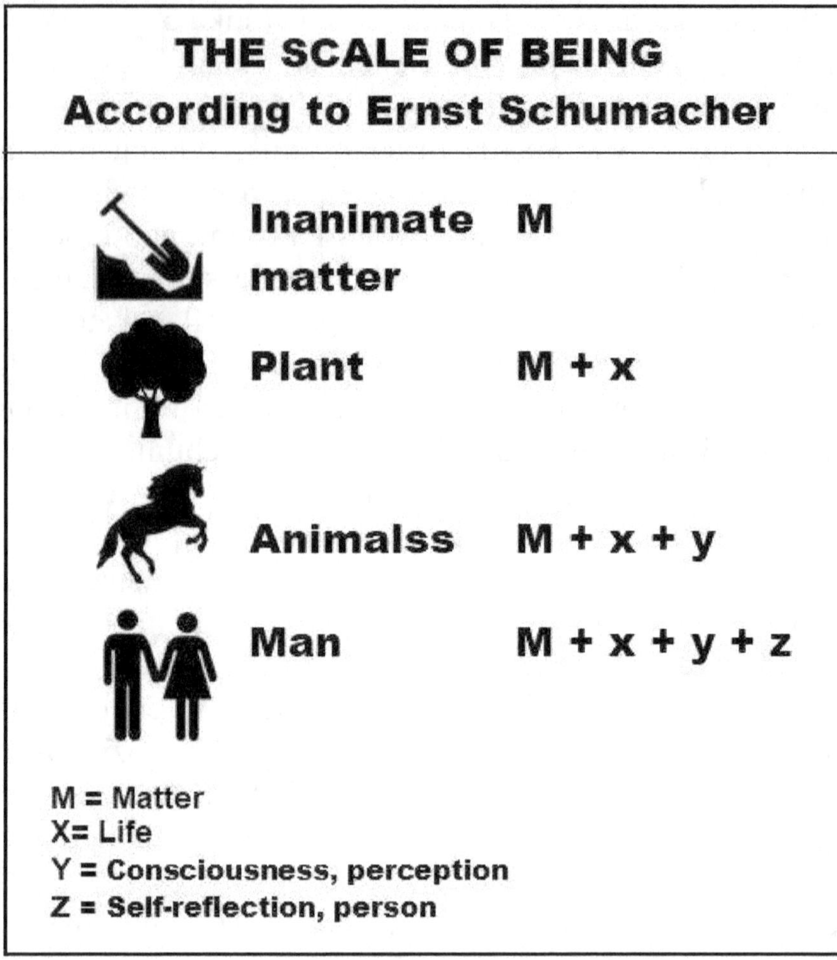

"Lestvica obstoja". Po mnenju Ernsta Schumacherja.

Slika 5 - Po mnenju Ernsta Schumacherja, vplivnega nemškega filozofa in ekonomista, vsaka raven resničnosti implicira obstoj višje ravni.

Vsaka zgornja raven vključuje vse nižje ravni. Hkrati višja stopnja nižjim stopnjam doda višje lastnosti.

Na najnižjem koncu lestvice najdemo neživo trdno snov.

Ko greste po lestvi, srečate rastline in živali.

Schumacher postavlja človeka na najvišjo raven..

Del svojega filozofskega raziskovanja je prenesel v razlagalno shemo. To kaže na njegovo izobrazbo kot ekonomist. Schumacher namreč svojo idejo o različnih ravneh zavesti in vednosti izraža na nenavaden način, ki bolj kot na filozofske koncepte spominja na matematične formule. Nedvomno daje ta metoda veliko jasnost konceptom.

Psiholog in filozof William James (predsednik Društva za psihične raziskave od 1894 do 1895) je znan po svoji izjavi:

> "Kar vemo, je le majhna kapljica v velikem oceanu nevednosti."

Ta ugotovitev je stara dve stoletji, a še vedno ostaja resnična in aktualna, zlasti danes. Leta 1835 je francoski filozof Auguste Comte, ki velja za očeta pozitivizma, odločno izjavil, da nikoli ne moremo na noben način preučevati kemične sestave zvezd. Danes se to dela normalno.

Na znanstvenem področju je danes bolj kot včeraj povsem jasno, da vemo zelo malo. Še pred nekaj desetletji je veljalo, da so atomi najmanjši del snovi in da ni več deljiv; namesto tega danes v pospeševalnikih še vedno odkrivajo nove delce in kvantna fizika vzbuja resne dvome o tem, kaj so delci, in gre tako daleč, da domneva, da sploh ne obstajajo, ampak so sestavljeni le iz vibrirajoče energije.

Horizont človeškega znanja sega vse dlje: relativnostna teorija je pravkar podrla naše gotovosti o nespremenljivosti časa in prostora, mi pa že ugotavljamo, kako nam je tisto vesolje, za katerega smo mislili, da ga tako dobro poznamo, vsaj neznano. za 90% njegovega bistva. Temna snov bi lahko bila vredna do 90 % vesolja. Kar zadeva temno snov, je podobna "arabskemu feniksu", ki ga omenja pesnik Metastasio: "Vsi pravijo, da obstaja, a nihče ne ve, kje je".

Vsak dan osvojimo majhen prostor znanja, da se potem zavemo, da je ta prostor odprto okno v nova neizmerna in neznana ozemlja. Danes ima znanost na stotine, če ne na tisoče odprtih oken na panoramah, katerih obstoj je gotov, vsebina pa ostaja popolnoma neznana.sadržaj ostaje potpuno nepozna.

Vemo, da smo narejeni iz materije. Smo skupek molekul, te pa iz skupkov atomov, ti pa iz skupkov osnovnih delcev. Vendar, kam sodi iskrica življenja, kje prebiva? Kje je organizacija teh agregacije snovi? Naše telo je vozilo, izjemno učinkovit stroj; ampak voznik, kje je?

Je bilo vse po naključju? Čudežna nesreča je naključno združila snov v obliko našega telesa. Ali se je kasneje zgodil še en čudež, ki je tej agregaciji inertne snovi podelil samozavedanje?

Leta 1981 sta dva priznana astronoma, Fred Hoyle in Chandra Wickramasinghe, želela izračunati, kako verjetno je, da se je življenje rodilo kar tako, po naključju. Ugotovili so, da bi obstajala verjetnost, ki bi bila enaka verjetnosti orkana, ki bi lahko z izpraznitvijo svoje moči na odlagališče kovin in njihovo premikanje v vrtincu vetrov oblikoval Jumbo Jet, pripravljen za letenje. Popoln. Toda tudi če bi se to čudežno zgodilo, od kod bi se vzel pilot, ki bi bil sposoben vzleteti med letom?

Kljub trudu materialistov je očitno, da materija sama ne more preseči določene meje. Za popolnostjo vesolja mora obstajati inteligenca, višja zavest, ki vse vodi.

Človeštvo čaka, da si znanost končno zada cilj, da se odreče materializmu in poišče nematerialno raven. Ta raven bi bila "Univerzalna zavest", neodvisna od časa in prostora, "energijsko in informacijsko polje".

Naloga znanosti bo identificirati "Projekt", "Knjižico z navodili". Govorimo o vsej modrosti vesolja. Naša vest nezavedno črpa iz univerzalne modrosti. To se zgodi zdaj.

Naša individualna zavest je del večje zavesti, iz katere črpa informacije in modrost.

Moje srce verjetno ne ve, da je del večje celote, se pravi, da je del mojega telesa. Prav tako sem tudi jaz del večje celote, ne da bi se tega zavedal. Vendar me večja celota, katere del sem, pozna in skrbi zame.

V tem smislu Schumacher v svoji shemi predlaga različne stopnje, v katerih je del vesolja del večje celote, tudi ne da bi se tega zavedal; večja celota pa vključuje dele nižje na lestvici in doda nekaj več (slika 5).

Najnižja stopnja (M) je inertna snov, ki jo je mogoče stehtati na tehtnici in izmeriti njene dimenzije. Je del višje ravni, rastlinskega sveta. Ta raven vključuje "M", vendar doda "x", ki pomeni življenje.

Torej, če je mineralna raven samo M (materija), je naslednja, rastlinska raven, M+x, torej materija + življenje. Toda ta raven je del višje ravni, tretje ravni.

Tretja stopnja, ki se nanaša na živalsko kraljestvo, vključuje manjvredno (M+x), vendar dodaja "y", to je zavest in sposobnost zaznavanja. Tako tretja raven postane M+x+y.

Celotna tretja raven je del četrte ravni, to je ravni, ki se nanaša na človeka. Četrta stopnja doda »z«, torej samozavedanje lastnega »Jaza«. Zato je v "stopnjah bivanja" človek M+x+y+z.

Schumacher tukaj ustavi svojo lestev. Če pa vsaka stopnica po naravi pripada višji stopnji, potem mora tudi četrta stopnja, človekova, imeti višjo raven.

Kaj je zgornja raven za človeka?

Zakaj ne bi obstajala tudi višja stopnja, vključno z M, x, y, z pa tudi "nekaj več"?

Najbolj naraven odgovor je da. Obstaja peta raven, "Univerzalna zavest", ki dodaja še eno vrednost.

Ker ne vemo, kako definirati to vrednost, jo imenujemo "neskončna". Njegov simbol je ∞.

Peta stopnja lestvice bi postala M+x+y+z+∞.

Tako dopolnjena lestvica stopenj bivanja naredi človeka del univerzalne Zavesti, ki vključuje celotno vesolje: Snov, življenje, zavest, samozavedanje, neskončno energijo in informacije.

Na ta način se nematerialni del nas samih, naš osebni pilot, združi z velikim univerzalnim pilotom, od katerega prejme licenco za letenje. Naša osebna vest je nenehno v nenehnem dialogu z univerzalno Zavestjo. Če bi bilo tako, bi končno vedeli, od kod prihajajo naše globoke intuicije, naše apriorno znanje, naši najplemenitejši občutki.

Zato bi vedeli, od kod izvira tisti del nas, ki je živalstvu absolutno tuj. Izstopili bi iz čisto živalskega stanja, v katerega nas želi prisiliti materializem.

Res je, skozi človeško zgodovino je človek vedno intuitivno verjel v nekaj višjega. Človek je to višjo resničnost poimenoval z neskončnimi imeni neskončnih božanstev.

Zagotovo obstaja kozmična inteligenca, ki presega naše razumevanje. Nenehno smo pod vplivom te inteligence.

Zdi se, da ima človek prirojeno potrebo verjeti v nekaj večjega. Navsezadnje je tudi prepričanje, da ni nič večjega, še vedno prepričanje, dejanje vere.

Sanje, ki nakazujejo izume in uspehe.

Trditev, da iz Univerzalne zavesti izvirajo sporočila, koristna za razvoj posameznika ali celo človeštva, potrjujejo številni znani umetniki in znanstveniki, ki trdijo, da so navdih za svoje stvaritve dobili v sanjah. Zgodba je polna problemov, rešenih ob zori. Tako je na primer nemški kemik Friedrich Kekulé, čigar ime je povezano z opredelitvijo zgradbe benzena in aromatskih spojin, sanjal o kači, ki grize svoj rep, in ko se je prebudil, je razumel, da je molekula benzena šesterokotna.

Mendelejev periodni sistem.

V ruskih znanstvenih krogih trdijo, da je Dmitrij Ivanovič Mendelejev prišel do določitve sestave tabele elementov zahvaljujoč sanjam. Slavni kemik (1834–1907) je želel 65 kemijskih elementov, ki jih je poznal njegov čas, organizirati na racionalen način. Slutil je, da mora biti organizacijski vzorec povezan z atomsko težo, vendar ni mogel določiti natančnega razmerja. Po mnenju ruskega kemika B.M. Kedrov, Mendelejev je izjavil:

> "V sanjah sem videl ravno površino, kjer so bili vsi elementi razporejeni v zahtevanem vrstnem redu. Ko sem se zbudil, sem to razporeditev takoj narisal na list papirja."

Tako se je rodil periodni sistem, ki ga poznamo še danes. Mendelejev je opazil, da je bila razporeditev v sanjah tako natančna, da je razkrila, da so bili nekateri elementi prej netočno izmerjeni.

Googlov iskalnik.

Larry Page, soustanovitelj Googla, pravi, da se mu je ideja o iskalniku z lastnostmi Googla porodila med "živimi" sanjami. Po pogovoru s prijateljem Sergejem Brinom sta skupaj ustvarila Backrub, predhodnika današnjega Googla.

Paul McCartney in "Yesterday".

Paul McCartney pripoveduje svojemu biografu Barryju Milesu, da se je nekega jutra leta 1965 zbudila glasba v njegovi glavi. Vstal je in na klavir zaigral melodijo, ki bo postala "Včeraj". Danes je ta pesem, rojena v sanjah, vpisana v Guinnessovo knjigo kot največkrat posneta pesem.

Prenos signalov v možganih.

V začetku leta 1900 so znanstveniki zmotno verjeli, da je prenos signala v možganih električen. Namesto tega so sanje Otta Loewija predlagale pravilno teorijo. Loewi je bil predavatelj na Univerzi v Gradcu v Avstriji, a se je med nacističnim režimom preselil v ZDA. Tu je poučeval na Univerzi v New Yorku, mestu, kjer je leta 1961 umrl. Njegov študij se je osredotočil na farmakologijo snovi, ki delujejo na avtonomni živčni sistem, tako na simpatični kot parasimpatični, pri čemer je odkril, da so mediatorji, ki so aktivni pri delovanju živcev in mišic so kemičnega tipa in niso električnega tipa.

Loewi je do tega odkritja prišel po sanjah. Zbudil se je in načečkal nekaj zapiskov na kos papirja. Ko se je prebudil, je spoznal, da je napisal temelje teorije, ki bo spremenila zgodovino medicine: da se informacije prenašajo kemično, prek aktivnih kemičnih posrednikov. Zahvaljujoč temu odkritju je leta 1936 Otto Loewi prejel Nobelovo nagrado za fiziologijo.

Niels Bohr in atom

V članku, ki ga je na Massachusetts Institute of Technology (MIT) napisala Edwina Portocarrero z nekaterimi svojimi sodelavci, beremo naslednje:

> «Niels Bohr (1885–1962) je na podlagi svojih sanj razvil atomski model. V sanjah je Bohr sedel na soncu, medtem ko so vsi planeti, ki so krožili okoli, spuščali sikajoče zvoke in se premikali kot na strunah.

Dejansko je sedanji atomski model sestavljen iz osrednjega jedra in niza elektronov, ki se vrtijo okoli njega. Portocarrerov članek je bil posvečen prav sanjam in je nosil naslov "Lekcije na blazini: diskontinuirani vmesnik za priklic in reprodukcijo sanj".

Mary Shelley in Frankenstein

Maja 1816 je skupina pisateljev bivala v hotelu v Ženevi. Med temi pisci so bili Lord Byron, njegova ljubica Claire Clairmont s svojo sestro Mary Shelley in drugi ljubitelji literature. Dan je bil deževen in odločili so se, da bodo dolgčas premagali z branjem zgodb o duhovih. Byron nato predlaga, naj sami sestavijo zgodbo o duhovih: vsi so jo sprejeli. Mary Shelley ni vedela, kje naj začne, a ponoči je v sanjah videla trenutek, ko je nori znanstvenik ustvaril Frankensteina. Naslednje jutro se je lotil pisanja srhljivega nadaljevanja in knjiga je bila tako uspešna, kot jo poznamo. Kaj bi bila danes literatura grozljivk brez Frankensteina?

"Misery" ni treba umreti

To je ena najbolj priljubljenih knjig Stephena Kinga, po kateri so posneli tudi film. Avtor sam pravi, da se mu je ideja za zgodbo, ki temelji na oboževalki, ki svojega najljubšega pisatelja zadržuje v ujetništvu, da bi prepisala konec zgodbe, porodila med sanjami na letalu.

Šivalni stroj Eliasa Howea

Izum šivalnega stroja pripisujejo Eliasu Howeju (1819–1867), ki je imel zasluge za močno izboljšanje nekaterih obstoječih modelov in patentiranje svoje izboljšane različice. Dolgo časa je bil Howe obtičal s svojim projektom: pravzaprav Howe ni vedel, kam naj postavi uho igle.

Zaradi tega problema je bilo delo ustavljeno in skoraj je padel v revščino. Njegova prvotna ideja je bila slediti tradiciji in igelno uho namestiti na zgornji konec igle. Vendar se je pri tem nit vedno zapletla. Nikoli ni pomislil, da bi uho igle postavil blizu konice igle.

Leta 1845 je Howe imel čudne sanje. Nekateri kanibali so ga ujeli in ga prebadali s sulicami. Njegovo izkušeno oko je opazilo, da imajo sulice luknjo blizu konice. Ob tem je to idejo uporabil pri svojem izumu in rodil se je šivalni stroj.

Sanje Wolfganga Paulija

Nobelov nagrajenec za fiziko Wolfgang Pauli je večkrat trdil, da je v sanjah dobil navdihe, ki so bili koristni za oblikovanje njegovih znanstvenih teorij.

Ena od sanj, ki si jih je Pauli zapomnil do konca življenja, je bila tisto, kar je imenoval "svetovna ura". Pauli je v sanjah videl dve koncentrični kolesi, ki sta se vrteli v neharmonični smeri. Žal, kolesi sta bili povezani z nemogočo sredinsko osjo. V času, ko je imel Pauli sanje, je bil podvržen psihološki analizi v Jungovem studiu, in razumel je, da slika vsebuje sporočilo, ki ga je treba prenesti v njegovo znanstveno raziskovanje. Za Paulija sta dve kolesi predstavljali psiho in materijo, ki ju je bilo treba poenotiti v znanstveni teoriji. Na žalost Pauli kljub zasledovanju tega cilja kot vseživljenjskega poslanstva ni uspel najti načina, kako bi uskladil znanstveni materializem z duhovnostjo. Dejansko sodobna znanost zavrača kakršno koli sklicevanje na psiho ali duha, kot da bi šlo za gobavost.

Od Platona do Berkeleyja.

V mitu o jami Platon nakazuje, da so vse stvari, kot jih vidimo mi, le velikanska iluzija, vendar ne gre tako daleč, da bi izrecno razglasil, da stvari ne obstajajo. Ta koncept pa je v človeški misli večkrat izražen in postane hrbtenica filozofije Georgea Berkeleyja (slika 6). Berkeley je bil irski teolog in anglikanski škof. Z Johnom Lockom in Davidom Humom je bil Berkeley eden od treh velikih britanskih empirikov. Po Berkeleyju so edini predmeti človeškega znanja ideje.

Kar definiramo kot stvar, ni nič drugega kot skupek idej. Na primer, jabolko ni nič drugega kot kombinacija določene barve, določenega okusa, določenega vonja, določene oblike, določene konsistence.

Vsi predmeti, za katere verjamemo, da obstajajo (ker čutila prepričujejo, da obstajajo), v resnici sploh ne obstajajo: nimajo konsistence, nimajo telesa, so samo ideje, ki jih čutila posredujejo možganom. konfigurirati tako, da jim pripišete lažen vtis materialnosti.

Predmetov sploh ne poznamo: poznamo samo ideje o predmetih, ki jih čutila prenašajo v naše možgane. Živimo kot v sanjah, kot ujetniki Platonove jame, ki opazujejo sence in verjamejo, da so resnične. Imamo prostorsko-časovne zaznave, povezane z domnevnimi objekti, ki ne obstajajo.

Berkeley in podrto drevo.

Koristno je ponovno zastaviti starodavno vprašanje: če drevo pade v gozdu in v bližini ni nikogar, ali povzroča hrup? To vprašanje je postavil George Berkeley.

Berkeley se je rodil v Kilkennyju na Irskem 12. marca 1685 in umrl v Oxfordu 14. januarja 1753. Diplomiral je leta 1707, potem ko je končal univerzitetni študij matematike, logike, klasične literature, teologije in filozofije na Trinity College v Dublinu. Svoje znanje o velikih mislecih svojega časa je takoj poglobil z branjem del Locka, Gassendija, Newtona, Descartesa, Hobbesa in drugih, s čimer je dal obliko in usmeritev razvoju svoje misli, tako da je lahko izrekel kardinal načelo njegove filozofije: nematerializem.

Leta 1709 je izdal knjigo "Esej o novi teoriji vida" in naslednje leto knjigo "Traktat o načelih človeškega znanja". Leta 1713 je napisal tudi "Dialoge med Hilasom in Filonom".

Slika 6 - George Berkeley je bil irski filozof, teolog in anglikanski škof. Trdi, da so edini predmeti človeškega znanja ideje; stvari same po sebi ne obstajajo, so le skupek idej.

Leta 1728 se je poročil z Anne Forster, najstarejšo hčerko Johna Forsterja, predsednika irskega spodnjega doma. Ker je imel koristi od znatne dediščine, ga je njegov goreč verski duh spodbudil, da je želel z ženo oditi v nove dežele Amerike, kjer je nameraval opravljati misijonsko dejavnost z ustanovitvijo verskega kolidža na Bermudskih otokih.

Medtem ko je čakal na obljubljena sredstva, se je Berkeley preselil v Ameriko in se ustalil na Rhode Islandu, kjer se je rodil Henry, njegov prvi otrok. Žal, potem je bil filozof prisiljen opustiti pobudo. Na žalost kraljica ni držala prvotne obljube o financiranju. Nazaj na Irsko je bil imenovan za škofa Cloyna (za irsko cerkev).

Berkleyjeva filozofska misel je vsa osredotočena na idealizem, ki ga močno nasprotuje "razsvetljenstvu", ki pokuka na dan med koncem 1600-ih in začetkom 1800-ih. Berkeley zavrača materializem, ki se izrodi v skepticizem in ateizem. Na to temo je sestavil "Alkifrona", polemični dialog proti svobodnim mislecem tistega časa.

Berkeley je trdil, da predmeti obstajajo le tako, kot so zaznani. Torej, če drevo pade v gozdu, kjer nihče ni priča padcu, ne povzroča hrupa.

Z vidika naše zdrave pameti bi lahko ugovarjali, da očitno padajoče drevo zagotovo povzroča hrup, saj lomljenje lesnih vlaken in trčenje z vejami drugih dreves povzroči gibanje zraka, značilno za zvočne valove.

Očitno pa je posegla sama znanost, tako da je izrazila ugodno mnenje Berkeleyju. Pravzaprav je ena najstarejših in najprestižnejših poljudnoznanstvenih revij "Scientific American", ki jo je leta 1845 ustanovil Rufus Porter, leta 1884 prevzela to temo. Z dobro dokumentiranim člankom je racionalno pokazal, da padajoče drevo ne povzroči hrup, če ni nikogar, ki bi slišal zvok padca.

V praksi, trdi revija, je res, da padec drevesa povzroči tresljaje v zraku, vendar jih je mogoče zaznati le s slušnim sistemom, ki jih prek notranjih delov ušesa lahko pretvori v zvoke. Zato v odsotnosti slušnega sistema, ki bi lahko zaznal hrup, tega ni. Brezhibna razlaga.

Na ta način rešimo vprašanje, ki ga včasih zmotno pripisujemo zenovski filozofiji: če drevo pade, ko ga ni nikogar, ki bi ga slišal, ne povzroča nobenega hrupa.

Ko se je vrnil na Berkeley, je za okrepitev svoje teze skoval rek "Esse est percipi" (Biti pomeni biti zaznan). Celotno bitje predmeta je v tem, da ga zaznamo, in nič drugega. Je povzetek njegove nematerialne teorije, po kateri stvari niso nič drugega kot niz idej in nastanejo šele, ko so zaznane.

To ni posebej presenetljivo razkritje za kvantnega fizika. Kot bomo videli, ti na ravni osnovnih delcev spreminjajo svoje vedenje, ne glede na to, ali jih kdo opazuje ali ne: poleg tega lahko glede na to, kako jih opazujemo, spremenijo obliko, v kateri se pojavljajo.

Po stoletjih ironičnega hihitanja Berkeleyjeve teorije začenjajo pridobivati trdno skladnost z resničnostjo.

Podobno kot padajoče drevo je bolj tehnološka dilema: če prižgemo žarnico v praznem prostoru, kjer je nihče ne more opazovati, ali oddaja svetlobo? Običajno bi eden odgovoril z da; le da svetloba ni nič drugega kot zaznava živčnega sistema, torej če v prostoru ni sistema, ki bi lahko zaznal svetlobo, torej očesa, svetlobe ni. Svetloba začne obstajati, ko jo lahko nekdo vidi: nima lastnega obstoja, je le elaboracija vizualnega sistema. Dejansko z zapiranjem stikala steče oblika energije in se spremeni v drugo obliko energije, ki pa je ne poznamo. Videz svetlobe dobi šele, ko ga nekdo opazuje.

Podobno bi rekli: kakšen okus ima tista mamljiva jed, ki so vam jo postregli? Nihče. Hrana bo imela okus, ko jo boste podredili svojim brbončicam. Okus je sam po sebi kakovost, ki ni popolnoma povezana s hrano, ki jo jeste.
Na tem mestu se zdi smiselno vprašati, ali smo mi tisti, ki se prilagajamo realnosti, ali pa se realnost bolj prilagaja nam.

Vesolje obstaja, ker ga gledamo.

Vrnimo se k temi svetlobe. Če je res, da žarnica v zaprti sobi ne oddaja svetlobe, ker je nihče ne vidi, lahko na enak način rečemo, da bi bilo vesolje temno, če nas ne bi bilo, da bi opazovali vesolje. Zvezde ne bi svetile, sonce samo ne bi svetilo, če ne bi bilo nikogar, ki bi jih gledal.
Da je vesolje takšno, kot se zdi, mora biti nekdo tam, da ga vidi. Brez oči, ki bi lahko pretvorile fotone, ki jih oddajajo zvezde, v svetlobo, bi bilo vesolje temno.
V drugi vrstici Svetega pisma (Geneza 1, 2) avtor začne poročilo o stvarjenju s temi besedami:

> "In Bog je rekel: "Naj bo luč," in je bila luč. In Bog je videl, da je luč dobra, in je ločil luč od teme..."

Bog je videl, da je luč dobra. Ko ga je ustvaril in ga videl, je priznal, da je dobra stvar. Svetloba postane dobra stvar, ko jo Bog vidi. Ne le to, ko Bog ustvarja človeka, ga ustvarja »po božji podobi in sličnosti«. Na ta način lahko tudi človek vidi luč, tako da stvarstvo ostaja »dobra stvar«, saj je v svojem bistvu nekaj občudovanega.
Glavni ugovor proti temu naj bi izhajal iz teorije evolucije, po kateri vsa živa bitja izvirajo iz enega samega predniškega

organizma, iz katerega se razvije vsa današnja biološka raznovrstnost. Za vsako živo bitje bi se razvili najprimernejši organi, ki bi zagotovili njegovo preživetje. Vsi organi (roke, noge, rep, perje, ušesa, koža itd.) bi bili rezultat postopnega izboljšanja že obstoječih organov ali v vsakem primeru razvit s strani prednika prednika.

Zato se lahko plavut preoblikuje v nogo, ki spremlja prehod rib do kopenskih živali: to pomeni, da se lahko organ, razvit v danem stanju kot uporaben za preživetje v tem stanju, razvije v drug organ, ki je uporaben v drugačnem stanju. Ta teorija je verodostojna za skoraj vse organe, le ne za oko.

Evolucijska protislovja očesa.

Če obstaja kakšna težava, ki preganja darviniste, je to ravno evolucija očesa. Sam Darwin v svojem delu "Izvor vrst" pravi:

> "Domnevati, da bi lahko oko z vsemi svojimi neponovljivimi mehanizmi [...] nastalo s pomočjo naravne selekcije, se zdi, iskreno priznam, odločno absurdno."

Prvi očitno učinkovit poskus razlage postopnega razvoja očesa sega v leto 1994: to je znamenito delo Nilssona in Pelgerja "Pesimistična ocena časa, potrebnega za razvoj očesa". Po mnenju teh znanstvenikov naj bi se oko razvilo iz začetne plasti svetlobno občutljivih celic, zaradi česar bi se prvotni organizem lahko usmeril proti viru svetlobe. To v vsakem primeru potrjuje, da je bila potreba po videnju že vgrajena v prvi organizem.

Kasneje bi evolucijski procesi povzročili zbiranje teh fotoobčutljivih celic v nekakšnem polkroglastem vodnjaku; ko je pilotska kabina postala dovolj globoka, se je na robovih pojavila diafragma, ki se je lahko krčila. Končno bi se v votlini, ki je že napolnjena s prozorno snovjo, oblikovalo gostejše območje, ki bi lahko delovalo kot leča.

Na žalost evolucijska veriga, opisana v teh odlomkih, nikakor ni postopen in neprekinjen razvoj in ne ustreza temu, kar bi morale biti zaporedne minimalne spremembe iste značilnosti, saj vključuje dodajanje drugih popolnoma neodvisnih organskih struktur. Potrebna sta "proto-primitivna zenica" in "proto-leča primitivnega očesa".

Pravzaprav oko ne predstavlja evolucije enega samega prvobitnega organizma, temveč zahteva dodajanje različnih in sofisticiranih delov, kot so leča, regulacijske mišice, senzorične celice in inervacije. Leča brez mrežnice, kot tudi mrežnica brez leče, ni funkcionalna. Vendar pa mrežnica in leča nista del istega evolucijskega procesa, ker imata različne lastnosti tkiva, ki nakazujeta različen izvor tako v embriogenem razvoju kot v evoluciji.

To nedvomno potrjuje, da je oko produkt evolucijske konvergence različnih delov v eni sami integrirani funkciji: če bi torej želeli govoriti o naključnosti, bi bila to naključnost, dvignjena na n-to potenco.

Skratka, nepredstavljivo je, da bi lahko tako specializirana naprava, kot je oko, nastala iz naključnega razvoja, vse na začetku brez posebnih evolucijskih prednosti, ki se je nato čudežno vključilo v vidno funkcijo.

Razvoj primordialnega očesa, brez mrežnice in kristalnega, si lahko predstavljamo le, če ga razumemo kot obvezen korak k prihodnji funkciji: torej kot del projekta, ki je že predvideval, kakšna bo njegova uporaba v kasnejših obdobjih. Vsekakor ni slepa evolucija, ampak projekt, ki ga vodi in mu pomaga univerzalna inteligenca.

Ko stvari niso takšne, kot se zdijo.

Človek je del celote, ki ji pravimo »vesolje«, del, omejen v času in prostoru. Sebe, misli in občutke doživlja kot nekaj ločenega od ostalih, v nekakšni optični iluziji zavesti.

Ta iluzija je neke vrste zapor, ki nas omejuje na naše osebne želje in naklonjenost do nekaj ljudi, ki so nam najbližji. Naša naloga je, da se osvobodimo tega zapora tako, da svoje sočutje razširimo v koncentrične centre, da zajamemo vsa živa bitja in vso naravo v njeni lepoti.

(Albert Einstein, fizik, Nobelov nagrajenec)

Nenavaden primer obeh predsednikov.

V zadnjem času je v tračarskem tisku zelo moderno iskati nenavadna naključja, ki združujejo zvezdnike. Ponorelo je predvsem iskanje dejstev, dogodkov in okoliščin, v katerih sta vpleteni Kate Middleton in Charlene iz Monaka.

Naključij je veliko, vendar se ne zdijo posebej pomembna. Na primer, zelo je poudarjeno, da Kate in Charlene nimata modre krvi. Obe ženski sta bili rojeni januarja, Kate 9., Charlene pa 25. Kar zadeva datume, sta se Kate in Charlene poročili leta 2011.

Z bolj osebnega vidika sta plemkinji obe športnici in se radi udeležujeta vseh vrst tekmovanj ter se preizkušata v različnih disciplinah. Poleg tega se morata oba ukvarjati z dvema precej "okornima" taščama, Lady Diano za Kate in Grace Kelly za Charlene.

Vsekakor je bolj intrigantna pripoved o naključjih, ki povezujejo dva najbolj znana predsednika ZDA. Pogovorimo se o Johnu Fitgeraldu Kennedyju (slika 7) in Abrahamu Lincolnu (slika 8). Najpomembnejša naključja so povezana z načinom njihove smrti. Pravzaprav sta bila oba predsednika ubita v zelo podobnih okoliščinah, Lincoln 14. aprila 1865 in Kennedy 22. novembra 1963. Tukaj je nekaj bolj znanih naključij, povezanih z njunima umoroma:

- Oba sta bila ubita v petek, s strelom v glavo.
- Oba sta imela poleg sebe ženo, ki ni bila zadeta.
- Kennedy je bil ubit v limuzini Ford Lincoln Continental; Lincoln obiskuje "Naše ameriške bratrance" v gledališču Ford v Washingtonu.

- V času napada je Lincolna in Kennedyja spremljal par: v obeh primerih je bil moški, ki je bil poleg predsednika, poškodovan.
- Oba atentatorja (John Wilkes Booth za Lincolna in Lee Harvey Oswald za Kennedyja) sta imela tri imena s skupno petnajstimi črkami.
- Oba morilca sta umrla v nejasnih okoliščinah, preden so jima sodili. Njihove smrti so se zgodile približno ob "istem času dneva", ko so umrle njihove žrtve. Oba sta umrla zaradi strelnih ran.

Potem so tu naključja glede zasebnega življenja ali politične kariere.

- Oba sta imela priimek, sestavljen iz sedmih črk, in bila krščena z istim imenom kot njuni stari starši. Poleg tega sta bila oba drugorojena v svoji družini.
- Oba sta se borila v vojni; Lincoln v vojni Black Hawk in Kennedy v drugi svetovni vojni.
- Oba sta med predsedniškim mandatom izgubila sina. Lincoln je izgubil Williama Wallacea, Kennedy pa Patricka Buovierja.
- Oba sta imela v času smrti štiri otroke.
- oba sta bila leta 1946 prvič izvoljena v kongres; prav tako leta 1956 so bili kandidati za podpredsednike, a niso bili izvoljeni, ker je njihova stranka izgubila volitve.

Slika 7 - Neverjeten niz naključij povezuje dva najbolj znana predsednika ZDA, Abrahama Lincolna in Johna Fitgeralda Kennedyja, oba žrtve napadov.

- Oba sta sodelovala pri obrambi pravic temnopoltega prebivalstva, Lincoln v zvezi z odpravo suženjstva, Kennedy pa pri spodbujanju državljanskih pravic.
- Oba je nasledil podpredsednik po imenu Johnson: Andrew Johnson za Lincoln in Lyndon Johnson za Kennedy.

Če to ni dovolj, bo lahko kdor hoče, našel na stotine drugih naključij, ki povezujejo življenja obeh predsednikov, na spletni strani (v angleščini): https://www.near-death.com/

Razlage skeptikov.

Medtem ko si polovica sveta prizadeva preučiti takšne primere, da bi na seznam dodala več naključij, si druga polovica prizadeva dokazati, da bi bila nekatera predstavljena naključja lažna, in bi poskušala uporabiti nekaj netočnosti, da bi vse zanikala.

Potem je tu še nekaj splošnih ugovorov, ki so dobri za vsako priložnost, na primer tisti, da ni tako težko najti sovpadanja med dvema naključno izbranima dejstvoma, če gremo preučiti vse podrobnosti.

Po zakonu velikih števil ni težko sestaviti seznama naključij, če podrobno ovrednotimo življenje in delo dveh znanih ljudi. Če bi se na primer sklicevali na Masaniella in generala Lamarmoro, bi bilo verjetno, da sta oba imela rada neapeljsko pico in sta oba nosila številko 44 čevljev, vendar ne vem, kakšna druga res pomembna naključja bi lahko našli.

Slika 8 - Abraham Lincoln, žrtev poskusa atentata 14. aprila 1865. Številne okoliščine njegovega življenja in smrti neverjetno sovpadajo s podobnimi okoliščinami, ki vključujejo predsednika Johna Kennedyja.

Ko pet čutov vara.

Toda zakaj se znanost tako močno upira paranormalnemu? Pravzaprav je zahodna znanost več stoletij svojega življenja preživela v tem, da v to ni verjela, in zdaj, ko so se v tej granitni gotovosti začele pojavljati razpoke, se pusti zapeljati oportunizmu. Težko se je namreč odpovedati ugodnostim, utrjenim položajem, karieri, zgrajeni na afirmaciji materializma.

Še več, mi sami, ki smo voda, po kateri drsi ladja znanosti, smo s temi položaji tako zasvojeni, da jih jemljemo za samoumevne, kljub temu, da se vsak dan srečujemo s paranormalnim ali z ekstrasenzornimi zaznavami. Zdaj smo navajeni verjeti le v tisto, kar je mogoče otipati, stehtati in izmeriti, zato niti dokazi ne morejo iztrebiti dogem materializma iz naše miselnosti.

Tesnoba nas sili, da dajemo pomen samo oprijemljivemu, pozabljamo pa, da v večini primerov najpomembnejših stvari ni mogoče držati v roki, da bi jih pretvorili v denar.

Glavni vir našega dobrega počutja so misli, pozitivno razpoloženje, občutki in vse dejavnosti, povezane z duhom ali psiho, ki našemu obstoju uspejo dati globoke pomene in motivacije ali pa ga, nasprotno, uspejo narediti neuporabnega in nepotrebnega. prihodnost.

Dejstva, ki se dogajajo okoli nas, so oblikovana z našim načinom interpretacije, našim optimizmom ali pesimizmom, našim gradientom zaupanja in upanja ali obupa. Okoli nas ni objektivne realnosti, stvari niso nepremične, ampak se spreminjajo po našem interpretacijskem ključu, torej skozi filter naše vesti in razuma.

V tem smislu je tisto, kar zaznavamo s petimi čutili, torej čutna resničnost, vedno rezultat ekstrasenzorne obdelave.

Namesto tega nenehno doživljamo ekstrasenzorične sposobnosti, ki jih ni mogoče izmeriti in tehtati, a vsekakor obstajajo, kot so pogum, optimistična vizija prihodnosti, zavedanje, da je življenje sestavljeno iz vzponov in padcev. Za vsakim padcem vedno seveda pride visok. Zaupanje vase in v bližnjega, usmiljenje in dobrota, sposobnost pomagati in biti podprt, vse to utrjuje naše prepričanje. Vsak veter lahko piha, kolikor hoče, ne da bi ta prepričanja nikoli izruval.

Kar zaznavamo s svojimi petimi čutili, v nevihtnih in mirnih obdobjih, je vedno posredovana resnica. To ne velja samo na psihološki ravni, ampak tudi na praktični. Naša čutila, ki se nam zdijo tako popolna, so zasnovana za največje varčevanje. Služijo le za pomoč, ki je potrebna za premikanje in delovanje v okolju brez škode.

Naš sluh je na primer sposoben zaznati zelo nizke zvoke (približno 30 Hercev frekvence) do zelo visokih zvokov, približno 10–15.000 Hercev frekvence. Vendar pa obstaja neskončna raznolikost zvokov zunaj tega območja. Na žalost naša ušesa teh zvokov ne morejo zaznati. Na primer ultrazvok, ki ga pogosto slišijo številni naši ljubljenčki. Zakaj slišimo le frekvence od 30 do 15.000 Hertzov, tistih višjih ali nižjih pa ne? Preprosto, saj ne bi bili koristni za naše preživetje.

Nižje zvočne frekvence lahko signalizirajo ropot bližajočega se plazu, višje zvočne frekvence pa lahko signalizirajo piskanje kače. Za preživetje ne potrebujemo ničesar drugega.

Primorani zaradi meja posluha v ta razpon frekvenc postavljamo vso božanskost umetnosti, kakršna je glasba, in si niti ne predstavljamo, katere simfonije bi lahko komponirali (predvsem pa slišali), če bi bil razpon širši. Za nas je vsa glasba omejena na mizerno ozkost tega, kar zaznavajo naša ušesa, od 30 do 15.000 hercev. Obstoja neverjetno bolj dovršenih in privlačnejših harmonij si niti ne predstavljamo. Za nas ne more obstajati druga glasba kot tisto, kar slišijo naša ušesa.

Ne verjamemo, da obstaja koncert rastočega lesa, menuet cvetoče rože ali temna simfonija skale, ki že leta stoka, ko se bo kmalu odtrgala od pobočja gore.

Te pomanjkljivosti nadoknadimo z lepljenjem lažnih zvočnih posnetkov v dokumentarne filme, primernih za naš slušni obseg; očitno to niso pravi zvoki.

Ko nam potem pripovedujejo o šamanih, ki jim uspe potovati po teh svetovih in poslušati te zvoke, te skrite glasove narave, ne verjamemo tistim, ki nam pripovedujejo, in jih imamo za nore.

Naša čutila niso narejena zato, da bi nas približala vesolju, ampak, veliko bolj prozaično, da preprečijo, da bi med hojo udarjali s prsti na nogi ob kakšen vogal ali da bi nam med jedjo dali v usta prevročo hrano. Pomagajo nam tudi, da se izognemo strupu kakšnega majhnega bitja, ki je preveč pisano ali preveč pokrito s trnastimi bodicami.

Naša čutila so še vedno čutila neandertalca, medtem ko smo se zdaj razvili precej dlje od stopnje "Sapiens sapiens", zdaj smo "Homo ciberneticus". Razviti moramo nove čute, prilagojene naši novi evolucijski stopnji.

Objektivnost in subjektivnost.

To, v kar verjamemo, določa kakovost našega življenja. Izbiramo lahko med objektivnostjo in subjektivnostjo.

Objektivnost nujno pomeni našo nezmožnost poseganja v stvari, ki nas obdajajo. Stvari so takšne, hočeš nočeš. Z objektivnega vidika je vse oblikovano in se dogaja zunaj nas samih in vključuje nas brez možnosti pobega. Smo mehanske igrače, ki kar naprej ponavljajo programirano nalogo s korakanjem in udarjanjem v tamburin tako v soncu kot v dežju, medtem ko sonce neizogibno zbledi naše barve in dež zarjavi naše zobnike.

Nasprotno, subjektivnost nas naredi sposobne razumeti in sprejeti stvari tako, da jih posreduje, je mreža, ki jo tkemo in skozi katero filtriramo realnost. Subjektivnost ponuja močna in učinkovita orodja za boj proti ali podporo temu, kar nam ponuja življenje.

Soočiti se z življenjem s subjektivnega vidika pomeni osvoboditi se vsiljevanja množične usode in zgraditi osebno, posredovano usodo, obarvano z različnimi priložnostmi za vsakega posebej.

Življenje, ki se živi subjektivno, ni več merljivo in tehtano v laboratoriju, ker standardne mere ne veljajo več; vsak postavlja svoje vrednosti, ki se torej izmikajo preverjanju zunanjih opazovalcev. Niso več laboratorijsko preverljive, ampak so resnične za vsakogar v srcu, v krvi, v trebuhu, na koži in predvsem v duši.

Ljubezen, zvestoba, velikodušnost, prijateljstvo, zaupanje vase in v druge so neobjektivne realnosti, po katerih oblikujemo svoja življenja.

Zato obstaja resničnost, ki daleč presega pet čutov in nam omogoča, da zapustimo dimenzije strojev, da postanemo človeška bitja, kar tudi smo.

Zmaga subjektivnosti pomeni poraz materializma in zmanjševanje petih čutov, ki niso več pokazatelji absolutne resnice, temveč preprosti pripomočki, uporabni za umeščanje našega obstoja v čutno vesolje. V tem vesolju, Newtonovi fiziki, ki temelji na treh klasičnih dimenzijah in času, nam pet čutil pomaga na resnično zgleden način. Ko pa pomislimo na obstoj psihičnih vesolj, brez materije, kjer prevladujejo različne percepcije, povezane z mislijo in dušo, potem ugotovimo, da nam pet čutil ne pomaga več, nasprotno, pogosto nas varajo.

V zadnjih stoletjih je materializem petim čutom zaupal nalogo, da absolutno predstavljajo vse možne človeške izkušnje. V resnici se je sama materialistična znanost znašla v težavah s tem, kar danes imenujemo pojavi, povezani s snovjo, kot sta magnetizem in elektrika.

Eden najbolj varljivih čutov, ko ga želimo uporabiti za druge namene, kot je bil razvit, torej za preživetje, je vid. Vid predeluje predmete in živa bitja kot oblike, ki si jih zapomnimo, da jih lahko prepoznamo ob nadaljnjih srečanjih. Ne gre za natančno pomnjenje, saj smo sposobni prepoznati človekov obraz tudi, ko so se njegove poteze po več deset letih zelo spremenile. Nasprotno pa si težko zapomnimo, kakšna pokrajina je bila v ozadju ali kakšni avtomobili in ljudje so se peljali po cesti za njo. Vendar so naše oči videle tudi te podrobnosti.

Slika 9 - Slika Rubina, reproducirana zgoraj, ima lahko dva različna pomena glede na subjektivno interpretacijo opazovalca.

"Psihologija oblike".

Med 19. in 20. stoletjem je eksperimentalna psihologija veliko energije posvetila raziskovanju mehanizmov, prek katerih se povezujemo z zunanjo realnostjo.

Osnova raziskave je običajno izhajala iz ugotovitve, da vse, kar zaznavamo s čutili, nima enakega pomena pri obdelavi, ki jo izvajamo. Ko poslušamo pogovor, običajno filtriramo ves hrup v ozadju. Ko opazujemo prizor, se osredotočamo na bistveno dejstvo, medtem ko zanemarimo konture.

Z drugimi besedami, opazovanim dogodkom lahko določimo hierarhijo, torej ugotovimo, kaj nas zanima in kaj ne, da okrepimo razumevanje le enega dela opazovane slike, ostalo pa zanemarimo.

Naše dojemanje dogajanja okoli nas ni nikoli natančna reprodukcija realnosti. To pomeni, da naše poznavanje sveta nikoli ne postane celostno, saj ne beležimo zvesto vsega, kar se dogaja v naših glavah, ampak samo tisto, kar nas zanima.

Vse zaznane dražljaje takoj razdelimo na »zanimive« ali ne, tako da jih večina završe in izgubi za vedno.

Rubinovo sliko, predlagano na sliki 9, je mogoče interpretirati na dva načina. V sredini je mogoče videti obliko skodelice ali ob straneh dva človeška profila. S hitrim opazovanjem naši čuti zaznajo enega od obeh pomenov, a ali bo ta ustrezal resničnosti? Koliko drugih »dvoumnih« okvirov zaznavamo s pogledom iz realnosti, ki nas obdaja?

Vprašanje je: kdo odloča, kaj nas zanima, in kdo odloča, kaj zavreči in kaj, nasprotno, obdržati?

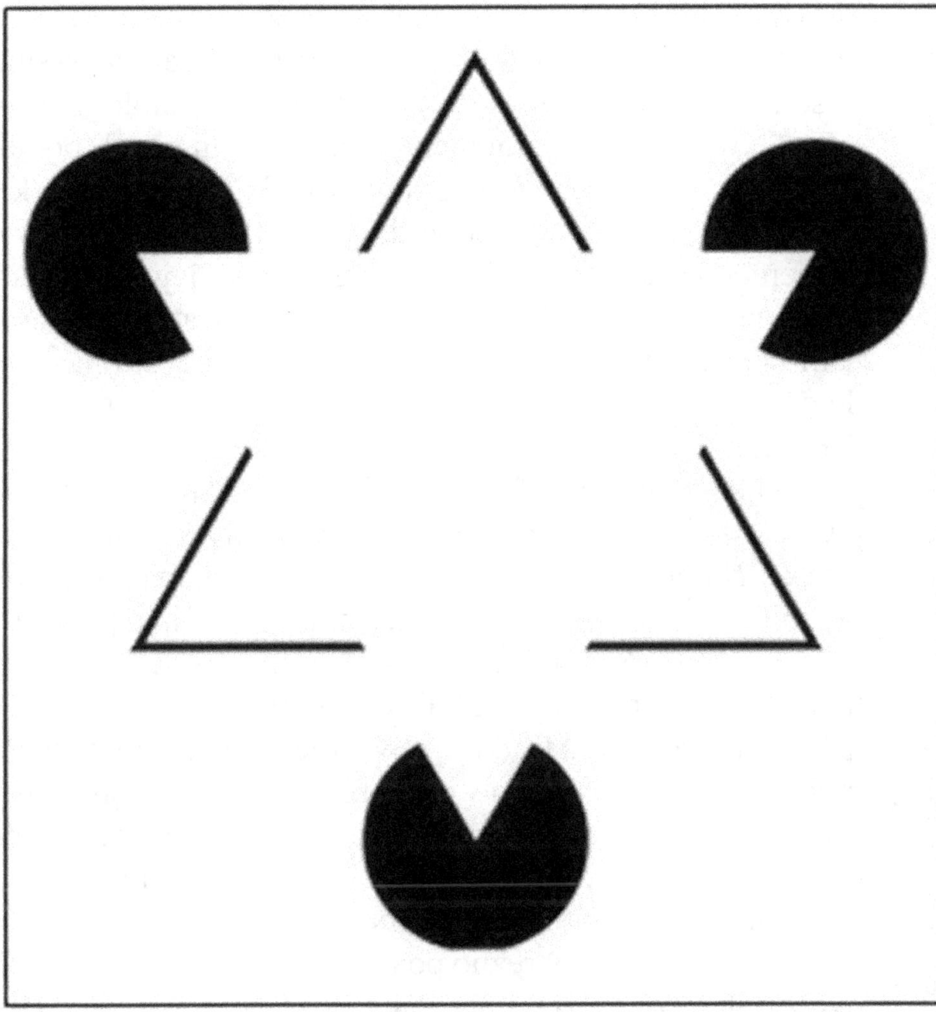

Slika 10 - Na sliki Kanizse, prikazani zgoraj, je bel trikotnik popolnoma viden v sredini. To pa nikakor ni narisano in si ga lahko predstavljamo le ob upoštevanju zahtevnosti risbe.

V zvezi s temi vidiki človeškega dojemanja so nekateri raziskovalci, kot so češki psiholog Max Wertheimer ter nemška Wolfgang Köhler in Kurt Koffka, začeli vrsto študij, ki so ji dali ime psihologija oblik (Gestaltpsychologie).

Te študije so bile namenjene razumevanju načel, po katerih se nekateri zaznani elementi združujejo v "obliko", ki se pojavi v ozadju, pri čemer se drugi elementi ne upoštevajo. Ti elementi, čeprav so prisotni v zaznavi, veljajo za odvečne, kot da ne bi bili tudi del zaznane celote. Takrat spoznamo, da nam pet čutil ne pomaga več, nasprotno, pogosto nas zavedejo.

Koffka je trdil, da obstajajo stvari in "ne-stvari": stvari so postavljene v scenarij "ne-stvari". Podoba Mona Lise se pojavi na ozadju pokrajine, ki večinoma zanima le umetnostne kritike. Namesto tega se milijoni ljudi, ki so opazovali sliko, po določenem času kvečjemu nejasno spominjajo prisotnosti mostu (ali je to stolp?). Običajno se nihče ne spomni natančno, koliko cipres je vidnih v ozadju.

V resnici nas navada, da se povezujemo z zunanjim svetom prek petih čutov, vodi do preoblikovanja vse resničnosti v stvari: ni zaman, da govorimo na enak način, ko smo soočeni s predmetom ali dejstvom, kot ne razumem: Kaj je to?

Da bi jih naši čuti sprejeli, morajo biti stvari velikosti in teže ter morajo biti ustrezno postavljene glede na druge stvari okoli njih. Stol, postavljen poleg mize, je nekaj, kar nas ne skrbi. Lahko bi nas skrbelo, če bi se stol pojavil in izginil ali zavrtinčil v zraku.

To velja, dokler prizor opazujemo in ga podrobno analiziramo, torej si vsiljujemo popolno analizo situacije.

Običajno ni tako. Naši čuti so veliko hitrejši in gotovo so, saj so prizori kot tekoče reke, spreminjajo se lahko v delčkih sekunde.

Zato čutila nikoli ne analizirajo celotne situacije, temveč le izločijo bistvene elemente, kar je v večini primerov zavajajoče in samovoljno.

Pogosto citiran primer je delitev trinajstih kart v igri "Scalaforty". Če bi igralec prejel vseh trinajst srčkov, od asa do kralja, bi bil to skoraj čudež. Pravzaprav obstaja samo ena možnost od 635 milijard, da bo igralec dobil trinajst kart iste barve.

A če dobro pomislimo, se lahko katera koli kombinacija trinajstih kart zgodi samo enkrat od 635 milijard krat, zato vsaka razdelitev kart predstavlja mali čudež.

Dejstvo, da je igralcu razdeljenih trinajst kart iste barve, je za nas pomembno in osupljivo, a v resnici je to povsem običajen pojav. Le mi smo tisti, ki pripisujemo izjemen pomen dejstvu, ki je samo po sebi absolutno običajno.

Za gestalt psihologijo dogodek te vrste ni pomemben, ker je statistično redek, temveč zato, ker močno izstopa v ozadju na tisoče drugih manj linearnih razdelitev kart.

Znane primere predstavljajo figure Kanizse.

Gaetano Kanizsa, rojen v Trstu leta 1913 in umrl v istem mestu leta 1993, je bil italijanski psiholog in slikar. Njegov oče je bil madžarski Jud, mati slovenska katoličanka. Po srednji šoli se je vpisal na filozofsko fakulteto Univerze v Padovi, kjer ga je Cesare Musatti uvedel v psihologijo. Zaradi rasnih zakonov so mu odvzeli italijansko državljanstvo. Po Cassibilskem premirju je pobegnil v Rim, kjer je dobil mesto raziskovalca na Inštitutu za psihologijo CNR.

Slika 10 jasno prikazuje bel trikotnik. To pa nikakor ni narisano in si ga lahko predstavljamo le ob upoštevanju zahtevnosti risbe.

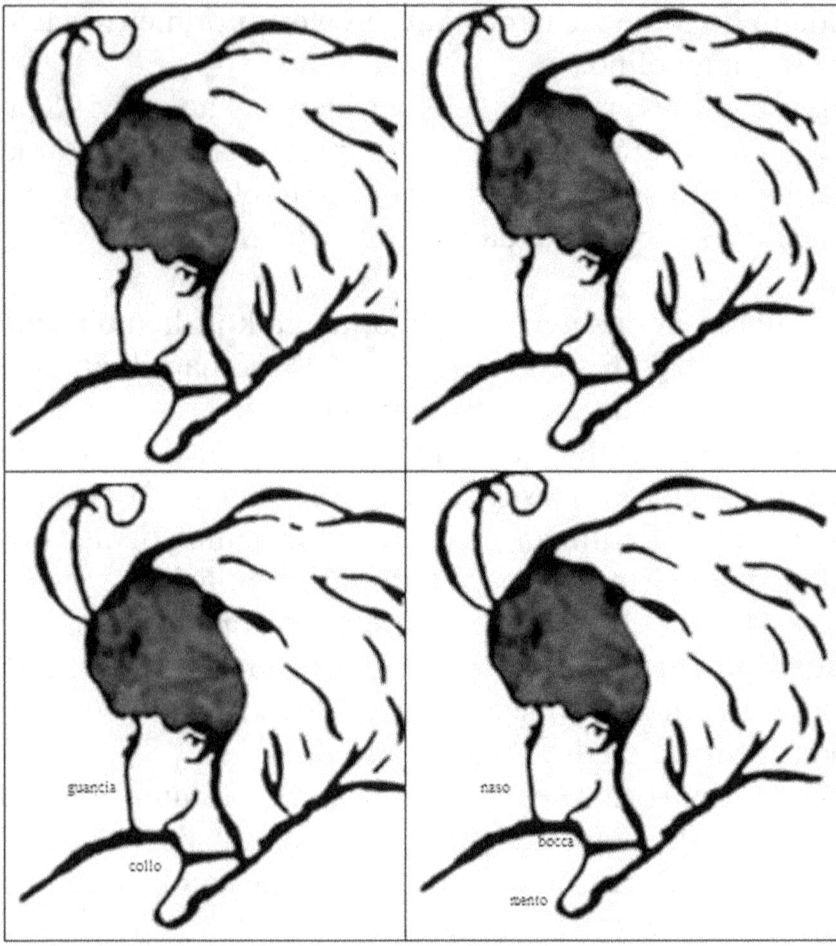

Slika 11 - Ta številka je težje razložljiva in prikazuje obraz mlade ženske ali, drugače, profil starejše dame.

Čeprav ga ni, pade v oči veliko bolj kot drugi geometrijski liki. Pa ne le to, njegova notranjost se nam zdi »bolj bela« kot bela, ki vsebuje preostalo podobo. Slika potrjuje, kako so naši čuti sposobni narediti, da vidimo stvari, ki ne obstajajo.

Slika 11 je težje dešifrirana in prikazuje obraz mlade ženske ali drugače profil starejše gospe. Zelo težko je razumeti oba pomena, ne da bi poznali njun obstoj. Toda naša čutila niso pripravljena za natančno analizo stalnega bombardiranja dražljajev, ki jih prejemajo. Zato bodo čutila zaznala enega od dveh pomenov figure, pri čemer bodo zanemarila obstoj drugega. Toda ali smo prepričani, da bodo posneli tisto, ki najbolj ustreza realnosti? V 50% primerov, ko se soočimo s tovrstno predstavo, nas bodo naši čuti prevarali. Verjetno bodo registrirali pomen, ki je najbližje temu, kar bi pričakovali, se pravi, da bodo »skladni« z našo pridobljeno kulturno prtljago. To pomeni, da bo običajno vsaka intelektualna spodbuda odpadla v prid ohranjanju in krepitvi obstoječega.

Predpostavka Gestalt psihologije je, da naši čuti zaznavajo in organizirajo zaznave po nekaterih privilegiranih, skrivnostnih, a trdno delujočih linijah.

Koffkine študije so identificirale organizacijske principe zaznav.

Med njimi so glavne podobnost, simetrija, bližina ali oddaljenost in druge.

Niz hitrih piskov se na primer razlaga kot znak nevarnosti; dva ovčarja v čredi ovc sta ločena kot par, ločen od ostalih figur; serija treh tesno razporejenih črnih pik in treh drugih blizu ena drugi, a rahlo oddaljenih od prvih, se ne razlaga kot niz šestih pik, ampak kot dva niza treh.

Posebno zanimivo je načelo časovne bližine. Zaznave in signale, ki jih prejmemo od zunaj, ponavadi organiziramo tudi glede na časovno povezavo, ki jih povezuje. Drugo pomembno merilo je smisel. Obstajajo zaznave, ki skačejo pred našimi očmi kot svetilniki v noči, glede na to, kako so porazdeljene v času in glede smisla, pomena, ki nam ga navdihujejo.

Toda tu vstopimo na drugo polje, na polje pomembnih naključij.

Naključja, kolektivna podzavest, sinhronost.

"Kar vemo o sebi, je le del,
in morda zelo majhen del tega, kar smo brez naše vedno-
sti.«
(Luigi Pirandello, italijanski dramatik, pisatelj in pesnik).

Močnejši od najmočnejših računalnikov.

V prejšnjem poglavju smo videli, kako naša čutila skenirajo neizmerno količino podatkov, ki ne dosežejo naše zavesti, ko jih zaznamo. Podatki se obdelujejo v skladu s postopki, s katerimi lahko iz množice izluščimo tiste, ki so za nas najbolj zanimivi. Nato se zanimivi podatki shranijo po shemah z visoko simbolno vsebino. To nam omogoča, da prepoznamo obraz mnogo let po tem, ko smo ga nazadnje videli. V praksi si ne zapomnimo obraza, kakršen je, temveč obliko obraza, nekaj referenc, ki jih leta kasneje lahko izsledimo nazaj do izvirnika.

Kot da bi določena programska oprema, ki prebiva v naši zavesti, manipulirala z golo realnostjo, kot se zdi čutilom, in jo preoblikovala v absolutno prilagodljive oblike ali koncepte, ki jih je mogoče prilagajati in po potrebi ponovno uporabiti. To omogoča, da se kot "stol" kategorizira vsak predmet, opremljen z eno ali več nogami in vodoravno površino, primerno za namestitev spodnjega dela hrbta.

Prepoznavanje vonjav je izjemno zmogljiva funkcija. Po desetletjih smo sposobni enega prepoznati in takoj rekonstruirati prizor, v katerem smo ga prvič zaznali. Na primer, vonj po naplavljenih algah nas takoj popelje nazaj na šolski izlet fantov v obmorsko mesto.

Prepoznavanje obrazov je ena od privilegiranih funkcij naše osebne programske opreme. Ne glede na nenavadno panoramo, s katero se srečamo, lahko takoj prepoznamo možno obliko obraza v razporeditvi predmetov in elementov. Zlahka prepoznamo obraze v oblačnih formacijah, ali v skalnih ostrogih ali celo v vlažnih lisah na starodavnih stenah.

V praksi je vsak dražljaj, ki prihaja neposredno iz čutil, obdelan s programsko opremo, ki je v naši zavesti, in preoblikovan tako, da je uporaben v naslednjih situacijah; gre torej za programsko opremo za učenje in pomnjenje, katere glavna značilnost je, da je opremljena z zmogljivim obnovitvenim algoritmom.

V zgodnjih dneh računalništva se je vsak študent, ki je nameraval napisati majhne programe, soočil s problemom shranjevanja in pridobivanja podatkov. Študent je na primer želel napisati majhen program, ki bi lahko pokazal glavno mesto države, ustvaril datoteko z dvema stolpcema, ki je vsebovala pare državna prestolnica (Italija – Rim, Francija – Pariz, Španija – Madrid itd.).

Ko je računalniku vnesel ime države (Španija), se je stroj pomikal po celotni datoteki, dokler ni našel para, ki vsebuje Španijo, in rezultat natisnil na zaslon: Madrid.

Temu so rekli zaporedni dostop in je lahko deloval, dokler podatkovni pari niso presegli nekaj tisoč, potem pa je sistem postal prepočasen, da bi bil zares uporaben.

Danes živimo v dobi iskalnikov, ki lahko pregledujejo milijarde podatkov. Iskanje seveda ni več zaporedno. Iskalniki imajo zelo sofisticirane algoritme, ki lahko izvlečejo informacije v času, ki sega v milisekundah.

V iskalno vrstico Google lahko vtipkate »quantum entanglement« in videli boste, da bo v 0,36 sekunde prikazano približno 9.700.000 rezultatov (iskanih maja 2018).

No, dolgo preden je človek razvil te algoritme, je nekaj podobnega, če ne celo bolj izpopolnjenega, že bilo prisotno v človeškem umu. Naši miselni algoritmi so sposobni v milisekundah pridobiti informacije, uporabne za naše vsakdanje življenje, tako da črpajo iz množice milijard milijard megabajtov, ki so jih skozi leta pridobili naši čuti. Ne bodo pa le navedli, koliko referenc obstaja, ampak bodo takoj izbrali najbolj uporabne za nas v tistem trenutku.

To je čudovita in osupljivo učinkovita organizacija. Je možno, da to ni nič drugega kot plod različnih poskusov, neuspehov in ponovnih poskusov evolucije, kot bi želele trditi materialistične teze? Dvomi so upravičeni.

Ali deluje samo s preprostimi dražljaji?

Na tej točki se moramo vprašati, ali naša programska oprema deluje samo tako, kot smo jo videli do zdaj, obdeluje brez naše vednosti dražljaje, ki jih prejmemo od čutil, zavrže ali izbira po skrivnostnih kriterijih zanimive oblike za ohranjanje in upravljanje te množice podatke brez posredovanja z naše strani. Ali če ne moremo domnevati možnosti naše aktivne vpletenosti.

Izhajati moramo iz predpostavke. Če je naša programska oprema sposobna razbrati, kaj je lahko uporabno in kaj ne, mora biti nujno obdarjena ne le z inteligenco, temveč tudi z zmožnostjo razločevanja. To pomeni, da mora vedeti, kaj nam bo koristilo v prihodnosti, zato mora imeti vizijo našega obstoja, ki presega izkušnje preteklosti in sedanjosti, ampak sega tudi v prihodnost, v tiste okoliščine in priložnosti, ki bo nastal v prihodnosti. Zato mora naša programska oprema poznati našo prihodnost za obdelavo trenutnih informacij na uporaben način.

Če je to res, in zagotovo je, potem lahko opustimo koncept programske opreme, saj programska oprema ni nič drugega kot program, zgrajen za izvajanje določenih dejanj. Ne glede na to, kako inteligenten je kos programske opreme, ne bo nikoli bolj inteligenten od programerja, ki ga je ustvaril.

Programska oprema, ki je sposobna poznati preteklost in prihodnost, presega človeške zmožnosti. Kar deluje v naši zavesti, ni inteligentna programska oprema, niti programska oprema, ki je bila razvita po naključju med evolucijskimi nihanji vrste. Gre za Inteligenco ali bolje rečeno za že obstoječo Modrost, ki jo lahko opredelimo kot Univerzalno Inteligenco.

Univerzalna inteligenca pozna našo preteklost, sedanjost in prihodnost, ker obstaja v drugačni dimenziji od tiste, v kateri smo vajeni živeti, sestavljena iz materije, podvržene pravilom Newtonove fizike (gravitacija, čas itd.).

Raven univerzalne inteligence mora biti izključno psihična; je raven, sestavljena iz energije in informacij, v kateri materije ni.

Je možno, da tak nivo obstaja? Vsekakor da, kot bomo videli v naslednjih poglavjih. Kvantna fizika je razkrila in eksperimentalno potrdila obstoj te ravni.

Kvantna fizika zagotovo ni z ničemer potrdila obstoja Univerzalne inteligence, si pa radi predstavljamo, da obstaja, sicer cele vrste pojavov ne bi bilo mogoče razložiti na noben način, vključno z že povedanim o inteligentnem shranjevanju oblik. predelano iz surovih zaznav naših čutov.

Posebnost te inteligence je njena sposobnost vzpostavitve neke vrste interaktivnosti z našo vestjo. Poleg praktično samodejne vloge konstruiranja in pomnjenja oblik, ki so uporabne za naše preživetje, inteligenca konstruira življenjska navodila in navodila. Poleg tega Univerzalna inteligenca gradi predloge, katerih cilj je sprememba, popravek, pogosto preprosto izboljšanje našega odnosa z realnostjo. Ti predlogi so oblike komunikacije, ki jih je desetletja proučeval švicarski psiholog Carl Jung. Poimenoval jih je pomembna naključja ali sinhroniciteta.

Načela organizacije naših zaznav, ki jih upravlja tisto, kar imenujemo Univerzalna inteligenca, ne veljajo samo za realnost, ki jo zaznavamo takoj za trenutkom, razumemo kot zaporedje različnih pojavov, temveč tudi za zaznavanje dejstev, pojavov in naključij, ki se običajno zdijo brez kakršnega koli odnosa ali povezave med njimi. Včasih te zaznave. pojavijo povsem spontano, v naši zavesti. Vidimo, da se pojavljajo logične povezave in intuicije, ki dajejo pomen tem naključjem in jih naredijo pomembne za naše razumevanje.

Lahko rečemo, da inteligenca za nas gradi sinhronicitete in nas naredi sposobne zaznati sporočilo, ki je tam skrito. To je mogoče, če cenimo možnost in prisotnost sinhronicitet ter se izogibamo upoštevanju zgolj naključnih dogodkov.

Ura, ki se ustavi v trenutku smrti njenega lastnika, pomeni pomembno naključje zaradi sočasnosti obeh dogodkov; temu ne bi bilo tako, če bi se ura ustavila dva dni kasneje ali prej.

Prav tako se za pomembno naključje šteje srečanje z znancem iz preteklosti, potem ko smo o njem sanjali prejšnjo noč.

Carl Gustav Jung

Carl Gustav Jung je bil ena glavnih intelektualnih osebnosti psihološke in psihoanalitične misli, psihiater, psihoanalitik, antropolog in švicarski filozof (slika 12).

Rodil se je 26. julija 1875 v Kesswilu v Švici Paulu Achillesu Jungu, protestantskemu pastorju in teologu, in Emilie

Preiswerk. Diplomiral je iz medicine in leta 1900 odšel delat v psihiatrično bolnišnico v Zürichu.

Sprva je bil blizu misli Sigmunda Freuda, strinjal se je z njegovimi interpretacijami psihičnih pojavov. Spoznala sta se na Dunaju leta 1907 in se takrat pogovarjala kar trinajst ur.

Zaradi tega sodelovanja so Junga začeli imenovati "delfin" psihoanalize in pričakovali so, da bo nasledil Freuda na čelu psihoanalitičnega gibanja.

Razhajanja in prekinitev s Sigmundom Freudom.

Namesto tega so se že po nekaj letih pojavili prvi znaki njunih nesoglasij, iz katerih sta se rodili dve glavni zgodovinski usmeritvi psihoanalize, ki jo je Freud razumel kot terapijo, Jung pa kot način razumevanja psihe.

Ta dvojna vizija se je hitro uveljavila, tako da je Univerza Clark že leta 1909, ko je načrtovala cikel konferenc v ZDA, povabila oba.

Med potovanjem z ladjo sta se znanstvenika odločila, da bosta vadila analizo sanj drug drugega. Jung pa s Freudovim sodelovanjem ni bil zadovoljen, saj je Freud po njegovem mnenju poskušal prikriti nekatere vidike svojega zasebnega življenja, ki bi bili nepogrešljivi za boljšo analizo.

Ko je Jung izrazil to zadrego, Freud ni zanikal, ampak je potrdil, da je razlog za njegovo zadržanost v dejstvu, da ni mogel razkriti vidikov lastne osebnosti, ki bi ogrozili njegovo avtoriteto. Od te epizode je Jungovo spoštovanje do Freuda začelo bledeti, prav tako pa tudi njegovo spoštovanje do njegovih teorij.

Temu je bilo dodano še poglabljanje precej mučnega itinerarja konceptualne diferenciacije. Ta pot je dosegla vrhunec, ko se je Jung leta 1912 odločil objaviti svoje delo (Libido. Simboli in transformacije), v katerem je izpostavil vsa svoja teoretična nesoglasja.

V tej knjigi Jung manifestira svojo usmeritev, usmerjeno v razširitev analitičnega raziskovanja iz zgodbe posameznika na globalnost človeštva: pravzaprav po Jungu poleg individualne podzavesti obstaja še kolektivna podzavest, ki manifestira svojo prisotnost in deluje skozi arhetipe.

V tej viziji življenje posameznika postane pot, skozi katero poteka uresničevanje osebnega Jaza. Jung ta proces imenuje "proces odkrivanja".

Po izidu te knjige se je njegov odnos s Freudom razdrl. Ko je komentiral Freudovo razmišljanje, je Jung dejal: "Možgane vidimo kot privesek genitalij."

Glede vsebine obeh interpretacij in njunega razlikovanja moramo priznati, da je Jung s Freudom sprva delil sodbo o duševni bolezni. Po teh hipotezah je za razumevanje bolezni potrebno poznavanje bolnikove individualne anamneze in »procesov potlačitve«, ki se nanašajo na vsebine izključno spolne narave.

Pozneje pa je Jung oblikoval hipotezo, da fenomeni psihe niso tisti, ki jih je opisal Freud. Po Jungovi novi teoriji so bili ti pojavi manifestacije v naravi prisotne energije, libida.

Slika 12 - Carl Gustav Jung. Njegovo razmišljanje predpostavlja, da poleg »individualne podzavesti« obstaja »kolektivna podzavest«, ki se izraža skozi arhetipe. Na življenje posameznika gledamo kot na pot, imenovano "individuacijski proces"".

Libido in simboli.

Libido je nekakšen življenjski impulz, gon, ki dinamično cilja na življenje in ohranitev vrste.

Zato pri psihološki terapiji ni treba imeti v mislih le biološke komponente. To bi bil pesimističen pristop. Nasprotno pa je treba upoštevati tudi duhovno komponento. Ta komponenta daje posamezniku zdravo napetost, usmerjeno v uresničitev izboljšanja.

Po Jungu se lahko impulzi libida preusmerijo tudi k nematerialnim konceptom in ambicijam in tako lahko povzročijo duhovno evolucijo. Duševna bolezen se pojavi, ko je ta evolucijski proces blokiran; v teh pogojih nastanejo nevroze. Libido deluje tako, da proizvaja simbole. Zahvaljujoč temu je primitivni človek lahko prenesel svoje neposredne impulze tako, da jih je usmeril v ustvarjalnost, s čimer je sprožil prehod z instinktivne živalske ravni na kulturno.

Simboli libida imajo vsebine, ki presegajo individualno zavest in lahko pomagajo preoblikovati človekovo naravo.

Nekateri od teh simbolov so univerzalni, skupni in si jih delijo vsi posamezniki. Jung jih imenuje arhetipi, izraz izhaja iz grščine. Pomen "arhetipa" postane bolj razumljiv, če ga definiramo kot "izvirne podobe", "modele", "virtualne podobe", "možne reprezentacije".

Arhetipi ustrezajo izkušnjam, ki jih je človeštvo pridobilo skozi svojo evolucijsko zgodovino, medtem ko je razvijalo zavest. So spomin človeštva in so zaprti v prostoru, ki ga Jung imenuje »kolektivna podzavest«. Ta podzavest je kolektivna, ker ni individualna, temveč skupna, dostopna vsemu človeštvu in vsakemu posameznemu človeku.

Slika 13 - Wolfgang Pauli, zelo mlad dijak gimnazije Döblinger na Dunaju. Kot odrasel je srečal Junga na terapevtskem zdravljenju, ki je kmalu povzročilo trdno prijateljstvo in i zmenjavo pisem, ki je trajala četrt stoletja..

Arhetipi, ki prebivajo v kolektivni podzavesti, imajo moč posegati v življenja posameznih posameznikov z ustvarjanjem epizod, ki jih Jung imenuje sinhronicitete.

Pri gradnji te teorije je imel Carl Jung kulturno in moralno podporo slavnega fizika, dobitnika Nobelove nagrade, Wolfganga Paulija (slika 13), ki ga je spodbudil, da svoje sklepe izrazi, čeprav je Jung leta okleval, da bi to storil. Pauli je prepričal Junga, da sta leta 1952 skupaj izdala knjigo, ki je vsebovala teorijo sinhroniciteta v obliki eseja z naslovom "Sinhroničnost kot princip priložnostnih povezav"

Simbol.

Simbolični značaj arhetipov ima za posledico, da imajo tudi sinhronosti, ki jih ustvarjajo, simbolične vidike.

To potrjujejo izkušnje in nekateri jungovski analitiki brez obotavljanja definirajo sinhronicitete kot »sanjarije«.

Pravzaprav so sanje popolnoma neodvisne od naše volje in skorajda ne bi mogli posredovati, da bi jih pilotirali v našem običajnem življenju. Podobno so sinhronosti edinstveni dogodki, ki se pojavijo v naših življenjih, da zbudijo zmedo in začudenje. Sinhroničnosti so zaradi svoje simbolične oblike vedno obdane z avro skrivnosti.

Nenavadna naključja, katerih protagonisti smo včasih mi, imajo tudi simbolično vrednost, vendar nas njihovo ponavljanje lahko vodi k razvozlavanju simbola in razumevanju sporočila. Ko se to zgodi, poteka po skrivnostnih postopkih. Včasih se zgodi: enostavno naša zavest razgrne pred očmi pomen simbola, čeprav ne moremo rekonstruirati postopka, po katerem bi se to lahko zgodilo.

Po splošnem pomenu je simbol nekaj, kar stoji na mestu nečesa drugega. Največkrat nam skriti pomen simbola uide.

Čeprav se nam zdi, da jo imamo »na konici jezika«, brenči okoli nas, ne da bi jo prijeli.

V tem smislu simbol generira napetost med navideznim in tistim, kar uide razumevanju, vsebuje del znanega in del neznanega. Predstavlja izziv vesti, medtem ko vest trpi zaradi nemira nerešenega problema, neodgovorjenega vprašanja, pajdaša, ki nima mesta.

Ni nemogoče zmagati v izzivu. Pravzaprav imajo sinhronicitete funkcijo sporočanja sporočil iz kolektivne podzavesti z uporabo naše individualne podzavesti.

Skrivnostno sporočilo teče iz kolektivne podzavesti, zapisano v jeziku in s simboli, zgrajenimi na evoluciji, ki jo je izkusilo celotno človeštvo in zato do maksimuma nerazložljivo za vizijo, ki jo dopuščajo naše izjemno omejene izkušnje. Recimo, da naša vest nima dovolj velikih oči, da bi si lahko predstavljala in razumela celoten pomen sporočila.

Ko gre sporočilo skozi našo individualno podzavest, poskuša postati razumljivo naši vesti.

Simbol, ki ga posreduje individualna podzavest, je oblečen v stvari, ki so se zgodile in se jih ne spominjamo več ali jih želimo pozabiti; brska po skladišču ruševin in drobcev porušenih zgradb, ki pa so nam bile v danem času znane, in se z njimi izraža pobliže naši izkušnji. Medtem ko ohranja svojo skrivnostno naravo, postane bolj razložljiva.

Če ne bi bila povezana s kolektivno podzavestjo, bi bila naša individualna podzavest samo žalostna neuporabna stvar, pokopališče zakopanih izkušenj.

Zahvaljujoč kolektivni podzavesti postane naša individualna podzavest dragoceno orodje in se spremeni v medij vznemirljivih življenjskih trenutkov, sanjarjenja, ki nas lahko vodijo k duhovnemu razvoju in boljšemu življenju.

Arhetipi, ideje, koncepti.

Beseda arhetip izhaja iz stare grščine in ima lahko pomen izvirnik, model, znamka. Po mnenju nekaterih lahko pomeni tudi p "začetek". Prvi ga je uporabil Filon iz Aleksandrije, starogrški filozof, znan tudi kot Jud Filon, ki je živel v Aleksandriji v Egiptu in je bil Jezusov sodobnik.Pozneje so izraz prevzeli drugi grški filozofi, kot sta Dionizij iz Halikarnasa in Lucijan iz Samosata.

Vendar pa lahko razvoj teme arhetipov vstavimo v platonsko tradicijo, kjer se pojavljajo kot ideje, torej izvirni modeli čutnih resničnosti. Nekateri neoplatonisti, kot je Plotin, so jih imeli za že obstoječe ideje v božanskem umu in modele ustvarjenih stvari.

Znotraj te tradicije Jung obravnava arhetipe kot primordialne podobe, ki sestavljajo kolektivno podzavest, ali celo primitivne oblike, na katerih temeljijo miti in religije.

V analitični psihologiji pridobijo arhetipi za subjekt etično in čustveno vrednost in ga bolj ali manj zavestno pogojujejo ves čas njegovega obstoja.

Dejansko so arhetipe, kot jih je pojmoval Jung, mnogi avtorji primerjali z mitskimi strukturami in priljubljenimi pravljicami. Pravzaprav bi razkrili veliko podobnosti v pomenu s pravljicami in miti. Vzajemno pa obstajajo temeljne teme v mitih in religijah, ki jih lahko štejemo za arhetipe. V svoji knjigi "Psihološki tipi" Jung pravi: "Glavni mitološki motivi vseh časov in vseh ras so verjetno tega tipa (podobno kot arhetipi)."

Izključitev četrtega elementa.

Jung je bil spreten predavatelj, ki mu je v vsakem primeru uspelo pritegniti pozornost občinstva, tudi če ni bilo sestavljeno iz ljudi, ki so bili vpeti v znanstveno okolje. V nasprotju s freudovsko prozo, neolepšano in odmerjeno, zna Jung izraziti svojo bogato in kultivirano osebnost tudi v najbolj tehničnih ali sistematičnih delih. V tem poglavju se nanašam predvsem na tri njegove eseje, predstavljene v obliki predavanj. Prvi, "Arhetipi kolektivnega nezavednega", je bil napisan leta 1934 in revidiran leta 1954. Drugi, "Koncept kolektivnega nezavednega", je bil napisan leta 1936.

Tretje delo, "Sinhroničnost kot princip nenaključnih povezav", objavljeno leta 1952, je skoraj kompendij prvih in je tisto, v katerem v celoti izrazi svojo teorijo sinhronosti.

Jung je bil zelo zadržan do objave tega eseja in šele leta 1952 ga je njegov prijatelj in dopisnik Wolfgang Pauli prepričal v to.

Oba sta preko intenzivne izmenjave idej sodelovala več kot dvajset let, prav pri teh vprašanjih.

Čeprav je bil Pauli eden od ustanoviteljev kvantne fizike, leta 1945 sposoben dobiti Nobelovo nagrado, se je Pauli zelo strinjal z Jungovimi idejami in si je želel, da bi znanstveno okolje premagalo nezaupanje, skepticizem in posmeh z upoštevanjem možnost vzporedne poti in skupnega jezika med znanostjo in psiho, kar bi lahko omogočilo večje razumevanje.

Intelektualno soočenje med Jungom in Paulijem je povzročilo raziskavo, znano kot "četrti izključeni element". Pravzaprav je predmet njihovega raziskovanja težil k razrešitvi številnih dvomov, ki jih je sprožila kvantna fizika glede popolnosti modela triade klasične fizike: čas, prostor, vzročnost; Jung in Pauli sta si predstavljala »izključeni četrti element«, ki je dobil ime sinhroniciteta.

Pauli je bil očaran nad možnostjo dodajanja četrtega elementa triadi.

Jung pa je bil navdušen nad prvimi študijami subatomskih delcev, ki so začele razkrivati neverjetne lastnosti. Na primer, ti delci se lahko spremenijo v vibracije ali pa izginejo in se ponovno pojavijo na oddaljenih točkah vesolja. Osnovni delci bi lahko komunicirali na ogromnih razdaljah prek skrivnostnih nefizičnih povezav. Jung I je videl nastajajočo kvantno fiziko in tudi Einsteinovo teorijo relativnosti kot možne znanstvene potrditve njegovih psiholoških konceptov o sinhroniciteti in paranormalnem.

Pauli je imel globoko intuicijo (za katero je rekel, da veliko izhaja iz njegovih sanj) in izjemno sposobnost razmišljanja.

Že zelo mlad je objavil članek o teoriji relativnosti, ki ga je objavila Enzyklopadie der mathematischen Wissenschaften. Ko jo je Einstein, oče teorije, prebral, je komentiral takole:

> »Kdorkoli bi preučeval to delo, ne bi verjel, da ga je napisal mladenič, star komaj enaindvajset let. Ne vem, kaj naj bolj občudujem: psihološko razumevanje razvoja idej, natančnost matematičnih sklepov, globoka intuicija, sposobnost predstavitve dela s sistematično lucidnostjo, faktografsko popolnostjo ali kritično nezmotljivostjo."

Na žalost se je tudi Jung, tako kot vsi geniji, vedno srečeval s hladnostjo in nerazumevanjem svojih kolegov in delovnega okolja do svojih najbolj izvirnih idej. Njegovo obžalovanje in morda trpljenje, ker v svoje slutnje nikoli ni mogel vključiti niti najbližjih ljudi, je razvidno s strani »Spominov, sanj, razmišljanj«. Ta knjiga je neke vrste dnevnik-izpoved, zaupana peresu Aniele Jaffè. Zato je Jung, ko je dozorel, instinktivno zavzel držo, ki ni želel objaviti svojih najnaprednejših teorij.

Pauli je bil tisti, ki je premagal svojo zadržanost tako, da ga je prepričal, da sta skupaj izdala knjigo, v kateri sta se pojavila dva eseja; eno avtorja samega Paulija z naslovom "Vpliv arhetipov na Keplerjeve znanstvene teorije" in drugo, ki jo je podpisal Jung, "Sinhroničnost kot princip nenaključnih povezav".

Arhetipi kot "primitivne podobe".

Knjiga, izdana s Paulijem, je predstavljala sintezo desetletij dela. Prvič, ko je Jung uporabil izraz arhetip, sega v leto 1919, ob priložnosti simpozija v Londonu.

> »V nezavednem najdemo tudi lastnosti, ki niso individualno pridobljene, ampak podedovane, torej instinkte, ki jih razumemo kot impulze k dejavnostim, ki prihajajo brez zavestne motivacije iz notranje prisile. Tem so dodane še prirojene oblike intuicije, to je arhetipi zaznavanja in razumevanja, (...) Instinkti vodijo človeka v specifično človeško vedenje. Podobno arhetipi prilagajajo zaznavanje in intuicijo specifično človeškim vidikom. Instinkti in arhetipi intuicije tvorijo kolektivno nezavedno."

Jung je kmalu razvil prepričanje, da so arhetipi ideje, ki so zunaj individualne zavesti, vedno obstajajo in so tesno povezane s prvotnimi miti. O dogodku, ki ga je prepričljivo zavzel za tezo o odnosu do mitov, pripoveduje sam v eseju Koncept kolektivnega nezavednega, ki ga je napisal leta 1936.

»Približno leta 1906 sem naletel na nenavadno blodnjo, prisotno pri paranoičnem shizofreniku, ki je bil dolga leta v bolnišnici. Bolnica je trpela od mladosti in je bila neozdravljiva. Študiral je na državni šoli in bil zaposlen kot uradnik v pisarni. Ni imel posebnega nagnjenja in sam takrat nisem vedel nič o mitologiji ali arheologiji. Nekega dne sem našel bolnika pri oknu, ki je majal z glavo in mežikal soncu. Rekel mi je, naj storim isto, da bom videl nekaj zelo zanimivega. Ko sem ga vprašala, kaj vidi, se je začudil, da ne vidim ničesar: »Definitivno vidiš penis sonca … ko premikam glavo naprej in nazaj, se premika tudi penis. Iz tega gibanja prihaja veter." Seveda te nenavadne ideje nisem razumel, vendar sem si jo zapomnil.

Približno štiri leta pozneje sem med študijem mitologije naletel na knjigo pokojnega Albrechta Dietericha, znanega filologa. Knjiga je osvetlila to fantazijo. Delo, objavljeno leta 1910, obravnava grški papirus iz Nacionalne knjižnice v Parizu. Dieterich je mislil, da je v enem delu besedila odkril mitrajski ritual. Besedilo je nedvomno verski predpis o delovanju določenih urokov, v katerih je imenovan Mitra. (…) V besedilu je mogoče prebrati naslednje navedbe:

»Vdihnite žarke, vdihnite trikrat toliko, kot lahko, in začutili boste, da ste dvignjeni in hodite navzgor in zdelo se vam bo, da ste sredi zračnega območja ... Videli boste cesto bogov, ki je vidna skozi disk sonce, ki je Bog moj oče. Tako boste videli tudi tako imenovano cev, iz katere izvira usmiljen veter. Ker boste videli nekaj podobnega cevi, ki visi iz diska sonca. To boste videli proti zahodnim pokrajinam, neskončno kot veter, ki piha z vzhoda."

(…) Popolnoma nemogoče je, da bi pacient vedel za grški papirus, objavljen štiri leta pozneje.

Jung je to epizodo obravnaval kot prvi dokaz tesne povezave med arhetipi, ki se materializirajo v človeškem umu, in simboli starodavnih mitologij.

Kolektivna podzavest.

Kolektivna podzavest je pojem iz Jungove analitične psihologije. V nasprotju z osebno podzavestjo, ki je individualna, je kolektivna podzavest skupna vsem ljudem in izhaja iz skupnih prednikov vsega človeštva. V tem smislu predstavlja univerzalno psihično vsebnico, torej del skupne podzavesti, ki si jo deli vse človeštvo. Vsebuje arhetipe, to je oblike in simbole, značilne za vsa ljudstva vseh kultur (slika 14).

Pomembno je omeniti, da arhetipi ne izhajajo iz izkušenj posameznika, ampak obstajajo a priori, saj so dediščina izkušenj celotnega človeštva. Nekateri učenjaki delijo kolektivno podzavest glede na različne plasti: najgloblja izhaja iz arhaičnih korenin preteklosti; srednja stratifikacija vsebuje vrednote in družbene navade trenutka, ki ga živimo, tretja stratifikacija pa vsebuje potencial in možne prihodnje evolucije človeštva.

Jung svojo teorijo predstavi in zagovarja v eseju "Koncept kolektivnega nezavednega", objavljenem leta 1936.

Koncept uvede z navedbo, da osebna podzavest dolguje svoj obstoj osebni izkušnji in je v bistvu sestavljena iz vsebin, ki so bile zavestne, čeprav so bile pozneje morda pozabljene ali odstranjene.

Nasprotno pa vsebine kolektivne podzavesti nikoli niso bile v individualni zavesti in zato nikoli niso bile individualno pridobljene, ampak svoj obstoj dolgujejo izključno dednosti.

Zato dva tipa podzavesti razlikuje glede na njuno vsebino: individualna podzavest vsebuje predvsem komplekse, kolektivno podzavest pa v bistvu tvorijo arhetipi.

Jung zagovarja svojo idejo arhetipa kot že obstoječe oblike in se sklicuje na druge raziskovalce, kot je Lévy-Bruhl, ki v svojih študijah o psihologiji primitivov opredeljuje arhetipe kot "kolektivne reprezentacije". Jung navaja tudi Huberta in Maussa, ki v svojih študijah primerjalne religije opredeljujeta arhetipe kot »kategorije domišljije«. Navaja tudi Adolfa Bastiana, ki v svojih etnoloških študijah opredeljuje arhetipe kot "elementarne misli" ali "prvotne misli".

Okrepljen s temi znanstvenimi konvergencami, Jung predstavi svojo tezo, po kateri:

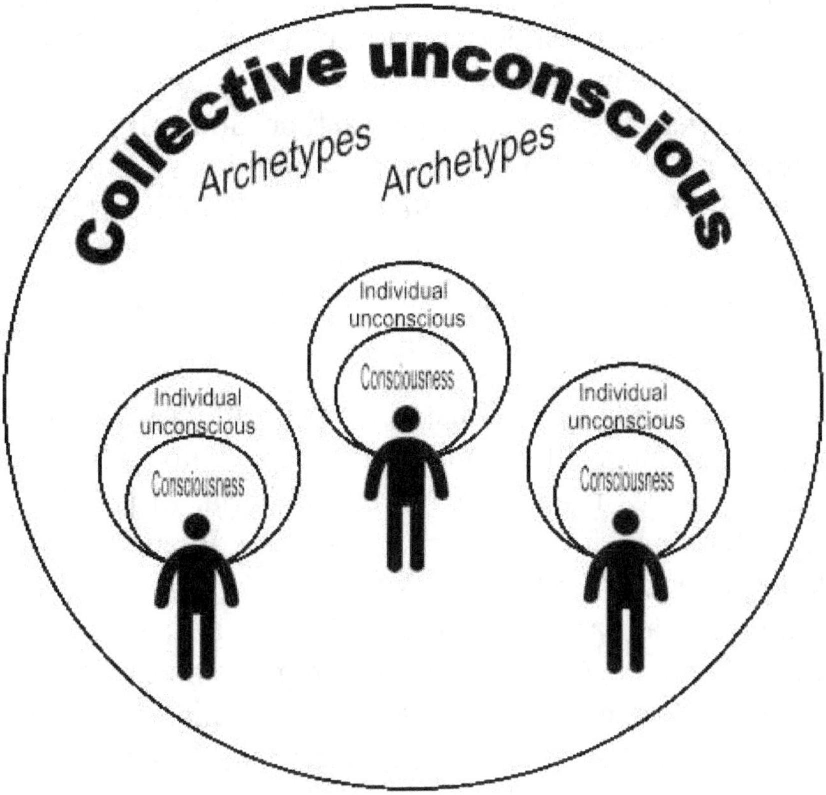

Slika 14 - Ravni zavesti po Carlu Jungu.
1. Kolektivna podzavest je skupna vsemu človeštvu
2 Arhetipi izhajajo iz kolektivne podzavesti.
3-4 Vsak posameznik ima svojo podzavest in zavest.

»Poleg naše neposredne zavesti, ki je povsem osebne narave in jo imamo za edino empirično psiho (tudi če osebno podzavest dodamo kot privesek), obstaja še drugi psihični sistem. Ta sistem je kolektiven, univerzalen in neoseben ter enak pri vseh posameznikih. Ta kolektivna podzavest se ne razvija individualno, ampak se deduje. Sestavljena je iz že obstoječih oblik, arhetipov, ki se lahko šele kasneje zavedo in dajo specifično obliko določenim psihičnim vsebinam.

Jung nato nadaljuje z ilustracijo pomena kolektivne podzavesti in začne s sklicevanjem na terapevtsko psihologijo v viziji Sigmunda Freuda in Alfreda Adlerja, ki je izključno personalistične narave in zanika kakršen koli zunanji prispevek ali povezavo s posameznikom.

Jung izpostavlja protislovje zaradi dejstva, da se vizija Sigmunda Freuda in Alfreda Adlerja, ne glede na to, kako individualna je, nanaša tudi na dejavnike, ki niso zgolj individualni, kot sta na primer spolni nagon ali težnja po samopotrjevanju.

Niti Freud ali Adler nista mogla zanikati obstoja nagonov, ki obstajajo a priori in so prisotni tako pri ljudeh kot pri živalih. Instinkti vsekakor niso osebni, ampak univerzalni in podedovani sestavni deli psihe in pogosto delujejo nad zavestjo. V tem smislu kažejo nagoni zelo tesne analogije z arhetipi.

Posledično po Jungu hipoteza o obstoju kolektivne podzavesti ni nič bolj drzna od tiste, ki predlaga obstoj nagonov. Na podlagi te utemeljitve se brani pred obtožbo mistike, ki je uperjena proti njegovi teoriji kolektivne podzavesti. Tako kot lahko instinkti na popolnoma mističen način vplivajo na mišljenje, zavest in delovanje posameznikov, lahko to počnejo tudi arhetipi kolektivne podzavesti.

Jungovski proces individuacije.

In the first chapter of his work Aspects of the contemporary drama Jung writes as follows:

> "Archetypes are like river beds abandoned by water, which however can welcome it again after a certain time. An archetype is similar to a mountain gorge into which the current of life has long poured: the more it has dug this bed, the more it has preserved this direction, the more likely it is that, sooner or later, it will return.."

V prvem poglavju svojega dela "Vidiki sodobne drame" Jung piše takole:

> »Arhetipi so kot struge, ki jih je zapustila voda, ki pa lahko po določenem času ponovno sprejmejo vodo. Arhetip je podoben gorski soteski, v katero se že dolgo zliva voda (tok življenja). Bolj kot je voda razkopala to strugo, bolj ko je držala to smer, večja je verjetnost, da se bo prej ali slej vanjo vrnila."

Psiha je v bistvu sestavljena iz zavestnega dela (zavesti) in nezavednega dela, v katerem ločimo individualno podzavest in kolektivno podzavest.

Dinamika med obema deloma (zavestno – podzavestno) je po Jungu motor, ki posamezniku omogoča, da se sooči z dolgo potjo, usmerjeno v uresničitev lastne osebnosti.

Interakcija med zavestjo in podzavestjo ustvarja proces, ki ga Jung imenuje "individuacija". Na tej poti se posameznik sreča in sooči z nezavednimi vidiki (arhetipi) lastne osebnosti: s soočenjem z njimi lahko razširi lastno zavest.

Proces individuacije predstavlja pot integracije in poenotenja kompleksov, ki tvorijo osebnost, to je progresivno približevanje »Ega« k »Jazu«, po poti, ki vodi do zavedanja Jaza in do osvoboditve Ego iz njegovih notranjih konfliktov.

Jung meni, da je naloga psihoanalize vzpostaviti hierarhično razmerje med "Jazom" in "Egom", prav ob upoštevanju, da je prvi totaliteta, drugi pa le del. Ta odnos bi moral omogočiti ponovno vzpostavitev harmoničnega zbliževanja med obema, ko je to zaustavila nevroza, ki je posledica otrditve zahtev "Ega" glede na individualne potrebe "Jaza" (od tod tudi ime : proces individuacije).

Pristop poteka preko dešifriranja pomena simbolov, s katerimi se posameznik srečuje v življenju. Simbole lahko najdemo tako v notranjem svetu, skozi regresivna in progresivna gibanja libida, kot v zunanjem svetu, zahvaljujoč epizodam sinhronosti. Zato so sinhronicitete veljavna pomoč pri razvoju procesa individuacije.

V tej luči je individuacija plod nenehnega sodelovanja med Zavestjo, Podzavestjo, Egom in Jazom. Proces individuacije predstavlja duhovno potovanje k večjemu samozavedanju. Napredek na poti je prepoznaven po njenih mejnikih.

Prva stopnja: arhetip sence.

Za prvo stopnjo je značilen arhetip sence, to so vsi tisti vidiki, ki jih posameznik o sebi ne pozna ali jih želi skriti, pa tudi vse, kar je bilo odstranjeno po kompromisih zaradi vzgoje in vplivov okolja.

Senca predstavlja najbolj neprijeten in negativen del psihe; sovpada tudi z najnižjimi instinktivnimi vzgibi, ki jih običajno radi potlačimo. Predstavlja tudi slabosti in nagnjenja, ki jih posameznik rad zanika, da so njegovi, a kljub temu vplivajo na njegovo vedenje in se kažejo z gnusnimi platmi značaja ali s »skušnjavami«, ki jih zavestni del skuša ignorirati.

Ta arhetip se lahko manifestira v sanjah in simbolih z demonskimi figurami, pošastmi in pregoni, nočnimi morami, ki živijo v temi.

Arhetip, ki se pogosto omenja skupaj s Senco, je Arhetip Osebe.

Oseba (iz latinščine "maska igralca") je arhetip, ki nakazuje vlogo, ki jo subjekt igra v družbenem kontekstu, v katerem deluje. Oseba je ravno maska, prikrita identiteta, pod katero delujemo in zaradi katere smo to, kar bi si drugi želeli, da smo in kar verjamemo, da smo.

Druga stopnja: arhetip Anime ali Animusa.

Za drugo stopnjo je značilno srečanje z arhetipom Anime (za moškega) in Animusa (za žensko). Kljub imenu, ki spominja na dušo, se ne nanaša na noben verski ali dogmatični koncept.

Podobo anime moški projicirajo na ženske, pri ženskah pa je na moške projiciran ustrezni arhetip, animus.

Duša predstavlja stik s psihičnimi in mentalnimi vidiki, torej prvi pristop posameznika z njegovo psihologijo, skoraj iniciacijski obred. To so vrata, ki omogočajo dostop do transcendentnega sveta.

Je arhetip odlične komunikacije, saj predstavlja veliko nezavednih podob, ustvarja nesporazume, gradi iluzije in posledično tudi krize.

V tem smislu je soočenje z dušo veliko bolj zahtevno od tistega s Senco; vključuje vstopanje na ozemlja, kjer obstaja nevarnost, da vas bodo zdrobili. Vse, česar se Duša dotakne, postane numinozno, torej absolutno, nevarno, tabuizirano, magično.

Animus (moška komponenta žensk) predstavlja tipično praktične in konkretne, racionalne in realne vidike. V sanjah je predstavljen z vojno, kovačem in podobnimi simboli. Vsebuje refleksivnost, nadzor, analizo, tehtanje, racionalnost, kalkulacijo, odločitev, načrtovanje, razlikovanje..

Ta dva arhetipa nam dajeta širok pogled na to, kako dvojna je lahko psiha.

Po Jungu vsak arhetip vsebuje vidik življenja in njegovo nasprotje, pri čemer se razume, da imata oba svojo vrednost in svoje mesto. Nasprotno pa je Freudova misel osredotočena na konflikt in boj za odpravo enega od obeh.

Po Jungu dualnost psihe zagotavlja podrejenost, ki premaga zlorabo, in ljubezen, ki premaga sovraštvo. Obstajati mora tudi harmonično sodelovanje med zavednim in nezavednim.

Jungova dvojnost ostaja veljavna tudi glede na raznolikost spolov, saj ima psiha v sebi moško in žensko energijo in vsak moški ima žensko plat, tako kot ima vsaka ženska moško plat. Očitno je, da ima vsak prevladujočo energijo, vendar kljub temu nosi, čeprav v ozadju, tudi nasprotno.

V reliefih indijskih templjev sta moško in žensko predstavljena kot moški in ženska, ki se objemata; alegorično sta dve univerzalni figuri. Začetna enotnost obeh žanrov izhaja tudi iz religioznih oziroma mitskih pripovedi, kjer beremo, da se je Eva rodila iz Adamovega rebra, Atena pa iz Zevsove glave (oz. teleta).

Tretja stopnja: arhetip "modrega starca".

Tretja stopnja ustreza srečanju z arhetipom "modrega starca", ki ga lahko razumemo kot moško očetovsko figuro, ki zrcali arhetip Grance Madre. V starem modrecu je zaprta celotna izkušnja posameznika in s tem vsa njegova sposobnost sklepanja in predvidevanja. Predstavlja transformativni cilj, ki ga človek doseže po soočenju z arhetipi prejšnjih faz. V tem stanju človek postane sposoben oceniti preteklost, sedanjost in prihodnost. Modri starec je prikazan kot filozof, ki je sposoben svetovati.

"Velika mati" predstavlja končni cilj ženske psihologije. V jungovski psihologiji je arhetip velike in ambivalentne moči, hkrati uničevalec in rešitelj, ki hrani in požira. Oblečeno je v svetost, tako kot ena od numinoznih moči nezavednega.

Četrta stopnja: arhetip Jaza.

Arhetip Jaza je končni razlog za proces individuacije, torej posameznikov razlog za obstoj, ki se mu razkriva in odpira kot razcvetela roža.

Upodobljen je kot svetloba, četrtina, središče stvari. Njen simbol je lahko mandala, figura, ki v budistični in hindujski verski tradiciji predstavlja kozmos in je naslikana na tkanino ali poslikana s freskami na stenah templjev.

Jaz predstavlja posameznika samega z vsemi izkušnjami in znanjem, ki si jih je nabral na svoji poti individuacije. Ko se posameznik sreča z Jazom, to pomeni, da so nevroze premagane in da je dosežena notranja harmonija.

Zato je Jaz cilj, vrhunec uresničitve osebnosti, vrh, v katerem se stekajo in združujejo vsi zavedni in nezavedni vidiki posameznika.

Drugi klasični arhetipi predstavljajo univerzalne podobe, ki hkrati izražajo pozitivnost ali negativnost: Voda, Število, Junak, Čarovnik, Upornik, Vladar, Nedolžni, Apolon, številne verske figure itd.

Kadar se arhetipi nanašajo na mitske, religiozne ali legendarne osebe, jih Jung imenuje "numinoznih moči", pri čemer prevzema izraz, ki ga je skoval že Rudolf Otto, nemški teolog in zgodovinar religij.

Jung in alkimija: individuacija in "Opus alchemicum".

Zadnja knjiga, ki jo je Jung napisal leta 1956, ima naslov "Mysterium Coniunctionis" in se ukvarja s homonimnim arhetipom, ki se nanaša na sveto ali "alkimično" poroko med Soncem in Luno. Jung se je v številnih svojih delih osredotočal na alkimijo in poskušal poudariti pomen "Opus alchemicum" (Alkimistično delo) kot duhovnega iskanja.

Njegova raziskava je bila namenjena odkrivanju analogij med alkimističnimi procesi in tistimi, ki so povezani s psihično sfero. Posebej je analiziral faze, skozi katere bo potekalo alkimično delo, torej postopek pridobivanja filozofskega kamna. Ta postopek vključuje nekaj stopenj, ki so bile prvotno štiri:

- "Nigredo" ali črnjenje, povezano z elementom zemlje.
- "Albedo" ali beljenje, povezano z vodnim elementom.

- "Citrinitas" ali rumenenje, povezano z elementom zraka.
- "Rubedo" ali rdečica, povezana z elementom ognja.

Te štiri stopnje bi ustrezale psihičnemu procesu individuacije.

Zlasti prva stopnja identifikacije, to je primerjava z arhetipom Sence, bi našla korespondenco v fazi alkimičnega procesa, imenovanega "nigredo".

"Nigredo" je latinski izraz, ki pomeni "črna barva" ali "črnina". Označuje "fazo do črne" Opusa, začetek procesa ustvarjanja filozofskega kamna. In stopnja gnitja in razgradnje. To je najbolj delikaten trenutek, ki ga simbolizira črna vrana. V tej fazi je potrebno pustiti, da vse sestavine odmrejo, jih macerirati in kuhati dolgo časa, dokler ne nastane temna masa.

Druga stopnja, to je srečanje z Animo ali Animusom, bi našla korespondenco v fazi Opusa "albeda", latinskega izraza, ki pomeni "belino". To fazo simbolizira beli labod in se imenuje "Opera al Bianco". Sestavljen je iz čiščenja brezoblične mase, ki je posledica "nigreda", da se sperejo nečistoče in pripravi za naslednjo fazo. V kemijskem jeziku ustreza destilaciji. Metaforično, s tem odlomkom se duša osvobodi spon mesenosti.

Tretja stopnja, to je srečanje z modrim starcem, bi ustrezala fazi alkimičnega procesa, imenovanega "Citrinitas".

"Citrinitas" je faza porumenelosti ali žganja materiala Opusa. Njegova barva je citrin rumena, simbol volje in dinamične vesti. Iz začetnega gnitja je bila pridobljena destilirana spojina, namenjena sublimaciji.

Četrta stopnja, individuacija, tj. srečanje z arhetipom Jaza, bi se ujemala s stopnjo Opusa, znano kot "Rubedo".

Latinski izraz rubedo lahko prevedemo kot "rdečica". Predstavlja "rdečo fazo" in je zaključek kemične transmutacije, ki bi morala sovpadati z uresničitvijo filozofskega kamna, ki je sposoben pretvoriti navadne kovine v zlato. "Rubedo" se zgodi zaradi učinka ognja, to je Duha. Njegovi simboli so feniks, rdeča vrtnica, jajce, kronani kralj.

Rubedo ima tudi druge simbolne vrednosti, povezane z dejstvom, da rdeča v alkimistični tradiciji predstavlja vmesno barvo med črno in belo. Zato predstavlja konjunkcijo nasprotij in združitev med duhom in materijo ali med moškim in ženskim.

Končno, tako kot je "nigredo" ustrezal alkimistovemu fizičnemu telesu in "albedo" njegovi duši, "rubedo" ustreza njegovemu duhu, to je najvišjemu delu treh sestavnih elementov človeškega bitja.

Sinhroničnost.

V predelu srca pride do spontanega prepoznavanja povezav, ki jih um pogosto dojame šele kasneje. Te povezave, ki so sprva skoraj nerazložljive, a zaznane z absolutno gotovostjo, so opredeljene kot sinhronosti, naključja ali preprosto čudeži.

(Ruediger Schache, Nasveti iz srca)

Svojo teorijo sinhroniciteta Jung v celoti razloži v eseju "Sinhroničnost kot princip akavzalnih povezav". Svoje razmišljanje začne z opredelitvijo pojmov vzročnost - akavzal.

Jung začne svojo razlago s poudarjanjem, kako je koncept, na katerem temeljijo naravni zakoni, ta, da je vsak dogodek posledica vzroka. Vendar to ni vedno res; v naravi so dogodki, ki med seboj niso povezani z vzročno-posledičnimi razmerji in jih je zato treba različno razlagati.

Zaman bi bilo iskati te dogodke v makrofizičnem svetu, že zato, ker bi jih bilo nemogoče pojasniti. Predstavljajmo si biljardno kroglo, ki se premika brez potiska. Žoga ni prejela udarca druge žoge, sunka vetra, ni na nagnjeni ravnini. Tako dejstvo ni verodostojno. tudi če to pove veliko prič.

To je potrditev koncepta determinizma, po katerem je vsak fizikalni pojav ali dogodek nujno determiniran z drugim pojavom ali dogodkom, ki se je zgodil prej.

Da bi neki pojav lahko upoštevali, ni dovolj eno samo pričevanje, potrebnih je veliko. Kljub temu, tudi ko je veliko pričevanj, bo pojav še naprej zanikan, če ne bo ponovljivosti, torej možnosti normalne reprodukcije. Ponovljivost mora biti mogoča pod katerim koli analognim pogojem. Včasih pa pride v poštev tudi kakšen redek pojav, kot se to dogaja v biologiji, kjer en sam primerek neznane vrste naredi verodostojen obstoj celotne vrste.

Vprašanje, ki si ga zastavlja Jung, je: ali obstaja na povsem splošen način možnost pridobiti potrditev dogodkov brez vzroka? Ali obstajajo dogodki brez odločilnega vzroka?

Njegov odgovor je pozitiven. Jung se sklicuje na svet »naključja«, v katerem dogodki niso vzročno povezani z drugimi dogodki.

Ko govorimo o naključju, je običajno trditi, da je mogoče razložiti tudi dogodke, opredeljene kot "naključnost" ali "naključja". Kadar teh dogodkov ni mogoče pripisati vzroku, je to odvisno le od dejstva, da ga ne poznamo. .

Toda, nadaljuje Jung, je načelo, po katerem mora imeti vsak dogodek vzrok, relativno, torej uporabno le v kontekstu makrofizične realnosti, v kateri živimo. Posledično, čeprav priznavamo, da mora velika večina dogodkov imeti vzrok, to ne izključuje, da ga nekateri dogodki morda nimajo.

Med veliko večino dogodkov, povezanih z vzroki, je mogoče najti redke primere, kjer vzroka ni, ko se ob natančnem pregledu zdi vzročna zveza nepredstavljiva. Tukaj Jung daje primer:

> »Upoštevati moram, da ima moja vozovnica za tramvaj isto številko kot vstopnica za gledališče, ki jo kupim takoj zatem. Še isti večer prejmem telefonski klic, v katerem je navedena ista številka. Ob tej priložnosti se mi zdi vzročna zveza zelo malo verjetna in tudi najbolj bujna domišljija mi ne bi dovolila misliti, da bi zveza lahko obstajala, čeprav ima vsak primer zase enako očitno svoj vzrok.

Očitno je, da so lahko vsa naključja kot naključno zadete tarče, vendar je ta teorija lahko veljavna, dokler ne preseže razumne stopnje verjetnosti. Ko je ta prag presežen, je očitno, da kompleks naključij postane nerazložljiv in ga ni mogoče pripisati nobenemu vzroku.

Jung sicer dopušča možnost, da je skupina naključij lahko posledica zgolj naključja.

Vendar pa lahko obstajajo skupine "čudnih naključij", ki imajo drugačno in zelo pomembno vrednost za protagonista.

To so primeri, v katerih vpletenemu uspe povezati naključja in jim dati pomen.

Pojav teh skupin naključij vsebuje numinozno komponento, to je skrivnostno, sveto, zaradi česar so pomembne, in ko se to zgodi, Jung skupini poimenuje sinhroniciteto.

Pri ilustriranju pomembnih naključij jih Jung združuje v tri kategorije.

Prvi določa, da obstaja povezava med psihičnim stanjem subjekta in sodobnim in objektivnim dogodkom, ki ustreza psihičnemu stanju. Primer je epizoda, ki jo pripoveduje sam Jung: medtem ko mu je pacientka pripovedovala, da je sanjala hrošča, podobnega hrošču, je žuželka te vrste treščila v okno delovne sobe.

Druga kategorija pomembnih naključij predvideva, da obstaja povezava med psihičnim stanjem subjekta in zunanjim dogodkom, ki se odvija na drugem mestu, vendar ga je mogoče kasneje preveriti. Kot primer lahko uporabimo nešteta pričevanja sanj, ki napovedujejo smrt osebe, za katero se nato ugotovi, da se je zgodila hkrati s sanjami.

Tretja kategorija določa, da obstaja povezava med psihičnim stanjem subjekta in dogodkom, ki se še ni zgodil, a se bo zgodil v prihodnosti. Lahko se na primer zgodi, da nenadoma pomislite na nekoga, s katerim ste izgubili stik, in ga srečate naslednji dan.

V vseh treh primerih je razvidna potreba po obstoju psihičnega stanja, ki omogoča subjektu, da prestreže signale, ki napovedujejo dogodek, jim pripiše pomen in v sebi motivira tisti naboj pričakovanja, ki bo sovpadal z nastopom dogodka. sama.

Žal so signali, ki bi jih lahko opredelili kot napovedujoče, pogosto prezrti, pa naj jih je še tako veliko, saj smo po naravi navajeni videti svet po parametrih deterministične fizike in odsotno razmišljati o nenavadnih dogodkih in nenavadnih naključjih, ki jih ponižujemo na primeri brez pomena.

Rojstvo sinhronosti.

V svojem delu "Sinhroničnost kot princip akavzalnih povezav", objavljenem leta 1952, Jung navaja primer sinhronosti:

»Če navedem enega od mnogih primerov, sem opazil naslednji primer z dne 1. aprila 1949. Danes je petek. Za kosilo imamo ribe. Vsi se mimogrede spomnijo uporabe "aprilskih rib". Zjutraj sem dal pripisati napis: "Est homo totus medius piscis ab imo". Popoldne mi nekdanja pacientka, ki je nisem videla več mesecev, pokaže nekaj posebej sugestivnih slik rib, ki jih je medtem naslikala. Zvečer mi pokažejo vezenino, ki predstavlja morske pošasti v obliki rib. Zgodaj zjutraj 2. aprila mi je bivša pacientka, ki je nisem videla nekaj let, povedala sanje, v katerih je na robu jezera videla veliko ribo, ki je hitro plavala v njeno smer. V nekem trenutku je zagledal isto ribo, ki je "letela" pred njegovimi nogami. V tem obdobju se ukvarjam z raziskavo, katere tema je zgodovinski simbol ribe. To ve samo eden od zgoraj naštetih. Očiten je sum, da bi lahko šlo v tem primeru za pomembno naključje, za priložnostno razmerje. Moram priznati, da me je ta koncentracija navdušila. Zame je imel določen numinozen značaj. V takšnih primerih je znan rek: "Ne more biti čisto naključje!". Ribe se pogosto pojavljajo kot simboli nezavedne vsebine.«

V jeziku psihologije forme je pomen kakovost, ki loči 'stvari' od 'ne-stvari', osrednji prizor od ozadja, relevantna dejanja, ki sestavljajo nepomembne oblike in konture.
Zaznave bi lahko razdelili na fotografije in videe, s čimer bi namigovali, da ne obstajajo samo trenutne zaznave, primerljive s fotografijami. Pogosto zaznavamo neke bolj strukturirane situacije, s svojim razvojnim časom, kompleksne dogodke, ki izstopajo na ozadju drugih dogodkov, kot se to dogaja v filmih, kjer osrednje dogajanje prevzame vso pozornost na račun obrisa.
V tem primeru govorimo o dogodkih, okoliščinah, pomembnih naključjih, ki imajo vsak svoj pomen. Vsi skupaj prispevajo k izgradnji kompleksnejše oblike, sestavljene iz filmskih posnetkov, ki so neodvisni drug od drugega, a na splošno obdarjeni s simboliko, ki se nanaša na dogodke in potrebe našega življenja. V tem primeru govorimo o sinhronosti.
Verjetno najenostavnejša metoda za razlago, kaj je sinhroniciteta, je simulacija procesa, v katerem se gradi, torej oblikuje v zavesti posameznika.
Predstavljali si bomo torej rekonstrukcijo prehodov, skozi katere bi lahko nastala sinhronost in postala učinkovita v zavesti prijatelja, ki mu pripisujemo konvencionalno ime Filip..

Slika 15 – Predstavljajmo si, da črtkani kvadrat oklepa obdobje človekovega življenja, ki ga označimo s Filipom. Dan, teden ali več. Vsaka pika predstavlja enega od neštetih dogodkov, ki so se zgodili v tem obdobju.

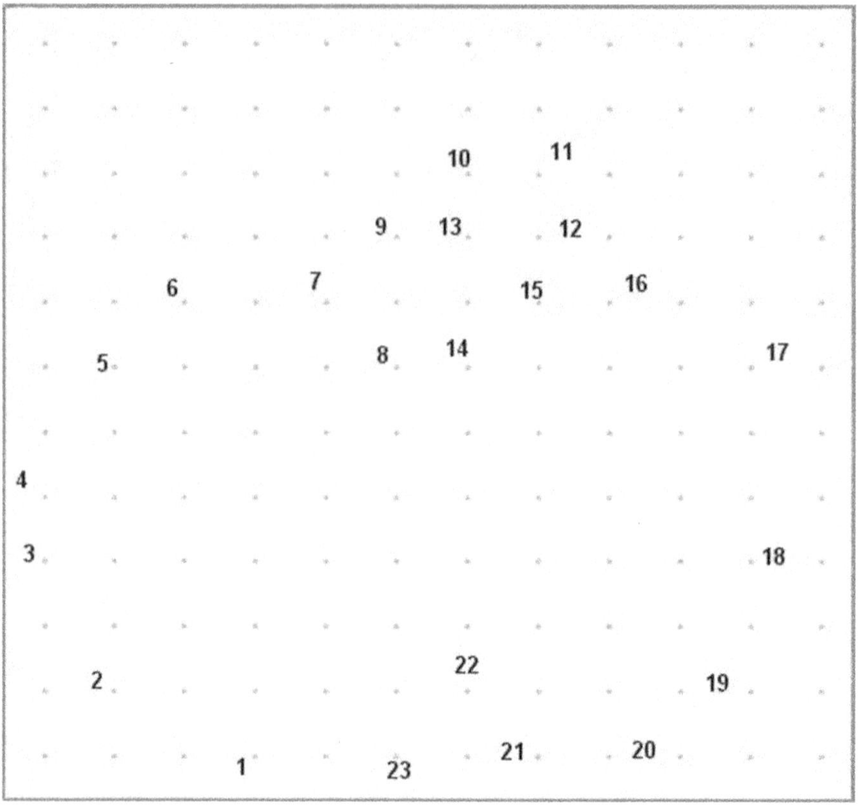

Slika 16 – Seveda so nekatere epizode pomembnejše od drugih. Potem so tu še nekateri (tisti, ki so označeni s krepkim tiskom), ki imajo za Philipa posebno pomembno vrednost, čeprav sam ne zna razložiti razlogov.

Filip in njegova poroka.

Slika 15 simbolično oklepa omejeno območje (kvadrat) časovno obdobje v Filipovem življenju, razumno en teden. Vsaka pika v območju predstavlja enega od neštetih dogodkov, ki so ga vključevali v tem obdobju, od zavezovanja čevljev zjutraj do ugašanja luči, ko je šel zvečer spat. Vsaka pika ima svoj pomen, vsekakor pa so nekateri dogodki pomembnejši od drugih, kot je na primer pohvala, prejeta v službi, v primerjavi z metanjem zavrnitve v smeti.

Vendar pa obstajajo situacije, ki se Filipu še posebej vtisnejo v spomin, čeprav sam ne ve zakaj. To so dogodki, ki niso med seboj povezani in nimajo nobenega vpliva na običajen potek njegovega dne.

Preprosto, to so bliski svetlobe, ki zaslepijo um, tako kot lahko strela zaslepi oči. Kot vemo, učinek bliskavice traja nekaj časa, da se oko osvobodi nelagodja, in tako tudi nenavaden občutek, ki ga vzbudijo nekateri dogodki, še naprej utripa v mislih, brez posebnega razloga.

Na slikah 16 in 17 sem želel vse predstaviti, kot da bi šlo za znano igro "Poveži pike".

Pravzaprav si mora Philip prizadevati povezati nenavadna dejstva, sanje in naključja, da bi jih osmislil, torej zgraditi obliko, ki daje skupen pomen dogodkom, ki na videz ne bi smeli imeti nič skupnega.

V noči med ponedeljkom in torkom ima Filippo čudne sanje. Nahaja se na otoku v Tihem oceanu in je vpleten v zabavo, ki jo organizirajo prebivalci vasi. Mnogi plešejo, drugi igrajo na inštrumente, ki so značilni za kraj, tretji ponujajo vence rož, vse v vzdušju spokojnega veselja. Mlada ženska se približa Filipu in mu na glavo položi krono iz pisanih in dišečih rož, ki počivajo na njegovih ramenih in se spuščajo na njegove prsi. Nenadoma Filippo med vključevanjem v praznično vzdušje spusti pogled in zagleda majhno žuželko, ki zdrsne iz cvetne čaše in začne gristi njene cvetne liste. Kmalu zatem se pojavijo druge žuželke in napadejo vse rože. Te hitro ovenijo in zgnijejo. Sanje se spreminjajo v nočno moro; Filippo se pretreseno zbudi in ugotovi, da je imel le neprijetne sanje, a podoba čudovitih rož, ki gnijejo pred njegovimi očmi, ostaja živa v njegovi zavesti.

Naslednji dan odkrije, da na televizijskem kanalu, ki ga običajno ne gleda, predvajajo dokumentarni film o vojaški organizaciji rimskega cesarstva. Že od nekdaj ga zanima zgodovina starega Rima, zato se odloči spremljati oddajo. Video predstavlja organizacijo "castruma". »Castrum« je bil tabor, ki ga je morala vsaka legija zgraditi v nekaj urah ob koncu enodnevnega pohoda. Na začetku je vojska izkopala jarek in v njem postavila palisado. Znotraj taborišča je bilo ozemlje razdeljeno na »Via Principalis« in »Via Praetoria«. V različnih sektorjih so bili šotori poveljstva, častnikov in vojakov. Ob koncu gradnje tabora je poveljnik daroval božanstvom in zaprosil za zaščito novozgrajenega tabora.

"Kako nenavadno, - razmišlja Filip, ti možje so darovali bogovom ob vsaki priložnosti. Zakaj torej na tako dobro organiziranem področju niso zgradili tudi majhnega templja božanstev?".

Ta misel ga preseneča: nikoli si ne bi predstavljal, da bi ga skrbelo gradnjo verskega templja. Filippo hoče to misel odložiti, a se mu vedno znova vrti po glavi.

Tretje nenavadno naključje pa se zgodi po nekaj dneh, ko dela v pisarni, in se znajde v opravku z najlonskim markerjem, ki je bil predolgo nepokrit in je zato črnilo na konici suho. Nestrpen ga vrže v smeti. Vmeša se kolega Guido in mu reče:

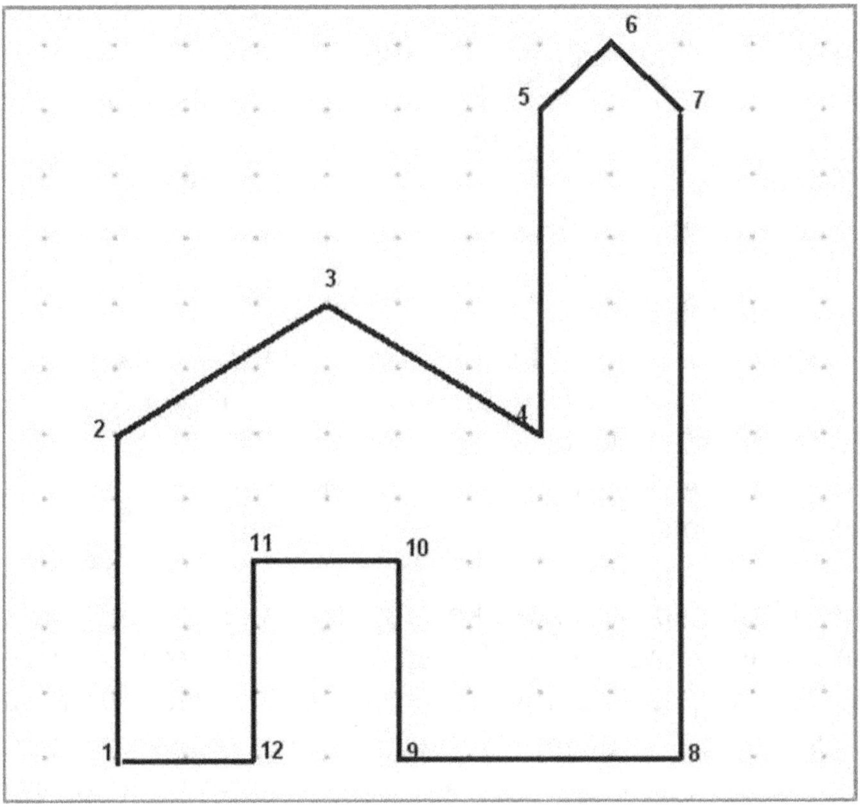

Slika 17 - Pomembna naključja omogočajo, da se "oblika" materializira v Philipovi vesti, kot bi se lahko zgodilo v igri "Poveži pike".

Sanjal je o svežem cvetju, ki so ga pokvarili škodljivci. Pomanjkanje poganskega templja ga je presenetilo. Pomislite na oglasno desko, napisano z markerji iz smeti.

Nenadoma, kot bi mignil, skupna povezanost dobesedno eksplodira v Filipovih mislih.

Skupni imenovalec je seveda cerkev. Ne katera koli cerkev, ampak cerkvica, kjer se je poročil. Rože so tiste obreda, tempelj je cerkev sama, oglasna deska je tista, ki vsebuje obvestilo o poroki.

V naši metafori igre »Poveži pike«, kot je razvidno iz slike 17, Filip poveže pike in dobi obliko cerkve, ki jo takoj identificira kot tisto, v kateri se je poročil.

Še vedno ni dovolj, cerkev je preprosto simbol, seštevek mnogih simbolov.

Filip mora razumeti sporočilo, ki se skriva za simboli. Rože, ki jih napadajo žuželke in gnijejo, votivni tempelj, ki ga ni, izrabljen najlonski flomaster. Vse to, povezano s cerkvijo, kjer se je začela njegova zakonska pustolovščina, mu daje vedeti, da je njegovo življenje kot par trpelo zaradi zanemarjanja in da njegov zakon doživlja težke trenutke. Poslabšanje zakonskih razmer se je zgodilo, medtem ko on, ki je bil zaposlen z delom in vsakodnevnimi opravili, tega ni opazil.

Če bo Philipu uspelo razvozlati sinhronost, v kateri je bil protagonist, bo verjetno lahko rešil svoj zakon.

Matej in pogostost števila 31

Drugi primer, ki ga predstavljam, temelji na nenavadni pogostosti, s katero lahko številka pritegne našo pozornost. Govorili bomo o Matteu in njegovih ponavljajočih se srečanjih s številko 31.

Nekega bledega jesenskega jutra je Matteo, vodja prodaje v svojem podjetju, načrtoval sestanke z vrsto strank. Matteo je najpomembnejši sestanek pustil za konec, tistega z dr. Corradinijem, nabavnim direktorjem podjetja z zelo zanimivim proračunom. Na žalost je bil Corradini neprijazen in včasih neprijeten značaj. Matteu je bilo vedno neprijetno v različnih delovnih stikih, ki jih je moral vzdrževati z njim. Z vzdihom je dvignila slušalko in ga poklicala. Dr. Corradini je bil tisti dan nenavadno prijazen, zato se je pogovor kmalu zaključil z dogovorom za sestanek.

- Torej, doktor, se lahko dobimo 31.? - predlagal Matthew.

- Zakaj tako oddaljen termin? – je ugovarjal Corradini.

- No, konec meseca je, še en teden.

- Ampak poglejte, gospod Matteo, motite se. Smo v novembru, ki ima 30 dni. Toda kakšen koledar uporablja? Azteški koledar?

Matteo je za trenutek ostal zmeden, nato pa je začutil, da tone. Kakšna napaka! Prekleto, samo s Corradinijem! Zamomljal je nekaj izgovorov in se dogovoril za 30.

Vendar ga je epizoda šokirala. Kako je lahko napačno izračunal datum pomembnega sestanka? Očitno je, da ima november 30 dni. To pravi tudi znana otroška pesmica: »Trideset dni ima november, z aprilom, junijem in septembrom ...«. In potem je imel na mizi odprt dnevni red. Kako se je lahko domislil te preklete številke 31 in se izpostavil ironiji svoje stranke?

Preostanek delovnega dne Matteo ni mogel veliko dokončati, saj ga je ta številka 31 mučila.

Končno je prišel konec delovnega časa in Matteo je šel na ulico, da bi šel do avtobusne postaje, kjer je počakal na avtobus številka 218, ki ga bo odpeljal domov. Toda na postajališču Matteo je našel tablo: »Zaradi del je avtobus številka

218 začasno ustavljen. Druga možnost je, da gospodje popotniki vzamejo avtobus številka 31, ki vozi po ulici Via Panoramica.

Če je verjel, da se je znebil številke 31, se je Matteo motil. Vzel je to novo vozilo, ki ga je pripeljalo blizu njegovega doma. Preden je šel do hiše, je šel v čistilnico po nekaj oblačil.

Signora Pina, lastnica pralnice, mu je izročila oblačila z računom.

- Dolguje mi 33 evrov.

Matteo ni bil skop, je pa rad barantal o cenah, kadar je bilo le mogoče.

- Zelo? 33 evrov? Daj no, gospa Pina, imel sem slab dan! Naj plačam 30 evrov.

- Se šalite, g. Matteo? Niste videli računa za elektriko, ki sem ga danes prejel! In potem si vlada vsak dan izmisli nov davek. Poglejte, gospod Matteo, nikakor ne morem delati popustov. Kakorkoli že, samo enkrat, dajte mi 31 evrov. Nižje cene ti ne morem dati, verjemi!

Matteo je plačal in odšel ven. Šele ko je bil spet na ulici, je Matteo ugotovil, da je številka 31 ponovno postala del njegovega življenja.

Ves večer je še naprej razmišljal o tem zelo čudnem vztrajanju števila 31. Ko je prišel v posteljo, je ugotovil, da ne more spati.

Slab vtis pri Corradiniju je zažgal na poseben način. Matteo je začutil ironijo njegovega odgovora:

»Toda kakšen koledar uporablja? Azteški?".

Ja, november ima 30 dni. Morda je zamenjal s prejšnjim mesecem, oktobrom, ki prinaša 31.

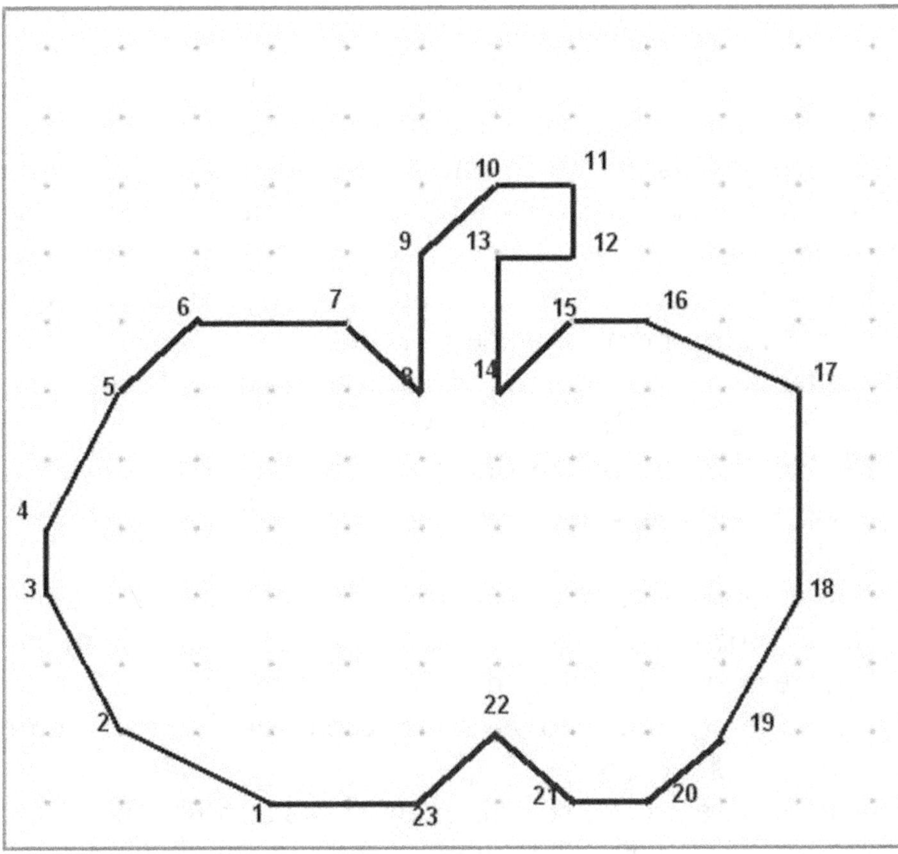

Slika 18 - Igra "Poveži pike" kot metafora sinhronosti, ki vključuje Mattea in ga skozi simboliko buče usmeri k osredotočanju pozornosti na zabave za noč čarovnic njegove mladosti.

- 31. oktober. Na kaj me spominja ta datum? si je rekel Matteo.
Seveda, noč čarovnic! (slika 18)
Začel se je spominjati noči čarovnic, ki jih je preživel s prijateljem Fulviem. Vsako leto sta na noč čarovnic na vhod na most postavila veliko prazno bučo s prižgano svečo v njej. Nato so počakali na mimoidoče in jih s kričanjem ter hrupom prestrašili.
Fulvio je bil nekaj let starejši od njega in je bil pravi mojster v kraji najprimernejše buče v okolici.
Matteove misli so dolgo tavale po teh spominih. S Fulviom se že dolgo ni slišal. Kdo ve, kako mu je šlo?
Pogledal je na uro. Ni bilo prepozno za telefonski klic. Iz starega telefonskega imenika je poiskala Fulvievo številko in ga poklicala.
Fulviova slušalka je v tišini njegovega doma zvonila z neverjetno močjo. Fulvio, ki je sedel za svojo mizo, je onemel. Spet je zazvonil telefon, odločno, prepotentno.
Fulvio je pištolo, ki jo je držal v desni roki, odložil na mizo in dvignil slušalko.
- Hej prijatelj, kako si? Poznaš me? Jaz sem Matthew!
Fuluio je bil osupel. Odmaknil je papir in odložil pero predse, nato pa odgovoril:
- Seveda te prepoznam. Zakaj si pomislil, da bi me poklical?
- No, mislil sem, da že dolgo nisva videla in bi bilo lepo, če bi se srečali, da bi izmenjali nekaj idej. Kaj misliš, prijatelj, ali je to mogoče?
Fulvio je kot začuden strmel v slušalko. Ni bil več sam, nekdo je pomislil nanj, angel noči mu je prišel podat roko. Nenadoma se je njegova samota zdela manj zatirajoča. Znašel se je na točki, kjer je še možna izbira med upanjem in

obupom. Da, nogo na robu prepada bi še lahko potegnili nazaj. Možna je bila nova odločitev.

Fulvio se je odločil z bliskovito hitrostjo. Vzel je pištolo in jo pospravil nazaj v predal.

»Seveda se da, prijatelj... ja, prijatelj, zagotovo se da, se srečava!«.

Zgodba o Matteu in Fulviu se tukaj konča. Nihče ne bo nikoli izvedel, da je bil Fulvio tisti večer rešen po zaslugi niza nenavadnih naključij, ki vključujejo Mattea in so vsa povezana s številko 31.

Nihče ne bo nikoli vedel, kakšen postopek (zagotovo ne logičen) je vodil Mattea, da je nekaj generičnih sklicevanj na številko 31 preoblikoval v pomemben datum, zabavo za noč čarovnic, nato pa se je odločil, da stopi v stik s prijateljem iz otroštva.

Nihče ne bo nikoli vedel, kolikokrat so se takšne zgodbe dejansko zgodile.

.

Število, arhetip reda.

»Ni pomembno vse, kar se da prešteti
in vsega, kar je pomembno, ni mogoče prešteti.«
(Ročno napisan papir visi v Einsteinovi delovni sobi)

Številke in sinhronost.

Številčna naključja fascinirajo vsakogar, še posebej, če se redno ponavljajo v kratkem času, tudi v različnih situacijah: isti vozni red, ista številka ulice, ista številka rezervacije itd. To vpliva na mnoge ljudi, vendar vsi ne verjamejo, da obstaja pomen, ali ga poskušajo odkriti.

Ponavljanje iste številke pogosto skriva zelo osebno sporočilo, ki ga je treba intuitirati s kopanjem po gubah lastnega nezavednega. Notranji simbolni pomen samega števila lahko pomaga pri tej raziskavi glede na zelo starodavna izročila. Skozi numerično alegorijo smo lahko protagonisti sinhronosti, ki skuša razkriti vsebino skrivnostnega izvora, morda božanskega.

Praksa ugotavljanja smiselnih naključij na podlagi števil je zakoreninjena v najzgodnejši zgodovini človeka. Lahko bi prešteli število ptic v jati, število kamnov enake oblike ali barve, število rastlin na isti jasi. Samo število je nenavadno in skrivnostno. Po Jungu ima število pomen, ki je vedno numinozen, čuden, božanski.

Nekateri učitelji matematike so svoje učence poučevali z neizpodbitnim primerom. Razmislite o kateri koli skupini predmetov. Odstranite vsako posamezno lastnost teh predmetov, kot so teža, oblika, velikost in tako naprej. Zagotovo pa njihove količine, torej števila teh predmetov, ne boste mogli izbrisati.

Med številom in sinhronostjo obstaja tesna povezava, ker sta oba odeta v svetost in skrivnost. Število je vedno prisotno v kateri koli sinhronosti, v kakršni koli obliki: količina, datum ali drugo; pogosto se skriva pod izrazi, kot so "veliko", "malo", "zelo veliko", "neskončno".

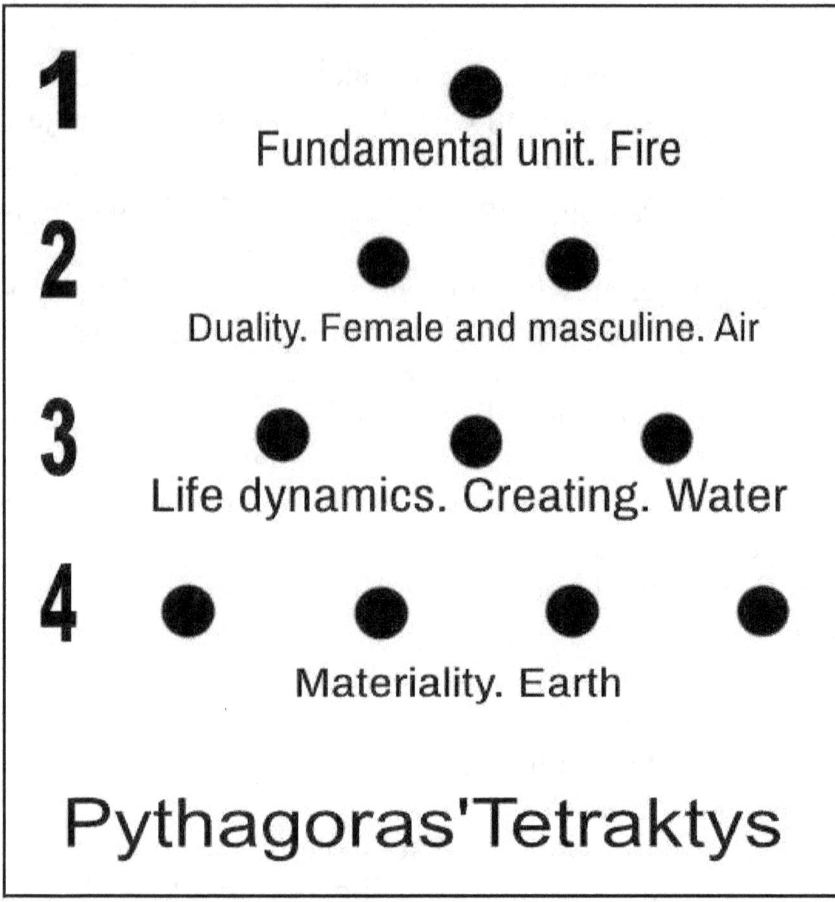

Slika 19 - Tetraktis ali kvartarno število je za pitagorejce predstavljalo aritmetično zaporedje prvih štirih naravnih števil ali natančneje pozitivnih celih števil.

1. Osnovna enota. Ogenj.
2. Dvojnost. Ženstveno in moško. Zrak.
3. Dinamika življenja. Ustvarjanje. Voda.
4. Materialnost. Zemlja.

Vsak predmet je mogoče obravnavati v njegovi enotnosti ali v njegovi mnogoterosti. Število je tisto, ki vzpostavlja natančen red, torej ustvarja hierarhijo, strukturo, skladnost, organiziranost, jasnost.

Število velja za enega glavnih arhetipov, Jung pa ga imenuje arhetip reda. Pravzaprav ustvarja disciplino v kaosu; omogoča nam, da ugotovimo in dojamemo zakonitost, ki obstaja a priori našega pregleda, tudi ko bi je ob začetnem preverjanju manjkalo.

Število je element, ki ustvarja red v duhu že od začetka človeštva, torej najbližje in najbolj intuitivno za človeško inteligenco. Primer so lahko risbe, ki so prisotne v jamah paleolitika. Poleg poslikav bizonov, konjev, nosorogov in drugih živalskih vrst so našli tudi odtise dlani z rumenim ali rdečim okerjem. Najbolj znani so tisti, ki se nahajajo v "Cuevas de las manos pintas" (Jama poslikanih rok), ki se nahaja v Patagoniji, v Rio Chubut.

Zmenki uvrščajo te odtise rok vsaj pred 14.000 leti. To so roke s široko razmaknjenimi prsti. Poleg sporočila, ki ga je umetnica želela sporočiti in ki ga verjetno, po mnenju antropologov, ne bomo nikoli izvedeli, pade v oči predstavitev števila pet. Kot se običajno zgodi in kot predlaga Occamova britev, je najpreprostejša in najbolj neposredna interpretacija pogosto najbolj pravilna.

V najstarejšem izročilu so vsa števila dobila mističen pomen in svetost, ki se ohranja še danes; še posebej velja, da so vse številke od 1 do 9 »svete«

Tetraktis Pitagorejcev.

Pitagora, grški filozof in matematik, ki je živel v šestem stoletju. B.C., razumel matematiko kot znanost, ki je sposobna narediti red v navideznem kaosu sveta. Ustanovil je šolo v Crotoneju; da so bili sprejeti, so morali študenti priseči na Tetractys:

"Prisežem pri njem, ki je v našo dušo prenesel Tetraktis, v katerem sta vir in korenina večne narave ...".

Tetraktis predstavlja aritmetično zaporedje prvih štirih pozitivnih celih števil (slika 19). Ta števila so urejena v geometrijski obliki enakostraničnega trikotnika s stranico "štiri" in tako tvorijo piramido, ki povzema razmerje med njimi in desetico. Dejansko glede na tako imenovano teozofsko vsoto:

$1 + 2 + 3 + 4 = 10.$

Po drugi strani pa se 10 nanaša na enotnost z dodajanjem $1 + 0 = 1.$

Štiri ravni Tetraktisa ustrezajo kozmogonskim principom in štirim elementom narave.

Zlati rez.

Nekatera števila so res posebna, na primer število 1,618. Ta vrednost označuje idealno razmerje (upoštevajte na primer razmerje med širino in višino standardnega okvirja za fotografije), njena formula pa je:

$(\sqrt{5} + 1) / 2 = 1,618 ...$

Običajno je označena z grško črko Fi Φ in se imenuje zlato število ali zlati delež ali zlati rez ali Fidijina konstanta. Platon, ki ga omenja v delu Timaeus, o njem govori kot o fizičnem ključu kozmosa. V srednjem veku je zlati rez prevzel Leonardo Fibonacci iz Pise, zaradi česar je danes še posebej znan kot Fibonaccijeva vrsta (slika 20).
Fibonaccijeva vrsta je niz pozitivnih celih števil, v katerem je vsako število, začenši s tretjim številom, vsota prejšnjih dveh in sta prvi dve števili enaki 1.
Torej je serija predstavljena s številkami:

1, 1, 2, 3, 5, 8, 13, 21, 34, 55, 89.144, 233, 377, 610 ...

in lahko traja večno. V resnici je bil Fibonaccijev namen pri izdelavi te serije najti matematični zakon, ki bi opisal rast populacije zajcev. Ni si predstavljal, da bi odkril eno od čudovitih naravnih pravil kozmosa. Dejansko je Fibonaccijev niz prisoten v praktično vseh elementih narave in razkriva projekt neverjetne elegance.

Med dolžino roke in podlakti odraslega človeka je razmerje "zlato", prav tako med dolžino noge in njenim spodnjim delom. Enak zlati rez je tudi med falangami sredinca in prstanca.

Matematične in geometrijske lastnosti zlatega reza, ki se z neverjetno stalnostjo ponavljajo v najrazličnejših naravnih kontekstih, potrjujejo obstoj tesnega odnosa med »Kreativno entiteto« in stvarstvom. Naključje zagotovo ne bi pripeljalo do takšne pravilnosti popolnosti in lepote.

Ko število razkriva vsebino, kot je zlati rez, se izkaže kot instrument in posrednik razmerja med celoto in delom, pa tudi med vsakim večjim delom in njegovim manjšim delom.

Nihče ne zanika obstoja, v tej naravni konfiguraciji, ideala lepote in harmonije, ki izdatno upravičuje imena "Aurea" in "Divina".

V botaniki morda najpomembnejši primer učinkovite prisotnosti zlatega reza predstavlja geometrijska razporeditev listov in socvetij nekaterih rastlin.

Proti sredini 19. stoletja je francoski botanik Auguste Bravais v seriji študij, ki jih je opravil s svojim bratom Louisom, opazil, da so pri mnogih rastlinah listi na steblu razporejeni v skladu s spiralo, v kateri je kot med dvema zaporednima listoma skoraj konstanten in je približno 137,5°, kar ustreza zlatemu kotu. Ta ureditev zagotavlja dostop in optimalno uporabo vsakega lista na sončni svetlobi.

Toda v naravi je prisotnih veliko primerov. Na primer, število cvetnih listov je običajno enako vrednosti Fibonaccijevega niza. Na primer, zelo veliko, kot so iridaceae in lilije, ima tri. Šipek ima pet ali osem, tako kot maslenica in plumerija. Veliko marjetic jih ima 13, zato se vprašanje "ljubi me" ali "ne ljubi me" skoraj vedno konča na tolažilni način, ki potrjuje "ljubi me". To se zgodi tudi, če uporabite "travniška marjetica", ki ima 21 cvetnih listov. Asteraceae, obsežna botanična skupina, ki med drugim vključuje sončnice, gerbere in krizanteme, jih ima 34, 55 ali 89, navadni radič, ki spada v isto družino, pa 21.

Vse so številke, ki so del Fibonaccijeve vrste. Neverjetno, kako imajo vsi naravni izrazi, za katere bi si želeli, da so nastali po naključju, matematične značilnosti, ki jih navdihuje en sam vir.

Poleg človeških anatomskih oblik, kot že omenjeno, se z zlatim rezom zgledujejo tudi oblike mnogih živali, kot so morske zvezde; na povsem očiten način to počnejo spiralno oblikovana bitja, kot nakazuje lupina Nautilusa. A to še ni dovolj: na tej točki nas ne bi smelo več presenetiti, da se tudi oblike Rimske ceste in drugih galaksij zgledujejo po zlatem rezu.

Na področju medicine so bila narejena pomembna odkritja pri preučevanju človekovega gibanja. Na primer, leta 2013 je bilo potrjeno, da je pri hoji razmerje med fazo »drže« (opora) in fazo »zamaha« (ko stopalo napreduje, ne da bi se še dotaknilo tal) enako zlatemu rezu.

Prekletstvo devete simfonije.

Pravzaprav mnogi številko devet povezujejo s smrtjo. Ta negativna korelacija se je začela krepiti, ko je leta 1911 umrl Gustav Mahler; pravkar je dokončal svojo 9. simfonijo "Das Lied von der Erde" (Pesem zemlje) in je hitro delal na 10., v upanju, da se je izognil usodi Beethovna, ki je umrl kmalu po dokončanju svoje 9. simfonije (Zborovska simfonija).

Prekletstvo Devete simfonije se je rodilo in razširilo med letoma 1800 in 1900 in še vedno vztraja glede na dejstvo, da je veliko skladateljev umrlo po tem, ko so jo komponirali. Med najbolj znanimi žrtvami lahko poleg Mahlerja in Beethovna omenimo:

- Louis Spohr ali Ludwig Spohr (Braunschweig, 5. april 1784 - Kassel, 22. oktober 1859) nemški skladatelj, violinist in dirigent.
- Franz Schubert (Dunaj, 31. januar 1797 - Dunaj, 19. november 1828) avstrijski skladatelj in pianist obdobja romantike.
- Antonín Dvořák (Nelahozeves, 8. september 1841 - Praga, 1. maj 1904) češki skladatelj.

- Ralph Vaughan Williams (Down Ampney, 12. oktober 1872 - London, 26. avgust 1958) britanski skladatelj, avtor simfonij, komorne glasbe, oper, zborovske glasbe in zvočnih posnetkov.
- Joseph Anton Bruckner (Ansfelden, 4. september 1824 - Dunaj, 11. oktober 1896) avstrijski skladatelj.
- Kurt Atterberg (Göteborg, 12. december 1887 - Stockholm, 15. februar 1974) švedski skladatelj, dirigent in glasbeni kritik.
- Elie Siegmeister (New York, 15. januar 1909 - Manhasset, 10. marec 1991) ameriški skladatelj, glasbeni učitelj in dirigent.
- Roger Sessions (Brooklyn, 28. december 1896 - Princeton, 16. marec 1985) ameriški skladatelj, glasbeni kritik in akademik.
- Egon Joseph Wellesz (Dunaj, 21. oktober 1885 - Oxford, 9. november 1974) je avstrijski muzikolog, skladatelj in pedagog.
- Peter Mennin (Erie, Pennsylvania 17. maj 1923 - New York 17. junij 1983) pomemben ameriški skladatelj italijanskega porekla.
- Sir Malcolm Henry Arnold (Northampton, 21. oktober 1921 - Norwich, 23. september 2006) britanski skladatelj.

V eseju o Mahlerju je Arnold Schoenberg zapisal:

> »Kot da bi bila Deveta simfonija omejitev. Kdor jo hoče premagati, mora umreti. Zdi se, kot da nam Deseta simfonija nekaj sporoča. To je nekaj, česar zdaj ne moremo vedeti ali tega nismo pripravljeni spoznati. Tisti,

ki so napisali Deveto simfonijo, so se preveč približali temu, kar imenujemo "onostranstvo".

Klub 27.

Angleški izraz "Club 27" se nanaša na umetnike, večinoma rock pevce, ki so umrli pri 27 letih. Pogosto se uporablja tudi izraz "Prekletstvo J27", ki se nanaša na dejstvo, da se njihovo ime ali priimek začne na črko J.

To prepričanje se je pojavilo po smrti Jimija Hendrixa, Janis Joplin in Jima Morrisona. Mnogi verjamejo, da je bil prvi umetnik, ki je postal žrtev prekletstva, Robert Johnson, ki je po legendi za uspeh prodal svojo dušo hudiču. Drugi podelijo medaljo prvega člana kluba Alexandru Levyju, ki je leta 1892 umrl v starosti 27 let.

Leta 2009, ob 15. obletnici smrti Kurta Cobaina, je Robert Smith z National Public Radio dejal: "Smrt teh rock zvezdnikov pri 27 letih je resnično spremenila naš pogled na rock."

Smrti mnogih umetnikov v tako mladih letih je mogoče pripisati zlorabi alkohola ali drog, prometnim nesrečam ali celo samomoru.

Tukaj je nekaj članov Kluba 27:

Jim Morrison, (8. december 1943 - 3. julij 1971), pesnik, pisatelj in blagajnik, je uradno umrl zaradi zastoja srca (vendar obdukcija ni bila nikoli opravljena).

- Amy Winehouse, (14. september 1983 – 23. julij 2011) pevka in tekstopisec, je umrla zaradi domnevne zlorabe alkohola.
- Brian Jones, (28. februar 1942 - 3. julij 1969) ustanovitelj skupine Rolling Stones. Umrl je utopljen v bazenu svoje vile.

- Janis Joplin, (19. januar 1943 – 4. oktober 1970) glavna pevka in tekstopiska Big Brotherja in The Holding Company. Umrl zaradi prevelikega odmerka heroina.
- Jimi Hendrix, (27. november 1942 – 18. september 1970) pionir in virtuoz električne kitare. Umrl je zaradi zadušitve zaradi bruhanja po zaužitju alkohola in pomirjeval.
- Kurt Cobain, (20. februar 1967 - 5. april 1994) pevec in kitarist skupine Nirvana. Umrl zaradi samomora.
- Kim Jong-yun, (8. april 1990 – 18. december 2017) skladatelj in pevec K-Pop skupine SHINee. Umrl zaradi samomora.
- Robert Leroy Johnson (8. maj 1911 – 16. avgust 1938) ameriški pevec, tekstopisec in kitarist. Umrl zaradi nedoločenih vzrokov.
- Cecilia, Evangelina Sobredo Galanes (11. oktober 1948 – 2. avgust 1976), španska pevka in tekstopiska, predana pop zvrsti. Umre v prometni nesreči.
- Chris Bell (12. januar 1951 - 27. december 1978) pevec in kitarist. Umre v prometni nesreči.
- Alexandre Levy (10. november 1864 - 17. januar 1892) Brazilec, pionir fuzije med klasično kompozicijo in popularnimi brazilskimi ritmi. Domneva se, da je prvi znani član kluba 27. Umrl je zaradi neznanih vzrokov.

Wolfgang Pauli in številka 137.

Wolfgang Pauli, fizik in Nobelov nagrajenec, je imel dolgo razmerje s Carlom Jungom, sprva v terapevtske namene, nato pa zaradi znanstvenega interesa. Obstaja dokumentacija o zelo dolgi izmenjavi pisem med znanstvenikoma. Pauli bi rad ustvaril psihofizično teorijo, ki bi združila materijo in psiho.

Figure 20. Leonardo Fibonacci's golden section.

Konec koncev je Pauli svoje ideje nenehno primerjal s svojimi sanjami, ki so se zdele učinkovit vodnik. Kljub znanstveni miselnosti ni bil brez nadčutnih pojavov: v univerzitetnem okolju, v katerem je delal, je bil znan tako imenovani "Paulijev učinek", po katerem ni mogel vstopiti v laboratorije svojih kolegov, ne da bi se kakšna oprema pokvarila.
Skozi svoje znanstveno življenje je bil skoraj obseden s kompleksnim problemom v fiziki, konstanto fine strukture, ki je enaka približno 1/137.
Pauliju kljub njegovim prizadevanjem ni nikoli uspelo najti razloga za to vrednost. Leta 1958 je bil hospitaliziran v Zürichu, saj ga je prizadel rak trebušne slinavke, ki je hitro pripeljal do njegove smrti.
Na svoje veliko presenečenje se je znašel hospitaliziran v sobi 137 in na to je takoj opozoril svojega pomočnika Charlesa Enza, ko je šel k njemu. Pauli je asistentu rekel, da ne bo nikoli več zapustil te sobe, tako kot ni rešil svojega življenjskega problema. Ocenil je, da je številka 137 zanj kot past, in res je bila.

Število 108 v vzhodni kulturi.

Število 108 se je rodilo iz 12x9 in se nenehno pojavlja v orientalski kulturi. Zlasti tukaj je nekaj pojavitev števila 108 ali njegovih večkratnikov in podmnožnikov:

- To je število kroglic Male ali "indijskega rožnega venca" in budistične Akšamale.
- To je število grehov v tibetanskem budizmu.
- Hindujska božanstva imajo 108 imen, ki jih je mogoče recitirati s štetjem 108 kroglic Male.

- Rig Veda ima 10.800 verzov.
- Tibetanske svete knjige Khagiur sestavljajo 108 zvezkov.
- V Śrīmad Bhāgavatamu je Krišna opisan kot ples s 108 pastiricami in se nato poročil s 16.108 ženami.
- V šaivizmu je Shiva Nataraja upodobljen, kako izvaja svoj kozmični ples v 108 položajih.
- Na Japonskem ob koncu leta 108-krat pozvonijo v pozdrav novemu letu.
- Skušnjavam, ki se jim mora človek upreti, da doseže Nirvano, je 108.
- Tempelj v Baalbeku v Feniciji je imel 54 stebrov.
- V svetem mestu Lashanmjh v Tibetu je bilo 108 templjev.
- Angkor Vat, Kambodža, ima 54 stolpov, 108 kipov ob dovozu in 540 kipov božanstev.
- V kitajski astrologiji je 108 zvezd svetih.
- Dolžina predpotopne vladavine v sumerski mitologiji je bila 108.000 let.

Kot zanimivost dodajmo, da je 108 število snubcev Penelope, žene Odiseja, v Homerjevi Odiseji.

Številka 666.

Tega pregleda o svetih ali pomembnih številih ne moremo zaključiti brez omembe števila 666. Pojavi se v odlomku Nove zaveze, v Janezovi apokalipsi, in se nanaša na »Zver«, ki se dvigne iz morja in opustoši Zemljo. Zlasti v sodobnem času je številka postala simbol hudiča.

Kot zanimivost poročam o zgodbi, ki jo je objavila agencija Associated Press 2. novembra 1996. Po podatkih agencije se je 436 prebivalcev mesta Madison strinjalo, da bodo igrali kombinacijo treh številk 666 na lokalni loteriji, imenovani "Luck Devils". ". To se je zgodilo na zabavi za noč čarovnic. Neverjetno, a resnično, igralci so zadeli kar 1800 dolarjev. Glede na širjenje te novice se zdi, da so poskusili številni drugi.

Determinizem smrti.

Če nekdo vpraša izkušenega filozofa, katere knjige naj bere, naj filozof odgovori:
»Kakšno filozofijo želite? Vem, kaj iščete. Želite filozofsko doktrino, ki potrjuje vaša prepričanja. Kaj hočeš? Bog ali materija? Svoboda ali determinizem? Povej mi. Vse te stvari imam v svoji lekarni. Lahko vam podarim eno ali drugo, glede na vaše želje."
(Giuseppe Rensi, italijanski filozof in pravnik)

Božja pravičnost v okrožju Drynor.

Leta 1836 je Davy Crockett, ljudski junak ameriškega Daljnega zahoda, med potovanjem, da bi se pridružil teksaški vojski v San Antonio, utaboril v gozdičku na bregu reke Honey Grove Creek, le 11 milj dolge reke. Ta reka teče skozi okrožje Fannin v Teksasu. Tisti večer je Davy napisal pismo, v katerem je navdušeno opisal kraj, imenovan Honey Grove po obilici satja, ki so ga divje čebele ustvarile v votlih drevesih.

Crockett je kasneje spodbujal rojstvo mesta z istim imenom v tem kraju. Leta 1842 se je tam naselil njegov prijatelj Samuel Erwin, prvi naseljenec. Crockett je sam izvedel Erwinovo poroko. Kasneje je kraj postal majhno rastoče središče, dokler ni bil leta 1873 ustanovljen za mesto; trgovina, pridelava bombaža in druge dejavnosti so omogočile, da se je povečalo na raven nekaj tisoč prebivalcev, kar je botrovalo obstoju lokalnega časopisa na štirih straneh, "Honey Grove Signal".

Izdaja te revije z dne 31. marca 1905 podrobno opisuje dejstvo, ki je postalo klasika v literaturi nenavadnih in skrivnostnih dogodkov, splošno znanih kot "primer krogle usode". Verzij je več, a časopisno poročilo nam omogoča rekonstruirati najbolj resnično.

Članek je prikazan v stolpcu na drugi strani z naslovom »Bolj presenetljivo kot film. Krogla maščuje dekle dvajset let po njeni smrti.

Začetne besede članka (»Zgodil se je čudovit primer kaznovanja na zemlji za grehe mesa ...«) dobro opisujejo kulturno okolje, v katerem se je to dejstvo zgodilo, in interpretacijo, ki je bila dana.

Članek podrobno opisuje naključno smrt nekega Henryja Zieglanda, prebivalca občine Drynor Township, skupine hiš blizu Honey Grove. Kronika njegove smrti ne bi bila zanimiva, če je ne bi povezali z ozadjem izpred dvajsetih let.

Leta 1885 je bil Henry Ziegland bogat mladenič, predan vsem prijetnim dejavnostim, značilnim za mlade moške vseh časov, kot je dvorjenje deklet.

Na žalost mu trenutno okolje in morala nista bila naklonjena mimobežnim avanturam. Iz tega razloga, ko je dvoril domačemu dekletu Maysie Tinchor, je ta podlegla njegovemu laskanju le v skladu z obljubo o poroki. Na žalost je Henry, ko je dosegel sad svojih želja, nenadoma odpustil dekle.

Bolečina in zavest o prevari sta bili za mlado Maysie neizmerni. Uboga deklica si je vzela življenje.

Seveda se tako ni moglo končati. Filford, Maysien mladi brat, se je razburjen zaradi sestrinega samomora odločil soočiti s Henryjem.

Pohitel je do izdajalčeve hiše, a je najprej s pretirano impulzivnostjo vzel s seboj staro vojaško mušketo, ki je lahko izstrelila en naboj.

Moška sta se soočila drug z drugim. Henry, ki je bil starejši in čokatejši od mlajšega, nikakor ni bil spravljiv. Henry je govoril žaljive besede o Filfordu in Maysie. Prav tako se je Henry posmehoval mušketi, ki jo je Filford držal v rokah.

Zaslepljen od sovraštva in obupa je Filford izgubil nadzor nad razumom, dvignil cev muškete in izstrelil edini strel v smeri svojega nasprotnika. V trenutku je Filford zagledal velik curek krvi iz Henryjeve glave.

Filford je mislil, da ga je ubil, in je pobegnil. Spoznal je, da je popolnoma uničil svojo družino. Filford je v obupu napolnil mušketo z drugo kroglo in si vzel življenje.

HONEY GROVE SIGNAL.

DR. PRICE'S CREAM BAKING POWDER

Greatest Aid to Cookery

Ayer's Cherry Pectoral for Coughs, Colds

CROOK-RECORD CO.

PARIS, TEXAS.

The Fashion Event

Spring Opening

Millinery, Tailored Suits, Wraps, Skirts, Shirtwaists, Gloves, Hose, Corsets, Underw'r

Wednesday, April 5

Special Bargain Prices

Slika 21 - Izdaja Honey Grove Signala z dne 31. marca 1905, ki v stolpcu na drugi strani poroča o primeru smrti Henryja Zieglanda, ki se je zgodila v čudnih okoliščinah. Ziegalndova smrt spominja na ozadje izpred dvajsetih let.

Vendar se stvari niso izšle tako, kot je mislil: krogla je okrcala le Henryjev tempelj in se zataknila v deblo drevesa za njim. Henry, s srečo, ki je bila pogosto naklonjena hudobnim, je bil rešen z rano na mesu, ki se je v kratkem času zacelila.

Ne vemo, ali se je Henry v naslednjih letih pokesal za vse zlo, ki je bilo posledica njegovega vedenja, verjetno ne. Svoj posel je uspel in se poročil z bogato vdovo, s katero je imel sina. To je raslo in v pričakovanju svoje poroke se je Henry odločil razširiti hišo, da bi lahko sprejel in obdržal novo družino blizu, in zgradil novo krilo točno v smeri drevesa, ki ga je dvajset let prej zadela krogla. Da bi dobil potreben prostor, se je Henry odločil posekati drevo. Sledimo zgodbi, kot je poročal časopis "Honey Grove Signal":

> »Henry in njegov sin sta posekala drevo, v katerega je zašla krogla Filforda Tinchorja, in ga poskušala razkositi na kose. Les je bil tako trd, da sekire in zagozde niso imele učinka, zato so se odločili, da bo v naravne luknje v deblu vstavili majhne dinamitne naboje. Eksplozija je zlomila deblo drevesa. Sila dinamita je izrinila staro kroglo.
>
> Z izjemno močjo je krogla zadela levi tempelj Henryja Zielanda in povzročila njegovo takojšnjo smrt."

Urednik, ki je članek začel z besedami »Čudovit primer kaznovanja na zemlji za telesne grehe«, sklene takole: »V grobnici bratov Tinčor je zdaj le še prah in tišina. Vendar je krogla, s katero se je Filford želel maščevati za njihove krivice, danes opravila svoje.

Ali obstaja božanska pravičnost?

Kronika signala Honey Grove odpira vprašanje, staro kot svet. Ali obstaja božanska povračilna pravičnost? Ali naj verjamemo v »višjo entiteto«, ki posega po merilih poštenosti, da bi ponovno uravnovesila usodo zatiranih?

Vprašanje je zelo diskutabilno. Pravzaprav, tudi če bi taka institucija delovala v tem smislu, bi morali najprej ugotoviti, kakšna je bila ideja pravičnosti te institucije. Bi njegovo mnenje sovpadalo z našim?

Z vidika filozofije znanosti je ta ideja popolnoma absurdna. Dogodke, ki vključujejo človeštvo, je treba ovrednotiti z determinističnim kriterijem.

Determinizem identificira fizično razlago za kateri koli pojav ob predpostavki, da mora biti vzročno-posledična veriga vedno veljavna. Posledica tega je, da vse, kar se zgodi, nikoli ni posledica naključja, ampak določajo fizikalni zakoni, ki vladajo vesolju. Ti zakoni so dobro znani pod imenom temeljne interakcije. Naravne sile so tiste, ki nam omogočajo opisovanje fizičnih pojavov in do danes so bili identificirani v bistvu štirje. To so gravitacijska sila, elektromagnetna sila, šibka jedrska sila in močna jedrska sila.

Božanske pravičnosti ni mogoče uvrstiti v nobeno od štirih temeljnih sil, zato je za determinizem pravičnost, ki jo upravlja »višja entiteta«, ki poseže v poplačilo za dobra ali slaba dejanja, povsem absurdna hipoteza. Henry Ziegland je umrl preprosto zato, ker je imel nesrečno idejo o uporabi dinamita, iz tega sledi, da je vzrok vsega v njegovi nepremišljenosti. Točka.

Poleg tega bi na podlagi determinističnega načela, če bi božja pravičnost res obstajala, morala posredovati ves čas, ne le občasno.

Ta razmišljanja nas pripeljejo do razpotja: bodisi božanska pravičnost ne obstaja ali pa je deterministično načelo napačno.

Naključni dogodki in "nadnaravna znamenja".

Koncept lahko bolje raziščemo, če upoštevamo fizična ozdravljenja, ki se dogajajo v krajih, ki veljajo za "nosilce čudežev". V nasprotju s tem, kar mnogi verjamejo, ti kraji niso le katoliški.

Na primer, mošeja Jamkaran, sveta šiitom, se nahaja šest kilometrov vzhodno od svetega mesta Qom v Iranu. Oskrbniki mošeje so od leta 1998 ustanovili komisijo, ki preučuje izjemne ozdravitve, ki se zgodijo v tem svetišču in so navedene v posebnem registru.

Omeniti je treba tudi številne "poganske" kraje, kot je na primer velika količina izvirov ali kamnin z avmaturškimi lastnostmi, kot so številni dolmeni in menhirji, ki jim še danes pripisujejo pomiritveno moč rodovitnosti.

V kulturi ameriških Indijancev obstajajo medicinska kolesa, ki vzbujajo ne toliko koncept zdravljenja telesa kot duhovnega zdravljenja in moči, ki se pridobiva iz znanja o skrivnostih vesolja.

Eno najstarejših medicinskih koles je najdeno v gorovju Big Horn v Wyomingu in naj bi bilo izdelano pred nekje med 200 in 500 leti. Narejena je iz belih kamnov, razporejenih v krog s premerom 28 metrov. Krožna oblika simbolizira gibanje, minevanje časa, življenje in letne čase. V središču kolesa je križ, simbol "velikega duha" in "kozmičnega drevesa", ki ima svoje korenine na zemlji, njegove veje pa segajo v nebo in v štiri smeri.

Potem so tu čisto psihični kraji zdravljenja, kot so fantastična ozemlja, destinacija šamanskih potovanj, kamor se zdravilec odpravi v boj s silami, ki imajo za talca zdravje žrtev, ki jih prizadenejo najrazličnejše bolezni.

Seveda je tudi veliko krščanskih krajev, ki so znani po čudežnih ozdravitvah, ki se tam dogajajo. Najbolj znano je francosko svetišče Lurd, posvečeno Devici Mariji. Na to svetišče se sklicujem zato, ker je tu že dolgo ustanovljena zdravniška komisija, sestavljena tudi iz neverujočih znanstvenikov, ki nepojasnjena ozdravljenja potrjuje z absolutno skopo.

Številne ozdravitve hudih ali zelo hudih patologij se zgodijo s potopitvijo v vodo jame Massabielle, ki zelo spominja na krščanski krstni obred, s katerim se človek s simbolično smrtjo in vstajenjem opere od vseh grehov in posledično tudi od vsaka bolezen, ker je, kot pravi sveti Pavel, smrt prišla na svet zaradi greha.

Opozarjam vas, da je lahko tudi jungovski arhetip vode, kljub dvojnemu pomenu, v svojih pozitivnih vidikih nosilec življenja v sušnih in zapuščenih predelih Zemlje, posledično pa tudi v situacijah fizičnega in duhovnega trpljenja človeka.

Lurd lahko opredelimo kot »čudežno mesto«, saj je število certificiranih ozdravitev tam statistično večje od tistih, ki se zgodijo drugje. Sandro De Franciscis, predsednik "Bureau des observations médicales" iz Lurda od leta 2009, je izjavil, da je bilo v 150 letih dokumentiranih približno 7500 nepojasnjenih ozdravitev, čeprav jih je katoliška cerkev le 70 priznala za čudeže. Očitna je zelo občutljiva statistična razlika med številom ozdravitev, ki so se zgodile na tem mestu, v primerjavi z ozdravitvami, ki se nanašajo na drugačne ali »navadne« kraje.

Težava je v tem, da vsi ne ozdravijo svojih bolezni. Kljub temu so nepojasnjene ozdravitve v Lurdu dovolj, da resno spodkopljejo materialistično dogmo determinizma: njihovo izjemno število nakazuje, da je v tej teoriji morda napaka. Mnogi znanstveniki so izrazili ugovor. Po tej tezi čudeži niso takšni, ampak so normalne posledice fizikalnih zakonov, ki še niso dokazani. Toda ta ugovor je neutemeljen. Prav tako lahko verniki trdijo, da so čudežne ozdravitve neposredna posledica božje volje, tudi če obstoj Boga še ni dokazan.

Seveda se moramo zavedati, da če bi bili vsi ljudje, ki se potopijo v lurške kadi, ozdravljeni svojih bolezni, bi padli v recipročno obliko determinizma, to je, da bi na koncu potrdili teorijo, ki jo želimo ovreči.

Razlaga tega nasprotja konceptov je precej preprosta: čudežna ozdravljenja je treba razlagati kot znake, to je kot pokazatelje resničnosti, ki premaga determinizem, vendar ga ne zanika. Če je človek v svoji vsakodnevni realnosti podvržen determinističnim pravilom, zaradi katerih svet deluje, to ne preprečuje obstoja višje ravni, ki je sposobna preseči ta pravila. To je moč, ki se od časa do časa manifestira, ravno toliko, da naznani svojo prisotnost vesti človeštva.

Zato čudežne ozdravitve ne bi bile posledica še vedno neznanih fizikalnih zakonov, niti preprostega naključja, ampak bi bile znaki prisotnosti »Univerzalne zavesti«, ki je sposobna preseči lastne zakone. Ta absurdni koncept nam bo morda postal bolj znan, ko bomo preučevali vedenje materije na subatomski ravni in odkrili, da so na tej ravni realnosti vsi fizikalni zakoni, ki so podlaga za determinizem, prezrti. Ista materija, ki se na makroskopski ravni, torej na ravni našega obstoja, pokorava temeljnim silam deterministične fizike, jih na svoji najbolj intimni ravni ignorira, zanika in izkrivlja.

Možno je torej, da se determinizem spoštuje in hkrati krši. Možno je, da deterministični zakoni z gotovostjo potrjujejo, da določena neozdravljiva bolezen vodi v smrt, hkrati pa na drugi ravni poseže nedeterministična sila, ki se temu principu odreče z ozdravitvijo.

Ker živimo na ravni determinističnih zakonov, je naravno, da so ti na naši ravni na koncu močnejši.

Obstaja deterministični zakon, da tudi čudežno ozdravljeni ljudje ne uidejo. Dobro vemo, da tudi ljudje, ki so čudežno ozdravljeni, na koncu umrejo.

Skoraj vse religije in mnoge filozofije pa spodbijajo determinizem smrti s konfiguracijo transcendentnih resničnosti, ki lahko življenje postavijo na drugačno in večno raven. Največji krščanski praznik je velika noč, ki praznuje smrt in vstajenje Jezusa Kristusa, obljubo prihodnjega vstajenja in večnega življenja, ki je namenjeno vsem vernikom.

Druge religije verjamejo v reinkarnacijo, to je v ciklično vstajenje, ki se zaključi z doseganjem popolnosti, stanjem, v katerem smrt preneha obstajati. Po pojmovanju klasičnega budizma je pomembna osvoboditev od bolečine obstoja. Sreča, torej nirvana, je konec nenehnih ponovnih rojstev, nič.

V rabinskih besedilih je raj opisan kot vrt vrtnic in mirt, duhovno mesto, sredi katerega stoji drevo življenja. V Koranu pobožni muslimani obeh spolov vstopijo v vrt užitkov: podnebje je dobro, vode je v izobilju, prav tako sadja, mesa in medu.

Ali lahko verjamemo v vstajenje?

V pojmovanju mnogih religij je možna vrnitev v življenje po smrti in ta ideja ni tako nenavadna, kot se morda zdi. Tudi med manj vernimi znanstveniki je postalo modno reči, da "smo otroci zvezd". Pravzaprav ni nobenih znanstvenih dvomov o dejstvu, da so naša telesa sestavljena iz atomov, ki se potem, ko so bili oblikovani v pečeh prvih zvezd, nato razširijo po vesolju in se preoblikujejo v neskončne izraze stvarjenja. Atomi postanejo del drugih zvezd, planetov ali mineralov in zelenjave, pa tudi kot del teles živih bitij.

Vsak atom našega telesa je bil del neskončnih drugih izrazov materije. Kar zadeva atome, bi torej lahko govorili o »nesmrtnosti« (vsaj dokler obstaja vesolje) ali o reinkarnaciji. V širšem smislu tudi vstajenja, če upoštevamo smrt organizma, ki mu pripadajo, in »ponovno rojstvo« kot del drugega organizma.

Seveda pa to ni tisto vstajenje, ki bi ga pričakovali: vsi bi radi vstali v telesu, ki ohranja lastnosti in predvsem zavest življenja, ki smo ga prej živeli. Se pravi, radi bi prenesli zavest prejšnjega telesa v novo telo.

Odvisno je od tega, kako gledamo na zavest.

Po materialističnem pojmovanju je zavest le stranski produkt delovanja možganov, epifenomen, ki nastane zaradi elektrokemičnih interakcij, ki potekajo v možganski masi; posledično, ko možgani odmrejo in propadejo, z njimi »umre« tudi zavest, ki je nikoli ne bi bilo.

Po številnih filozofskih in verskih razlagah pa je zavest čista psiha, ki presega možgane. Ne samo, da ni omejeno na možgansko ohišje, ampak se razteza po celotnem kozmosu ter se prosto in neodvisno povezuje z drugimi zavestmi in z "univerzalno zavestjo". V tem smislu bi lahko bila zavest tudi informativna vez, ki združuje vse atome našega telesa, oziroma projekt, po katerem postane mogoče, da se uredijo in prevzamejo funkcije, tako da dobijo kot rezultat naše telo, kakršno je, z dvema rokama namesto štirih in s prstnimi odtisi za razliko od vseh drugih ljudi.

Če bi atomi našega telesa ohranili spomin na svojo pripadnost temu projektu, bi bil ta spomin nesmrten, nesmrtna bi bila naša vest in v določenem smislu bi bilo nesmrtno naše telo.

Entropijski problem.

Konec koncev, zakaj umremo? Vse je odvisno od zakona, ki se imenuje entropija ali, bolj tehnično, "drugi zakon termodinamike". Preprosto povedano, entropija pomeni, da če razbijete kozarec, lahko nato vsak kos razbijete na nadaljnje poddele in nato vsak poddel na naslednje poddele, vendar kozarca ne morete nikoli obnoviti v prvotno stanje celovitosti.. Podobno, če skuhate jajce, ne boste mogli več oblikovati surovega jajca, še posebej, če ste iz njega naredili omleto.

Vsi imamo zelo močno zaznavo usmerjenosti časa in sprejemamo, da teče le v eno smer. Sprejemamo "naprej" smer časa, vendar si težko predstavljamo obratno smer. To je vsekakor odvisno od dejstva, da je ravna smer tista, v kateri vzročnost deluje. Predpostavljamo, da so vzroki pred posledicami. Ne more se zgoditi dogodek, ki ga ni povzročil drug dogodek, ki se je zgodil prej. Nikoli se ne bo zgodilo, da bi nekdo lahko trgal jabolka, ne da bi prej nekdo posadil drevo.

Entropija je povezana s potekom časa in napoveduje, da gre vse proti slabšanju, saj se čas premika samo v eno smer in ni mogoče "premotati filma nazaj", da bi se vrnili v prejšnje stanje. Obstaja neizprosno pravilo, in sicer drugi zakon termodinamike, po katerem entropija zaprtega sistema vedno narašča. Seveda je vesolje zaprt sistem.

Vrnitev v življenje

»Vrnitev v življenje« lahko poteka na različne načine. V nekaterih primerih, kot pri vstajenju mesa, ki ga zagovarja krščanstvo, se pokojnik vrne v življenje v enaki podobi kot v prejšnjem življenju. V drugih primerih je navedeno, da se vrnitev v življenje zgodi v telesu drugega živega bitja, tudi drugačne vrste. Nekatere religije napovedujejo konec telesnosti, a začetek novega življenja v obliki čistega duha.
Za stare Egipčane je bilo pravo življenje tisto, kar je sledilo smrti; zato je bilo telo balzamirano, da bi ga ohranili pred pokvarjenostjo. Ta praksa nakazuje, da so verjeli v vstajenje v istem telesu in ne v reinkarnacijo v drugem telesu. Dejansko je v mitologiji starega Egipta boga Ozirisa, ki ga je ubil njegov brat Seth, obudila njegova žena Isis in postal kralj podzemlja in sodnik mrtvih.
Zoroastrizem, ki je bil najbolj razširjena vera v srednji Aziji med 6. stoletjem pr. in 10. stoletja našega štetja na podlagi naukov preroka Zaratustre trdi, da se telesno vstajenje mrtvih zgodi glede na končno Božjo sodbo o dobrem in zlu. Po smrti gre pokojnikova duša čez most, njegova dejanja, dobra in slaba, pa se položijo na tehtnico. Ko prevladajo dobra dela, se zdi most širok, sicer pa postane tanek kot rezilo noža. Rezultat določa destinacijo duše v Garotmanu ali raju ali na najslabšem mestu.

Grška mitologija v več primerih pripoveduje o likih, ki vstanejo od mrtvih in včasih postanejo nesmrtni.
Tantal je Pelopsa, njegovega sina, ki je bil še otrok, raztrgal na koščke in postavil mizo bogovom, da bi preveril, ali razumejo, da gre za človeško meso. Ko je Demetra že pojedla pleče, je Zevs spoznal prevaro, na novo sestavil Pelopsove ude in ga obudil ter nadomestil manjkajoče pleče s slonokoščenim.
Hipolit, sin Tezeja in Hipolite, je umrl med vožnjo svojega voza, vendar ga je zdravnik Asklepij obudil s pomočjo Artemide.
Potem ko je Zevs s Semelo izdal Hero in po rojstvu Dioniza, ploda izdaje, se je Hera maščevala tako, da je ubila svojo tekmico. Toda Dioniz je, ko je odrasel, uspel postati nesmrten, se spustil v Had in obudil svojo mater.
Resa, mladega kralja Trakije, ki je bil Priamov zaveznik v trojanski vojni, je v spanju ubil Diomed, toda njegova mati, muza Evterpa, je pridobila od Hada in Perzefone, da ga obudita in je bila zadovoljna.
Eden od platonskih mitov pripoveduje zgodbo o vojaku iz Pamfilije, ki je padel v bitki, po imenu Er, ki je po božji volji obujen, medtem ko naj bi njegovo truplo sežgali na pogorišču. Zato je Er vstopil v Had, čeprav še ni bil pokopan, nato pa je bil vrnjen v življenje in ohranil vsak spomin na prejšnje življenje.
Platonizem je trdil, da so duše že obstajale v nebeškem svetu in postale ujetnice v človeškem telesu ob njegovem rojstvu. Da bi se osvobodila, je morala duša opraviti proces čiščenja, sestavljen iz zaporednih reinkarnacij. Na to platonsko misel so vplivale starejše filozofske šole. Šele po III stoletju pr. neoplatonisti so sprejeli hindujski pogled na reinkarnacijo.

Misterijske religije so slavile ciklični ritem življenja, smrti in ponovnega rojstva, ki je bil povezan predvsem s kmetijskimi sezonami in silami narave. Te religije niso predpostavljale osvoboditve od smrti, temveč nenehno ponovno rojstvo v novo življenje po vsaki smrti.

Kiniki so po izročilu, ki izhaja iz Diogena iz Sinope in se nanaša na Sokrata in polboga Herakleja, izvajali misterijske kulte, ki so slavili smrt in vstajenje.

Mani, perzijski filozof, ki je živel v 3. stoletju, je ustanovil religijo, ki temelji na načelih, ki so jih navdihnili krščanstvo, budizem, mazdaizem in gnosticizem. Ta religija je želela pojasniti izvor, sestavo in prihodnost vesolja. Kar zadeva življenje po smrti, je maniheizem predvideval tri različne usode za popolne, poslušalce in grešnike. Duše Popolnih bi po smrti sprejel Jezus in bi jih očistili Sonce, Luna in Zvezda. Njihovi "delci svetlobe", sproščeni, bi se spremenili v božanstva, da bi se povzpeli do prvega človeka in živeli ob njem.

Katarizem je bilo versko gibanje, ki se je razvilo med 12. in 14. stoletjem zlasti v južni Franciji. Katarska teologija je bila dualistična: svet materije je bil viden kot "zlo", medtem ko je bilo "dobro" mogoče najti le v nebesih poleg Boga.

Življenje katarjev je bilo torej usmerjeno v to, da dušo, ki je veljala za božansko iskro »dobrega«, popelje v nebesa.

Katari so sprejeli idejo o reinkarnaciji, posledično bi se tisti, ki niso dosegli osvoboditve v enem življenju, vrnili v novem življenju, da bi nadaljevali boj proti Popolnosti. Reinkarnacija ni bila vedno potrebna, a na splošno da, glede na to, da ni vsakdo mogel prekiniti vezi z Zlom v enem samem življenju. To pojasnjuje, zakaj so se katari, ki so jih preganjale albižanske križarske vojne, spontano vrgli na grmade in se s petjem pustili sežgati.

Jehovove priče verjamejo v vstajenje in prihodnjo nagrado za pravične, ki bodo razdeljeni v dve kategoriji:

- prvo kategorijo sestavlja mala čreda, sestavljena iz 144.000 izvoljenih, ki bodo skupaj s Kristusom kraljevali v nebesih brez mesenega telesa, ampak z duhovnim;
- druga kategorija vključuje vse ostale božje služabnike, ki bodo živeli večno, z novim telesom, na Zemlji spremenjeni v raj.

Nepravični bodo vstali v tem raju, vendar bodo vedno podvrženi drugi smrti.

Po islamski veri je človeštvo obsojeno na smrt in »sodni dan«. Na ta dan bo Allah ukazal svojim angelom, naj zatrobijo na trobente, ki bodo ob prvem trobljenju povzročile uničenje vsakega bitja. Ob drugi trobenti bodo vsi ljudje brez izjeme vstali s telesom, dušo in duhom, da bodo sojeni in nagrajeni z rajem ali obsojeni na pekel. Sodni dan se imenuje tudi Yawm al-qiyāma (Dan vstajenja).

Reinkarnacija v vzhodnih religijah.

V nekaterih vzhodnih religijah ima vstajenje pogosto obliko reinkarnacije, saj njihove dogme trdijo, da je vsako živo bitje, od mravlje do slona, če naštejemo samo nekatere, nosilec duha ali duše pokojnika.

Klasična oblika doktrine reinkarnacije prihaja iz Indije, kjer je bila razdelana v brahmanskih spisih v 9. stoletju pr.

Koncept reinkarnacije je bil razširjen v Upanišadah po 7. stoletju. Upanišade so indijska verska in filozofska besedila, sestavljena v sanskrtu. Uporaba tega jezika je omogočila uporabo besedil v drugih večjih vzhodnih religijah, kot je budizem. Pozneje je reinkarnacijo uvedel kitajski taoizem proti 3. stoletju.

Vstajenje v Novi zavezi

Vera v vstajenje je oznanjena v evangeliju in ponovno potrjena v drugih svetopisemskih knjigah, zlasti v Apostolskih delih in v pismih svetega Pavla, kjer je navedeno, da je smrt "plačilo za greh".

Za krščanstvo Jezusova smrt ni bila samo žrtvovanje nedolžnega človeka, temveč edinstven in temeljni dogodek odrešenja. Po krščanski veri se bo Jezus kmalu vrnil in v njegovem vstajenju bodo vstali vsi verniki

Slika 22 - Tao v kitajščini pomeni "pot". V vzhodnih filozofijah simbol tao, znan tudi kot "jin in jang", predstavlja pot, postajanje vseh stvari, ki se doseže z gibanjem, ki niha med dvema skrajnostma.

Slika 23 - Lazarjevo vstajenje v starogrški ikoni.

Dualizem. Entropija in sinhronost.

Če s hladnim očesom pogledamo na katastrofo človeške zgodovine, se težko izognemo sklepu, da ima človek prirojeno duševno motnjo, ki ga žene v samouničenje. Pobijanje pripadnikov iste vrste, individualno ali kolektivno, je pojav, ki ga ne pozna celotno živalsko kraljestvo, razen človeka ter nekaj vrst mravelj in miši.
(Arthur Koestler, v reviji The Observer)

Primeri sinhronosti, o katerih smo govorili prej, so vsebovali razvozlano sporočilo v smislu "pomoč prijatelju". Filippo spozna, da je treba njegov zakon pregledati, Matteo pa Fulviu nevede reši življenje. Lahko bi rekli, da sta obe sinhroniciteti intervenirali kot pozitivni rebalanserji negativnih situacij, bolje rečeno, da sta delovali kot "razsodnika" v situaciji, ki je predvidevala dve možnosti, ki ju je po splošno razširjenih človeških merilih mogoče identificirati kot "dobro" in "zlo".

Pravzaprav je običajna človeška misel s teoretičnega vidika vedno naklonjena rešitvam, ki se lahko izognejo žalosti in trpljenju drugih. To še posebej velja, če ljudje, ki jim bo to koristilo, niso znani. Namesto tega včasih brez pomislekov zaželimo vso možno škodo številnim tistim, ki so nam blizu. Zato sta lahko dobro in zlo hkrati prisotna v sodbah iste osebe, pogosto v isti sodbi.

Z generičnega vidika izraz »Dobro« označuje vse, kar se posameznikom zdi zaželeno in tako, da se lahko šteje za končni cilj, ki ga je treba doseči v obstoju. Koncept "Zla" je tipično nasproten, vendar ne ločen, dejansko obstaja soobstoječe.

Zato sta dobro in zlo dve plati istega kovanca, popolnoma neločljivi; niso samo v človeških sodbah, ampak v vseh kozmoloških vizijah in skoraj v vseh filozofijah in religijah, z manjšimi ali večjimi poudarki. Dobro in zlo predstavljata dvojnost.

Dualizem.

Izraz dualizem opredeljuje vsako versko, filozofsko ali celo metodološko in znanstveno doktrino, ki predvideva obstoj dveh nasprotujočih si ali nezdružljivih načel.

V tej knjigi sem se že skliceval na številna dualistična načela, kot je tisto, značilno za filozofijo Francisa Herberta Bradleya, ki se nanaša na videz in resničnost. Bradley je angleški filozof, ki je živel od leta 1846 do 1924. Po njegovi misli je resnica v enotnosti vsega: ni ločenosti ali mnogoterosti stvari. Celoten svet človeške izkušnje je videz; samo absolutna zavest je resnična. Druga vrsta dvojnosti, ki je široko obravnavana v tej knjigi, je tista, ki se nanaša na vero in znanost, temo, ki jo je raziskoval William James, ameriški psiholog in filozof irskega porekla, ki je živel od leta 1842 do 1910.

Izraz "dualizem" je treba pripisati Thomasu Hideu, angleškemu orientalistu, rojenem v Billingsleyju leta 1636 in živel do leta 1703.

V svojem delu "Historia religionis veterum persarum" (Zgodovina starodavne perzijske vere), ki se nanaša na zoroastrizem in maniheizem, Hide definira dualizem kot koncept nenehnega boja med svetlobo in temo, torej dobrim in zlim.

To sta dva stanja, ki sta prisotna hkrati in sta neodvisna in nasprotujoča si. Vsak vidik človeškega obstoja je odvisen od uporabe dobrega od zla.

Leta 1710 je filozof Gottfried Wilhelm Leibniz v Amsterdamu izdal svoje delo "Teodiceja" o božji dobroti, človekovi svobodi in izvoru zla. V delu je Leibniz analiziral dualizem dobro-zlo v luči svetopisemske knjige o Jobu, pri čemer je sledil istemu izvoru vesolja nazaj do načel dobrega in zla. Pri

Leibnizu ima vsak negativni dogodek, kot so kataklizme ali obstoj nemotiviranega zla, ki prizadene nedolžne, svojo razlago v višjem zakonu harmonije, ki nadzoruje božansko stvarstvo in ki opravičuje vsak dogodek v luči višjega načrta, ki ga človek ne pozna. .

Tudi Pierre Bayle (1647-1706) v svojem "Kritičnem zgodovinskem slovarju" nakazuje prisotnost dobrega in zla kot materialnega izvora vesolja, čeprav z racionalističnega vidika.

V novejšem času se marksizem spominja na dualizem nadgradnja-struktura, na področju psihologije pa Jung predlaga dualizem zavestno-nezavedno. Eden najbolj raziskanih dualizmov trenutno je dualizem um-možgani, ki sem ga že omenil v tej knjigi.

Oblika nefilozofskega, ampak čisto fizičnega dualizma, ki zavzema odločilno relevanten vidik za namene te knjige, je tista, ki se je rodila iz eksperimentov s kvantno fiziko, izvedenih v zadnjih letih. To je dvojnost val-delec, ki je podlaga za neverjetno resničnost kvantne prepletenosti.

Obstaja pa še ena oblika dualizma, ki jo številni znanstveniki, dejavni na področju kvantne fizike ali filozofije, namigujejo ali jo v svojih delih sramežljivo pustijo razkriti, in to je dvojnost med entropijo človeka, torej človeško težnjo po samouničenju, in sinhronosti, ki kljub temu vodi človeštvo proti postopno višjim evolucijskim stopnjam.

Entropični človek.

Entropija ali drugi zakon termodinamike, eden od osnovnih zakonov fizike, navaja, da v normalnih pogojih sistemi, prepuščeni sami sebi, postanejo neurejeni in pokvarjeni neposredno glede na čas. Vse živo in neživo se obrablja, propada in samouničuje. To je gotov konec, s katerim se bodo fizično gledano morala soočiti vsa bitja; to je neizogiben proces, ki nima vrnitve.

Z manj znanstvene natančnosti si lahko predstavljamo, da poleg fizične entropije, ki zadeva vso materijo, obstaja psihična entropija, ki zadeva človeštvo. Pravzaprav ima vsak človek prirojeno težnjo po samouničevanju in težnja posameznikov, razširjena po družbi, lahko neizogibno postane težnja celih skupnosti in ljudstev.

Človek je v veliko večji meri nagnjen k samouničenju kot katera koli druga živa bitja. Uničevanje ekosistemov ter jedrske in bakteriološke vojne danes predstavljajo ogromne nevarnosti. To ni nič novega: za preteklost se spominjamo verskih in osvajalskih vojn, suženjstva in vsake druge tehnike ubijanja in zatiranja. Lahko rečemo, da se je vse začelo, ko je Kajn verjetno s kamnom ubil svojega brata Abela.

Neupravičena krutost, ki jo podpira oboroževalna tekma, je vedno prevladovala v človeškem vedenju, ne da bi se zavedali, kako je uničenje bližnjega uničenje nas samih: neštetokrat smo tvegali izumrtje in še vedno tvegamo z večjo gotovostjo zaradi moči trenutnega orožja. .

Številni restriktivni zakoni in verske zapovedi so namenjeni zajezitvi samopoškodovanja človeške vrste: ne ubijaj, ne kradi, ne stori drugim tistega, česar ne bi želel, da se tebi. Kljub temu človek v sebi nosi seme samouničenja, zdi se, da išče svojo in tujo smrt. Kljub zavedanju tega tveganja se človek ne more popraviti svoje psihične entropije

Entropija ni to, kar se zdi.

V resnici ima tudi entropija vidike, po katerih ni ravno to, kar se zdi na prvi pogled, torej tista »nepopravljiva težava«, ki jo opisuje Boris Yelnikoff v filmu »Whatever Works«. Ključ je v stavku: »Imenuje se entropija; To je tako, kot če zobna pasta pride iz tube in se ne more vrniti noter."

Samoumevno jemljemo, da na ravni naših čutnih izkušenj entropija deluje natanko kot razkrojna dejavnost, ki deluje v smeri časa. Če pa zapustimo svojo raven, da vstopimo v ravni prostora in časa, ki presegajo naše neposredne izkušnje, lahko entropiji damo različne obraze in pomene.

Vzemimo primer našega planeta Zemlje in primerjajmo, kaj je bila v povojih in kaj je zdaj.

Videz prvobitne Zemlje pred približno 4,5 milijarde let je bil popolnoma drugačen od sedanjega; njeno površje so neprestano razdirali mogočni vulkanski izbruhi in bičalo vztrajno deževje, ki je trajalo milijone let, dokler niso nastali oceani. Zatorej skoraj peklenska panorama golih vulkanskih kamnin, ki jih razsvetljuje žareča lava novih izbruhov. Zagotovo kraj, kjer bi bilo nemogoče živeti.

Prvo Zemljino atmosfero, sestavljeno večinoma iz vodika, je odpihnil sončni veter. Vendar so bili obilni in neprekinjeni izbruhi, ki so oblikovali drugo atmosfero, sestavljeno med drugim iz ogljikovega dioksida, ogljikovega monoksida, amoniaka, vodne pare in metana. To okolje je bilo s pomočjo strele in ultravijoličnega sevanja Sonca idealna zibelka za nastanek organskih molekul, pripravljenih, da se razvijejo v vse bolj kompleksne organizme. Tako se je kmalu pojavilo življenje; najstarejše znane sledi segajo v čas pred 3,8 - 4 milijardami let in so predniki sedanjih bakterij, zelo enostavnih in primitivnih enoceličnih organizmov, ki pa so sposobni izvajati temeljne dejavnosti, značilne za živa bitja, kot sta prehranjevanje in razmnoževanje.

Toda kako je bil mogoč razvoj teh prvobitnih bitij, začenši s preprostimi organskimi molekulami, prisotnimi v ozračju pred štirimi milijardami let? Kaj je počela entropija, medtem ko se je to dogajalo? Ker, če smo iskreni, moramo priznati, da je šlo za proces gradnje, ne uničevanja.

Res je, umazane in puste sivkaste vulkanske kamnine, podvržene entropijskemu zakonu, so se skozi tisočletja sesule in cele gorske verige so izginile, ko so se zravnale. Vsak človeški opazovalec bi lahko s svojimi izkušnjami potrdil uničujočo moč entropije. Toda če bi se ta opazovalec lahko osvobodil omejenih časovnih omejitev svojega opazovanja in ga podaljšal skozi tisočletja, bi videl, kako se skala spreminja v manjše in manjše dele, dokler ni postala zemlja.

Nato bi opazovalec videl, da je dežela prekrivala prostrane ravnine in zagotavljala okolje, ugodno za življenje. Isti opazovalec bi zagotovo videl, kako vode erodirajo in izdolbejo skale. Opazovalec je lahko videl, kako vode ustvarjajo lastne poti in uničujejo okolje, skozi katerega gredo. Toda potem bi ta oseba videla rojstvo rek, ki bi lahko nosile gnojilne elemente v deželah, rojenih iz razpadanja kamnin. Opazovalec bi bil priča rojstvu zelišč, rastlin, rož, žuželk in drugih živih bitij vseh vrst, torej tiste narave, ki jo danes opredeljujemo kot čudovito in je osnova našega prehranjevalnega kroga in našega preživetja.

Priznajmo si: brez entropije nas danes ne bi bilo. Zato, poleg tega, kar bi se lahko zdelo pri občasnem opazovanju, omejenem s časom, končno delovanje entropije ni destruktivno, temveč ustvarjalno.

Zgodovina evolucije je radikalno v nasprotju z načelom entropije. Evolucionisti trdijo, da bi se spontana kombinacija anorganskih atomov zgodila v omejenem času in v natančnem vrstnem redu, da bi se oblikovale izjemno kompleksne molekule, kot so beljakovine in nato DNK. Iz tega naključnega združevanja bi spontano nastalo na milijone živih vrst s kompleksnimi biološkimi strukturami.

Klasična razlaga entropijskega zakona zanika, da bi ta proces lahko potekal; ampak v resnici se je zgodilo. Evolucijski znanstveniki se sprašujejo o tem problemu, ne da bi mogli predlagati rešitve. Evolucijski učenjak Roger Lewin v članku, ki je bil objavljen v reviji Science, navaja:

> "V skladu z drugim zakonom termodinamike bi morali sistemi sčasoma propadati in pokazati manjšo, ne večjo urejenost."

Jesse Hackley Rush, zdravnik in evolucijski znanstvenik, piše tole:

> »Življenje v zapletenem poteku svojega razvoja razkriva presenetljivo nasprotje glede na težnjo, izraženo v drugem zakonu termodinamike. Medtem ko ta zakon govori o nepovratnem napredku proti naraščajoči entropiji in neredu, se življenje nenehno razvija proti višjim stopnjam reda."

Zvezek "The Evolution Deception" (Harun Yahya) poroča o mnenju drugega evolucijskega znanstvenika, Georgea

Stravropoulosa, objavljenem v znani znanstveni reviji American Scientist:

»V običajnih pogojih se nobena kompleksna organska molekula ne bi mogla spontano oblikovati, temveč bi morala po drugem zakonu termodinamike razpasti.
V resnici, večja kot je kompleksnost, večja bi morala biti nestabilnost in varnost zaradi razpada."

Rešitev »ab absurdum« predlaga slavni evolucionist Jeremy Rifkin v svojem eseju »Entropija«, objavljenem leta 1980, v katerem govori o »magični moči«, ki bi omogočila, da evolucije ne bi prevzela entropija.
Dejansko obstaja "čarobna moč", ki je sposobna ukrotiti entropijo, in to je sinhronost. V dualizmu zlo-dobro sobivata dve sili in ustvarjata kozmično resničnost, ki ji je usojeno zmagati dobro. Podobno dualizem entropije in sinhronosti deluje v kozmosu v izzivu, ki bo videl zmago te "Entitete", ki ustvarja sinhronicitete.

Sinhroničnost kot inteligenten evolucijski projekt.

Sinhroničnost je evolucijski projekt, ki ga vodi inteligenca, ki jo lahko opredelimo kot "Univerzalni um", ki je sposoben posegati ne le v življenja samskih ljudi, kot v primerih Filipa in Mateja, ampak tudi v življenja skupin, ljudi in narodov ter na potovanju vsega človeštva. To upravičuje dejstvo, da niti entropija niti človeška sebičnost nista preprečili, da bi se fizično vesolje razvijalo proti vse večji popolnosti in ne proti propadu. Zgodovina človeštva ni našla svojega konca v kolektivnem samouničenju, ampak se je razvijala v smeri zmage umetnosti, kulture in navsezadnje zavedanja usode, ki presega fizično smrt.

V svoji prejšnji knjigi "Prepletenost in sinhronost" sem se osredotočil na resnično zagonetno okoliščino, zaradi katere je človeška vrsta, ki se je začela pred milijoni let s prvimi hominidi, ostala v stanju kamnite civilizacije ogromno časa. Šele pred dvanajst tisoč leti je človeška vrsta začela zelo hiter kulturni skok, ki nas je danes pripeljal do potovanja po sončnem sistemu.

Vse to ni mogoče v postopnem evolucijskem procesu. Nekaj se je zgodilo pred dvanajst tisoč leti, nekaj, kar je po milijonih letih kulturnega spanja odklenilo človeško zavest in ji omogočilo doseči sedanje višine.

Pogosto se zgodi, da do nekaterih odkritij istočasno, na različnih mestih po svetu, prideta dva znanstvenika, ki se ne zavedata svojega dela. V teh primerih si moramo predstavljati, da je vnos podala kolektivna psiha, ki je skupna obema. To se je na primer zgodilo pri izumu telefona Antonia Meuccija v New Yorku in Aleksandra Bella v Bostonu.

22. aprila 1984 so "Centri za nadzor in preprečevanje bolezni" javno objavili, da so raziskovalci na Pasteurjevem inštitutu dokončno identificirali francoski virus Lav kot povzročitelja aidsa.

Naslednji dan je Margaret Heckler, sekretarka za zdravje in socialne zadeve, objavila, da je Robert Gallo, direktor biološkega laboratorija za tumorske celice Nacionalnega inštituta za raka, izoliral virus, odgovoren za aids, in ga poimenoval HTLV-III. Tako se je začela prava pravna bitka med dvema prestižnima raziskovalnima inštitutoma, ki oba trdita, da je očetovstvo odkritja.

Nesporno je, da so mnoga odkritja ali tehnologije, kot so lok, primeren za streljanje s puščicami, poljedelstvo, živinoreja ali piramidne konstrukcije, naredila različna in zelo oddaljena ljudstva, praktično na sodoben način. Pravzaprav gre za tehnološke dogodke, ki so se zgodili povsod v zadnjih dvanajst tisoč letih glede na zgodovino milijonov let.

Danes je glavna skrb posameznih znanstvenikov in raziskovalnih laboratorijev objaviti rezultate pred vsemi drugimi; pravzaprav vsakdo ve, tudi če nima natančnega znanja o tem, da zagotovo še kdo drug, nekje na svetu, dela isto raziskavo kot on. Mimogrede, to povzroči pravo dramo v vesti raziskovalcev, razpetih med nujnostjo objave in strahom, da ne bi upoštevali nekega vidika, ki bi lahko izničil rezultate.

Poleg tega ne moremo mimo številnih odkritij, ki so se zgodila »naključno«, kot da bi skrivnostni sufler hotel nanje vsake toliko časa opozoriti. Govorimo o rentgenskih žarkih, super lepilih, anesteziji, penicilinu, mikrovalovnih pečicah, saharinu, tranzistorjih, ježku, teflonu, verdigrisu in mnogih drugih. Coca-Colo je 8. maja 1886 v Atlanti (Georgia, ZDA) »izumil« farmacevt John Stith Pemberton, ki nikakor ni želel izumiti pijače, temveč zdravilo za glavobole, torej zdravilo. Prvo ime, ki je bilo dano pijači, je bilo "Pemberton's French Wine Coca".

Kulturne sinhronosti.

Joseph Cambray v svoji knjigi "Sinhroničnost. Narava in psiha v medsebojno povezanem vesolju" govori o kulturnih sinhroničnostih in navaja dogodke, ki zajamejo celotne civilizacije in milijone ljudi, kot je na primer pojav demokracije v klasični Grčiji. Ta odločilni dogodek se je zgodil v zelo kratkem času in na zelo majhnem delu planeta.

Verjamem, da trenutno doživljamo še eno veliko kulturno sinhronost, ki jo poganja razvoj kvantne fizike, veje znanosti, rojene pred nekaj desetletji. Kvantna fizika odkriva neverjetne možnosti, kot je na primer obstoj nefizičnih ravni, ki povezujejo vso materijo v vesolju v eno samo mrežo.

To so nivoji, kjer se lahko delci, brez mase in v obliki vibrirajoče energije in čiste informacije, osvobodijo časovnih in prostorskih omejitev, ki se jim mora materija podrediti na naši ravni razumevanja.

»Kvantna sinhronost«, ki jo doživljamo, bi morala voditi do nepredstavljivega kulturnega preskoka: premagovanja materializma in rojstva poenotejoče znanosti o naravi in psihi, duhu in materiji. Le preko psihične ravni bo mogoče premagati fizične ovire in vstopiti v Zavest vesolja, izkoristiti vso energijo in vso inteligenco, ki jo vsebuje. To bo preskok, katerega potenciala si ne moremo niti predstavljati in ki bo človeštvu odprl vrata »nebes« z vsem, kar nebesa vsebujejo.

Antropni princip.

»Smo lokalno utelešenje kozmosa, ki je zrasel do samozavedanja. Začeli smo razumeti svoj izvor: smo zvezdna snov, ki meditira na zvezde."
(Carl Sagan)

"Če ne bi bil tukaj, da ti dovolim, da siješ name, potem ti, sijoče Sonce, kaj bi bil?"
(Friedrich Nietzsche, Tako je govoril Zaratustra)

Vloga človeka v vesolju.

Ideja, ki izhaja iz branja prejšnjega poglavja, po kateri bi "univerzalni um" deloval prek posameznih ali kolektivnih epizod sinhronosti za kulturni razvoj človeštva, predpostavlja, da je človeku, ki živi na planetu Zemlja, dodeljena osrednja vloga. Da bi izpolnil to vlogo, je človek predmet pozornosti, zaščite in vodenja tega »Uma«.

Nasprotno pa človek v znanstveni kozmologiji ne predstavlja nič drugega kot produkt evolucije materije, ki je popolnoma nepomemben za razvoj planeta Zemlje, še manj pa za razvoj vesolja. V resnici je do 16. stoletja kulturna vizija postavljala človeka v središče vesolja. Teorija, ki jo je kasneje razvil Kopernik, da se planeti vrtijo okoli Sonca, je povzročila, da je Zemlja postala zgolj majhen planet in ne središče vesolja. Posledično je tudi človek postal le eno od mnogih nepomembnih bitij, umeščenih v majhen delček vesolja.

Antropni princip.

Leta 1973 je znanstvenik Brandon Carter izdelal novo formulacijo odnosa, ki združuje človeka z vesoljem. Poimenoval ga je "antropni princip" in ga predstavil znanstveni skupnosti na simpoziju o "primerjavi kozmoloških teorij z opazovalnimi podatki", ki je potekal v Krakovu v okviru praznovanja 500. obletnice rojstva Nikolaja Kopernika. To načelo, ki je v svoji tako imenovani "močni" formulaciji zelo sporno, ovrže kopernikansko vizijo odnosa med ljudmi in vesoljem ter človeku povrne osrednjo vlogo.

Slika 24 - Priložnostne znamke, ki jih je izdala Pošta Poljske ob praznovanju 500. obletnice rojstva Nikolaja Kopernika. Ob tej priložnosti je Brandon Carter skoval izraz "antropni princip".

Slika 25 - Spomin na nedavno preminulega Stephena Hawkinga in njegovo knjigo "Vesolje v orehovi lupini". V knjigi razpravlja o temah, povezanih z M-teorijo večdimenzionalnega vesolja, in se pogosto sklicuje na »antropični princip« Brandona Carterja.

Še preden je Carter teorijo javno objavil, so jo delili z drugimi znanstveniki, kot so Martin Rees, Freeman Dyson, John Wheeler in drugi.

Povedati je treba, da je znanstvenik kalibra Stephena Hawkinga, sprva dvomljiv, po oblikovanju teorije M (teorija, ki združuje vse v večdimenzionalnem vesolju) spremenil svoje mnenje, postal zagovornik antropičnega principa in ga vključil v vse njegove študije in poznejše publikacije, kot je knjiga "Vesolje v orehovi lupini".

Brandon Carter.

Brandon Carter (slika 26) je avstralski fizik, znan po svojih študijah o lastnostih črnih lukenj in po odkritju četrte konstante gibanja, ki so jo po njegovem imenu krstili kot "Carterjeva konstanta". Je torej znanstvenik visokega kalibra, kar ga je naredilo še posebej zanesljivega, ko je oblikoval teorijo, ki jo je definiral kot "antropsko načelo".

V svojih splošnih obrisih to načelo trdi, da človeška zavest ni naključni rezultat evolucije materije, temveč izhodiščna točka evolucije vesolja, katere cilj je bil ravno rojstvo zavesti. Načelo, kot ga je izrazil Carter v Krakovu, ima dve formulaciji, imenovani "šibek" in "močan"".

"Šibko" antropično načelo.

Tako imenovani šibki antropični princip trdi, da je naš položaj v prostoru in času vesolja vsekakor privilegiran, ker so vse konstante, ki so osnova za delovanje vesolja, umerjene na najprimernejše vrednosti za razvoj našega načina življenja.

Slika 26 - Zgoraj John David Barrow in Frank Tipler, avtorja knjige "Antropično načelo". Spodaj levo Brandon Carter, ki je oblikoval teorijo.

Po nizu neverjetnih naključij so zakoni, ki vladajo vesolju, skladni z možnostjo obstoja inteligentnega življenja. Na primer, če bi bilo Sonce nekoliko drugačne velikosti ali če bi se Zemlja vrtela okoli Sonca na nekoliko drugačni razdalji, bi morja postala vreli lonci ali gore ledu. Zemlja se vrti z zelo majhno ekscentričnostjo, ki je enaka 2 %, naklon vrtilne osi pa je takšen, da natančno omogoča menjavanje letnih časov. Življenje na Zemlji temelji na ogljiku, ki je bil odložen na naš planet po eksploziji zvezd, v katerih je nastal.

Štiri temeljne sile, ki vladajo vesolju, so odvisne od nekaterih fizikalnih konstant, kot so na primer Hubblova konstanta, Planckova konstanta, univerzalna gravitacijska konstanta, električni naboj in masa elektrona.

Dejstvo, da so vse te konstante natančno umerjene na vrednosti, ki omogočajo razvoj življenja, je neverjetno presenetljivo: dovolj bi bilo, da bi imela samo ena minimalno drugačno vrednost, da bi bilo življenje nemogoče.

Možne vrednosti štirih temeljnih interakcij (gravitacijske, elektromagnetne, šibke jedrske in močne jedrske) in subatomskih delcev (proton, nevtron, elektron) bi bile neskončne in samo vrednosti, ki jih dejansko izmerimo, nam omogočajo, ustvarite interaktivno mrežo med njimi, ki ustvarja vesolje, ki ustvarja življenje. Med neskončnimi konfiguracijami. izbran je bil samo eden, zelo specifičen. Stephen Hawking v svoji knjigi "Od črnih lukenj do vesolja" piše:

> »Če bi bila gostota vesolja eno sekundo po velikem poku večja od kritične gostote za en odstotek milijarde, bi vesolje propadlo po 10 letih. Če bi bila namesto tega manjša od iste vrednosti, bi bilo Vesolje po 10 letih obstoja že prazno.”

"Močno" antropično načelo.

Močno načelo pravi, da mora biti vesolje točno takšno, kot je, da omogoča razvoj življenja v določenem trenutku njegove zgodovine, ki sovpada z dobo, v kateri živimo, torej približno 14 milijard let po njegovem nastanku. Med številnimi vesolji, ki bi se lahko rodila iz velikega poka, se je razvilo prav tisto, ki nam omogoča, da smo danes tukaj; verjetnost, da se to zgodi, je ena proti več milijard; če bi se to zgodilo po naključju, bi slučajno zadel na nemogoči loteriji. To pomeni, da je bilo vesolje zasnovano tako, da nam omogoča, da smo danes tukaj. Vesolje ima en namen: gostiti človeka.

Človek torej ne bi bil gost, ki bi se zgodil po nenavadni nesreči v vesolju, ki ga ignorira, temveč razlog in namen, zaradi katerega vesolje obstaja. Ta teorija implicira, da je bilo vesolje oblikovano z namenom spodbujanja življenja in razvoja zavesti; to pomeni, da je bilo vesolje zasnovano kot kokon, posteljica, v kateri lahko nastane življenje na splošno in še posebej človeška zavest.

Predpostavka, da je bilo vesolje ustvarjeno za nas, nedvomno določa namen kozmosa, ki ni več kaotična gmota surove snovi, temveč se odziva na projekt človekove realizacije v postajanju, ki ni več zaupano naključju, in zahteva prisotnost "Inteligentni dizajn" in torej obstoj "Oblikovalca" ali v vsakem primeru tistega "Univerzalnega uma", ki je bil večkrat omenjen na prejšnjih straneh.

To bi lahko imelo tudi verske implikacije, o katerih pa vsaj na katoliški strani ni izrek. Oče Gabriel Funes, jezuit, nekdanji direktor "Vatikanskega observatorija", tj. astronomskega observatorija katoliške Cerkve, je v zvezi s tem izjavil, da "Cerkev nima teorije in nima stališča o antropičnem principu, ampak ostaja odprt za to, kar znanost lahko odkrije«. Izjave sedanjega direktorja, brata Guya Josepha Consolmagna, niso znane.

John David Barrow in Frank Tipler.

Fizika J. Barrow in F. Triple sta leta 1986 v Združenih državah izdala zvezek "Antropni kozmološki princip", v katerem se ne samo obširno ukvarjata s teorijo, ampak tudi predlagata njeno pomembno študijo.

Avtorja obsežno opisujeta konceptualno osnovo Načela: če se ne bi pojavilo zaskrbljujoče število izjemnih naključij v obliki fizikalnih zakonov in v vrednostih konstant narave, biokemija, življenje in inteligentno življenje ne bi bili mogoči . Vesolje, ustvarjeno po naključju, ne bi omogočalo življenja, prav tako ne bi bili mogoči običajni astronomski objekti in navadna snov.

Izhajajoč iz tega opazovanja pridejo do zaključka, da projekt nujno obstaja. V njuni študiji se šibko antropično načelo, ki je bilo omejeno na prepoznavanje dejstev, razvije v močno načelo. Barrow tako piše v knjigi:

> »Če bi si poskušali zamisliti celotno zbirko hipotetičnih »drugih vesolj«, v katerih vse količine, ki definirajo strukturo našega vesolja, prevzamejo vse možne permutacije vrednosti, bi ugotovili, da so bila skoraj vsa ta možna vesolja, ki smo jih ustvarili na papirju, mrtvorojena, ne more ustvariti vrste kemične kompleksnosti, ki smo jo imenovali "življenje". To odkritje je vodilo

Brandona Carterja do domneve, da lahko v vesolju obstaja nek bolj špekulativni metafizični vidik, ki ga je poimenoval "močno antropično načelo", da bi ga razlikoval od bolj kontroverznega šibkega antropičnega načela. Močno načelo navaja, da ker se zdi, da obstaja toliko izjemnih in na videz nepovezanih "naključij", ki se zarotijo, da omogočijo življenje v vesolju, mora to na neki stopnji njegove zgodovine spodbuditi opazovalce."

"Antropsko končno načelo"

Barrow in Tipler domnevata tretjo obliko antropičnega načela, "Ultimate Anthropic Principle", po katerem se mora "inteligentna obdelava informacij nujno razviti v vesolju in ko se enkrat pojavi, ne bo nikoli izumrla".

Po mnenju obeh znanstvenikov vesolje, ki bi lahko ustvarilo inteligentno življenje, ne bi imelo smisla, če to vesolje ne bi trajalo dovolj dolgo, da bi lahko razvilo inteligentno vrsto.

"Participativno antropično načelo"

To obliko antropičnega principa je predlagal John Archibald Wheeler kot alternativo močnemu principu. Po Wheelerju so opazovalci potrebni za življenje vesolja, kot so potrebni za njegovo poznavanje; zato človek kot opazovalec vesolja dejavno sodeluje pri njegovem lastnem obstoju.

"Misijonarji vesti"

Leta 2005 se je na spletni strani SETI (Search for Extra-Terrestrial Intelligence, program posvečen iskanju zunajzemeljskega inteligentnega življenja) pojavil članek z naslovom "The Drake Equation", v katerem je bilo participativno načelo še razširjeno. V zvezi s kakršnimi koli sporočili med prebivalci vesolja je članek zapisal, da je "poslanstvo pošiljateljev sestavljeno iz širjenja zavesti v vesolju". Preprosto povedano, kdor pošilja sporočila v vesolje, postane »misionar zavesti«. On širi "Zavest", v obliki, ki jo pozna, proti subjektom, ki so sposobni izkoristiti to.

Antropni princip in čas

Najbolj objektivna znanost ne zavrača razumnosti antropične dokončnosti, saj bi bilo odločno nesmiselno, da tako popolna kozmična konstrukcija izhaja iz naključnosti in nima nobenega namena. Ker je temu tako, pogost ugovor najde tudi odgovor: »Če je cilj človek, ki živi le na planetu Zemlja, zakaj vesolje potrebuje toliko prostora in toliko materije?«.

Odgovor je, da sta za uresničitev konstant, ki omogočajo življenje, potreben čas in prostor. Vesolje se je moralo postarati in razširiti, da so lahko zvezde proizvajale kemične elemente, ki so osnova življenja na Zemlji, kot je ogljik. Poleg tega ni izključen obstoj drugih planetov, na katerih se je razvilo enako življenje, kot ni izključeno, da lahko človek svojo civilizacijo izvozi na druge planete in galaksije.

Prvi element, ki se je pojavil v vesolju, je bil vodik, katerega atom vsebuje samo en proton. Približno tri minute po velikem poku je zlitje dveh ali treh vodikovih atomov omogočilo nastanek helija in litija, ki imata dva oziroma tri protone.

V notranjosti zvezd je z fuzijo dveh atomov helija nastal berilij. Iz zlitja enega atoma berilija in enega helija so se rodili nestabilni atomi ogljika, ki so postali stabilni šele, ko je temperatura v zvezdi narasla na 100 milijonov stopinj Kelvina. Nazadnje, ko je zvezda ob koncu svojega življenja eksplodirala in ustvarila supernovo, so bile ogljik in druge kovine izgnane v vesolje in so se oblikovale v druga nebesna telesa, vključno s planeti.

Na tej točki, ko ugotovimo, da je življenje bistveno za obstoj vesolja in da je vesolje verjetno neskončno v prostoru in času, se lahko vprašamo, ali ima življenje tudi cilj postati neskončno v času in prostoru. In predvsem, če se ta neskončnost (nesmrtnost) lahko nanaša na življenje nasploh, razumljeno kot ohranjanje vrste, ali pa tudi ne na vsakega posameznika posebej.

Bi si bilo mogoče zamisliti nesmrtna živa bitja?

Bistvenim sestavinam materije, atomom, smo že pripisali nesmrtnost. Na biološkem področju lahko med živa bitja uvrščamo bakterije, ki svojega obstoja običajno ne končajo s smrtjo, ampak z razcepitvijo. Bakterije imajo sposobnost delitve na dva dela, od katerih vsak ohrani vso genetsko dediščino prvotne bakterije. Če izvzamemo nesreče, ta proces traja neomejeno dolgo in enostavno je izračunati, da če se bakterija razcepi vsake pol ure, je sposobna v enem dnevu ustvariti 250.000 milijard podobnih bakterij.

Če bi celo višji organizmi, kot je človek, dosegli sposobnost cepitve ob ohranjanju nevronske dediščine, torej samozavedanja, bi praktično postali nesmrtni. To je v tem trenutku nemogoče: dejansko so bakterije sestavljene iz ene same celice, medtem ko človeško telo vključuje nešteto celic, specializiranih na drugačen način za vsak organ (koža, jetra itd.), ki bi se morale vse razdeliti na istočasno.

Omega Point Franka Tiplerja.

Frank Jennings Tipler (slika 26), soavtor knjige "The Anthropic Principle" z Johnom Barrowom, je ameriški profesor in pisatelj, ki poučuje matematično fiziko na univerzi Tulane v New Orleansu. Večina njegovih študij je osredotočena na fiziko potovanja skozi čas.

Znan je tudi po tem, da je avtor teorije "Omega Point", ki dejansko povzema istoimensko teorijo, ki jo je pred tem razvil francoski jezuitski znanstvenik Pierre Teilhard de Chardin.

Tipler skuša preučiti končno usodo vesolja na podoben način, kot to počne Isaac Asimov v romanu 'Zadnje vprašanje'. V svojem predlogu, ki ga opira na razumne hipoteze, ki ga lahko podprejo, izhaja iz koncepta "večnega napredka" in domneva o prihodnjem obstoju boga, to je človeka ali vesoljca, ki je postal nesmrten in je podoben Nietzschejevemu nadčloveku. Predpostavlja tudi vstajenje mrtvih z računalnikom in "nalaganjem misli". Ta tehnika bi omogočila obnovitev in prenos duševne dediščine posameznika iz starega v novo telo ali v telo, vstalo od mrtvih.

Nadalje Tipler domneva, da bi se po zaslugi superračunalnika lahko vesolje prilagodilo volji človeštva, tudi z delovanjem na čas, ki je že minil; na ta način bi bilo mogoče s tehniko vodenega večnega vračanja rekonstruirati dogodke, svetove in ljudi preteklosti.

Tipler pravzaprav predlaga perspektivo, povezano s transhumanizmom, kulturnim gibanjem, ki zagovarja uporabo znanosti in tehnologije za povečanje telesnih in duševnih sposobnosti ter za izboljšanje vseh vidikov človeškega stanja, ki so nezaželeni ali škodljivi, kot so bolezni in staranje do leta možno preobrazbo, ki bi presegla človeško stanje.

Tiplerjeve teze so pričakovano vzbudile veliko polemik v znanstvenem svetu. Južnoafriški fizik George Ellis je v recenziji Tiplerjeve knjige "Fizika nesmrtnosti" teorijo o točki Omega označil za "mojstrovino psevdoznanosti".

Drugi znanstveniki, kot je fizik z univerze Oxford David Deutsch, menijo, da so Tiplerjevi argumenti skladni. V svoji knjigi "Tkanina resničnosti" Deutsch, ki razkriva svojo Teorijo vsega, vanjo vključuje Tiplerjevo točko Omega.

V duhovnem središču vesolja.

Če povzamemo, lahko rečemo, da smo tukaj zaradi vesolja in vesolje je tukaj zaradi nas. Antropično načelo preoblikuje sodobno znanstveno razmišljanje. To se je začelo s Kopernikom in njegovim odkritjem, da Zemlja in planeti krožijo okoli Sonca; s tem je podrl aristotelovsko misel, ki je Zemljo in človeka postavljala v geografsko središče vesolja.

Razvoj sodobne fizike prinaša nov preobrat. Tokrat je človek, čeprav ni več geografsko središče, kot je pravilno pokazal Kopernik, trdno vzpostavljen kot duhovno ali psihično središče.

Drugi del. Potrditve.

Toda kaj je snov?

»Sodobna fizika torej materije ne predstavlja kot pasivno in inertno, temveč v neprekinjenem plesu in stanju vibracije, katere ritmične figure določajo molekularne, atomske in jedrske strukture. Tako vidijo materialni svet tudi vzhodni mistiki. Vsi poudarjajo, da je treba vesolje dojeti v njegovi dinamičnosti, ko se giblje, vibrira in pleše; da narava ni v statičnem, ampak dinamičnem ravnotežju.«
(Fritjof Capra, fizik in esejist)

Iskanje dokazov.

V prvem delu knjige sem predstavil številne teorije, ki so jih razvili in predlagali znanstveniki, ki temeljijo na mislih, filozofiji in logičnih sklepih, vendar niso podprte z nobenim eksperimentalnim dokazom, priznanim s strani akreditirane skupnosti. Pomemben prvi korak za pridobitev znanstvenega dostojanstva vseh obravnavanih hipotez bi bil v vzpostavitvi preverljive povezave med fizično ravnjo delovanja materije in »duhovno«, torej nedeterministično ravnjo.

Na ravni naše izkušnje, ki je absolutno deterministična, je težko najti nematerialne povezave: miza ali stol sta kosa lesa ali kovine in ne vzbujata, kolikor se zdijo naši čuti, psihičnih ali metafizičnih implikacij.

Tega pa ni več, ko vstopimo na raven izjemno majhnega, ko opazujemo obnašanje osnovnih delcev. Ko je človek v zadnjih desetletjih končno uspel prodreti v subatomsko realnost, mu je narava pripravila neverjetna presenečenja, iz katerih je mogoče razbrati obstoj izključno psihične ravni, ki ni sestavljena iz materije, temveč iz energije in inteligentnih informacij.

Ta drugi del knjige bo namenjen raziskovanju čudovitega sveta subatomskih delcev.

Albert Einstein je v fiziko uvedel koncept relativnosti. Številne gotovosti, ki izhajajo iz našega načina razumevanja sveta, so se sesule z učenjem, da sta čas in prostor relativna koncepta in imata lahko različne vrednosti, odvisno od pogojev. Paradoks dvojčkov je paradigmatičen: eden od obeh se usede na vesoljsko ladjo in potuje po vesolju več let s hitrostjo, ki je blizu svetlobni. Ko se vrne domov, odkrije, da je zanj čas tekel veliko počasneje kot za ljudi, ki so ostali na Zemlji in mnogi od teh, ki so bili njegovih let, so že umrli: njegov lastni dvojček je mnogo let starejši.

Spričo teh znanstvenih dokazov ne bi smeli biti presenečeni, ko odkrijemo, da je tudi materija relativna. Na makroskopski ravni ali srednje velikem območju, v katerem živimo, je na splošno videti dobro definirano: mogoče je določiti njegove meje, stehtati in izmeriti, določiti je njegovo stopnjo trdote ali gnetljivosti. Če ne bi bilo, bi bili vsak dan v težavah. Te lastnosti snovi ostajajo nespremenjene tudi na astronomski ravni, fizikalni zakoni, ki veljajo za našo kuhinjsko mizo, pa veljajo tudi za zadnji planet v oddaljeni galaksiji.

Na subatomski ravni, torej v izjemno majhnem, pa se stvari spremenijo in materija postane nekaj zelo nejasnega glede na njeno pravo bistvo. Subatomska raven je raven elementarnih delcev, ki so notranje komponente atoma.

Filozofija in mistika fizike.

Filozofija fizike preučuje logične in metafizične vidike konceptov, kot so energija, čas, prostor in materija. Zanimajo jo predvsem vprašanja vzročnosti in »determinizma«.

Seveda se filozofija zanima za kvantno fiziko že od svojega rojstva, zaradi njene sposobnosti, da spodkopava temeljne vidike znanstvene tradicije, kot je na primer koncept merjenja, ki ga je nenadoma nadomestil koncept negotovosti.

Merjenje na subatomski ravni postane nemogoče, saj se izvaja na tako majhnih elementih, da jih moti že sama meritev. Posledično atomov niti z najmočnejšim mikroskopom ni mogoče neposredno opazovati, temveč le »teoretizirati«.

To potrjuje neuspeh determinizma, ki je bil tako všeč Pierru Simonu Laplaceu. Hkrati se rojevajo nove vrednote, kot sta verjetnost in indeterminizem.

Indeterminizem je filozofska naravnanost, ki jo vodi angleški astronom Arthur Eddington, ki priznava delovanje naključja v razmejitvi volje ali realnosti. To pomeni, da indeterminizem priznava, da se stvari lahko zgodijo brez razloga. Dejstva niso vedno produkt vzročno-posledičnih dejanj.

Med zagovorniki indeterminizma so največji fiziki našega časa: Werner Karl Heisenberg, Niels Bohr, Arthur Compton, Pascual Jordan, Hans Reichenbach, Robert Millikan, Georges Lemaître in drugi.

Kvantna fizika ne upošteva deterministične strogosti in nas pripelje do bistveno mističnega pojmovanja kozmosa, ki temelji na elementih, ki poleg materialne spominjajo na možno duhovno komponento.

Ta misel o resničnosti stvari nas vrne več kot dve tisočletji nazaj, v intuicije prvih grških filozofov. Vendar v nasprotju s tistim, kar se je zgodilo v tistem času, vizija kozmosa, ki nastaja danes, ne temelji na intuiciji, temveč na eksperimentih, ki se izvajajo z veliko natančnostjo v najboljših fizikalnih laboratorijih.

Korenine vse zahodne znanosti in še posebej fizike je treba iskati v šestem stoletju pred našim štetjem, v obdobju, ki ni poznalo ločnice med vero, filozofijo in znanostjo, med modreci miletske šole. Njihove študije so bile usmerjene v odkrivanje resnične zgradbe materije, ki so jo identificirali v izrazu "physiká", danes prevedenem kot "fizika". "Physiká" je predstavljala prizadevanje za odkrivanje bistva stvari. Na podlagi svojih predpostavk so bili miletski filozofi opredeljeni kot "hilozoisti", kar pomeni "tisti, ki mislijo, da je materija oživljena". Pravzaprav niso delali razlik med duhom in fizično materijo; pravzaprav sploh niso imeli izraza za fizično materijo, saj so bile zanje vse oblike obstoja obdarjene z življenjem in duhovnostjo. Zlasti Tales je trdil, da je božanskost prisotna v vseh stvareh, Anaksimander pa je pripovedoval o kozmosu kot o enem samem organizmu, ki se hrani z "vitalnim principom" (pneuma).

Pozneje je Heraklit iz Efeza opisal svet v nenehnem spreminjanju, večno "postajanje". Verjel je, da vse preobrazbe sveta izhajajo iz delovanja nasprotij in da je treba vsak par nasprotij obravnavati kot enoto, ki ji je dal ime Logos. Iz Heraklitovih nasprotij so izvirali miselni tokovi, ki so vodili do ločitve med duhom in materijo.

Parmenid iz Eleje je v odločnem nasprotju s Heraklitovim večnim postajanjem svoje temeljno načelo imenoval »Nespremenljivo bitje« in trdil, da je vsaka sprememba čista iluzija čutov. Iz njegovega razmišljanja se je rodila ideja o neuničljivi snovi, postavljeni v osnovo lastnosti spreminjanja stvari.

Iz nasprotja med »večnim nastajanjem« in »nespremenljivim bitjem« se je razvila misel, ki je razmišljala o »bitju« kot prisotnem v določenih nespremenljivih snoveh, ki pa so z mešanjem in ločevanjem povzročile spremembe in različne oblike. Tako se je rodil koncept atoma, kot najmanjšega nedeljivega dela materije. Atom je osnova vsega, čeprav stvari izgledajo drugače. Danes pravzaprav vemo, da so vse stvari narejene iz atomov.

Atomisti, vključno z Demokritom, so opredelili jasno ločitev med duhom in materijo.

Fizikalno materijo so si predstavljali kot sestavljeno iz »temeljnih gradnikov«, torej popolnoma pasivnih in inertnih delcev, ki se gibljejo v vakuumu in katerih gibanje je lahko posledica zunanjih sil. Te sile so duhovnega izvora, ne materialnega.

Ta podoba je nato postala prevladujoča v zahodni misli, kar je povzročilo dualizem med telesom in dušo.

Aristotel je v svojem prepričanju, da so problemi v zvezi z dušo pomembnejši od tistih v zvezi z materialnim svetom, ustvaril miselni vzorec, ki je 2000 let podpiral predstavo o vesolju po vsem Zahodu. Tudi krščanstvo je ves srednji vek podpiralo aristotelovske doktrine.

V renesansi so se proučevanja narave prvič lotili z uporabo znanstvenih metodologij, torej z uporabo eksperimentov, ki so bili pod nadzorom teoretičnih hipotez. Galileo Galilei je bil med prvimi, ki je šel po tej poti in zato velja za očeta moderne znanosti.

Rojstvu moderne znanosti je botroval razvoj filozofske misli, ki je poudarjala dualizem "duh-materija". V osmem stoletju je René Descartes opisal naravo, ki temelji na temeljni ločitvi med dvema ločenima in neodvisnima realnostima, umom (res cogitans) in materijo (res extensa). Kartezijansko ločevanje je znanstvenemu svetu omogočilo, da je fizično snov sestavljalo inertne predmete in popolnoma ločene drug od drugega. Rezultat je bila predstavitev sveta, podobna kopičenju različnih predmetov, predmetov, ki skupaj sestavljajo ogromen stroj brez življenja.

Kočija kralja Milinde.

Milindapañha je budistično besedilo, sestavljeno v obliki filozofskega dialoga, dogajanje pa se dogaja v mestu Sāgalā, današnjem Siyālkoṭ. Dialog poteka med menihom Nagaseno in kraljem Milindo. Zgodovinsko gledano lahko kralja Milinda poistovetimo z indo-grškim vladarjem Menandrom I., ki je vladal v Pandžabu med letoma 155 in 130 pr.

»Kralj Milinda je šel tja, kjer je bil menih Nagasena, se mu vljudno in prijateljsko predstavil in ga nato vprašal:

"Kako ste znani in kako vam je ime?"

Nagasena je odgovoril: "Poznan sem kot Nagasena, o kralj, in s tem imenom me nagovarjajo moji bratje in starši."

"Poveš mi, da so te tvoji bratje navajeni naslavljati z Nagasena. Kaj točno je Nagasena? Misliš, da so lasje Nagasena?"

"Tega ne rečem, veliki kralj."

"Ali dlake po telesu?"

"Absolutno ne."

»Morda so Nagasena nohti, zobje, koža, meso, živci, kosti, kostni mozeg? So katera koli ali vse te stvari Nagasena?«

Na vsako od teh vprašanj je menih odgovoril ne.

»Potem je zunanja oblika Nagasena? Ali so občutki, zaznave ali zavest Nagasena?

Na vsako od teh hipotez je menih odgovoril ne.

»Potem je Nagasena prazen in prazen zvok. Kdo je Nagasena, ki ga vidim tukaj pred sabo? Nagasena je laž, prevara!«

Nato je menih Nagasena rekel kralju Milindi:

»Veličanstvo, odraščali ste v razkošju. Če hodite po kamnitih tleh, čutite bolečine v nogah. Zato te vprašam: Kako si prišel sem? Ste prišli sem peš ali z vozom?«

»Nisem prišel peš. Prišel sem s kočijo."

»Torej, če si prišel s kočijo, mi razloži, kaj je kočija. Ali so konji voz?"

"Tega nisem rekel."

"Ali je voz os koles?"

"Seveda ne."

»Morda so voz kolesa ali vrvi ali ogrodje ali jarem ali napere koles?«

Na vsa ta vprašanja je Milinda odgovorila ne.

»Mogoče pa je kočija nekaj drugega od tistih, ki sem jih omenil? "

Milinda je spet odgovorila z ne.

»Torej, 'kočija' je beseda brez pomena. Kočija je prazen, nesmiseln zvok. Na katerem vozu si prišel? Kar si rekel je laž! Zakaj govoriš lažne stvari?"

Nato je Nagasena za priče poklical Grke in menihe in rekel:

»Kralj Milinda je rekel, da je prišel s kočijo. Toda ko sem ga prosil, naj mi razloži, kaj je voz, kralj tega ni mogel storiti."

Grki in menihi so zaploskali in rekli kralju:

"Zdaj pa, vaše veličanstvo, odgovorite, če ste sposobni!"

Kralj Milinda je tako odgovoril Nagaseni:

»Nisem govoril laži, spoštovani gospod. Komplet, ki ga sestavljajo konji, os, kolesa, okvir, vrvi, jarem, napere in kočilo, nakazuje skupno oznako voza."

"Zelo dobro! - Je rekel Nagasena. Natančno ste razumeli pomen kočije. Podobno je skupek las, nohtov, zob, zaznav, občutkov in zavesti, ki označuje Nagaseno."

Torej, kaj je v resnici Milindina kočija? Materialisti bi rekli, da vagona brez posameznih delov ni. Deli so celota, kočija pa obstaja le kot akcesorno dejstvo, epifenomen, katerega prisotnost ali odsotnost ne vpliva na obstoj delov. Dejstvo, da deli kot celota tvorijo voz, je povsem naključno.

V bolj duhovni viziji bi rekli, da posamezni deli dobijo pomen šele, ko, inteligentno združeni, dajo obliko kočiji, samemu menihu Nagaseni in vsemu drugemu, ki obstaja v vesolju. Vendar vsak sklop logično sestavljenih delov zahteva inteligentno zasnovo, ki daleč presega vztrajnost materialov, ki ga sestavljajo.

Dualizem, ki ga je predlagal Descartes.

Mehansko vizijo sveta je prevzel Isaac Newton, ki je z njo zgradil svojo mehanistično znanost, ki je postavila temelje klasične fizike. Newtonov pogled je prevladoval v svetu od sredine 17. do konca 19. stoletja.

Descartesova filozofija ni bila pomembna le za razvoj klasične fizike, ampak je imela velik vpliv na zahodno misel.

Njegov slavni stavek »Cogito ergo sum« (Mislim, torej sem) je človeka bolj identificiral s svojim umom kot s telesom. Posledično se človek zaveda sebe kot »drugega«, ki živi v lastnem telesu. Um, ločen od telesa, dobi nalogo, da ga nadzoruje. To povzroči konflikt med voljo in instinkti.

Ta ločenost od lastnega telesa se razširi na zunanji svet, ki ga vidimo kot zbirko ločenih predmetov in dogodkov. Naravno okolje je sestavljeno iz delov, ki jih je mogoče združiti v interesne skupine (drevesa, zvezde, minerali ali celo kočija kralja Milinda).

Družba je prav tako razdeljena na rase, narode, ljudstva, vere in politične skupine, naš notranji krog pa je razdeljen med "moje stanovanje, moje sorodnike, moje prijatelje, moje sodelavce, tiste, ki imajo enak hobi kot jaz, obiskovalce mojega supermarketa. ".

Te delitve so temelj vseh družbenih in kulturnih kriz in so povzročile nered in nepravično porazdelitev virov, ki pogosto vodita v nasilje in vojne.

Kartezijansko mišljenje je prineslo koristi in škodo; gre mu zasluga, da je uvedel ločevanje na znanstveni ravni, za družbena zla pa je očitno, da so obstajala že precej pred Descartesom. Filozofu torej ne gre očitati, nasprotno, priznati je treba njegovo sposobnost, da je izpostavil ločitev med duhom in materijo kot izvor teh problemov.

Zanimivo je opaziti, kako sodobna znanost, rojena iz kartezijanskega ločevanja in Newtonovega mehanističnega pojmovanja, na novo razmišlja o teh konceptih. Pravzaprav se znanost tega stoletja vrača k ideji, ki so jo izrazile prve grške filozofije. To je bila ideja o kozmosu, ki temelji na sodelovanju duha in materije.

Zakaj stvari obstajajo namesto nič?

Znanost se pogosto sprašuje, "kako" se stvari zgodijo. Sprašuje se tudi, "zakaj" se zgodijo, vendar veliko manj pogosto. Dejansko deterministična znanost predpostavlja, da je "zakaj" očiten. Razlog je logično mogoče najti v nizu vzrokov in posledic. »Nekaj« povzroči »nekaj drugega« in dovolj je rekonstruirati vse korake, da bi razumeli izvor pojava. Tako je "zakaj" implicitno v "kako". Se pravi, ni "zakaj".

Ta diskurz postane neizvedljiv, ko govorimo o prvem rojstvu vesolja, saj, če upoštevamo trenutek pred njegovim obstojem, v tem trenutku ni deloval noben vzrok, ki bi začel verigo posledic. Tako na tej ravni obe vprašanji, kako in zakaj, ostajata brez odgovora.

Vedi, ki poskušata rešiti ta problem, sta kozmologija in fizika. Študija kozmosa je pokazala, da je v fazi širjenja zaradi dejstva, da se še naprej širi v vesolje. Če izhajamo iz trenutnih pogojev in simuliramo povratno pot, tj. kontrakcijo, pridemo do točke, ko postaneta gostota snovi in njena temperatura neskončni, kar je nemogoča situacija. Zato je mogoče domnevati, da se je vesolje začelo ob določenem času, postavljenem med sedanjim trenutkom in trenutkom v preteklosti, ki se začasno nahaja, preden so pogoji postali nemogoči.

Prišel bi natančen trenutek, ko bi se začela širitev in bi se vesolje "rodilo". To pa nam lahko ponudi elemente o tem, kako, vendar ne pojasni, zakaj.

Obstaja veliko kulturnih in verskih tradicij, ki poskušajo dati odgovore. Biblični učenjaki so dolgo razpravljali o tem, ali je stvarjenje uporabilo že obstoječo inertno snov ali pa je nastalo iz nič. Tako starodavna judovska eksegeza kot Filon v helenistični tradiciji se strinjata v podpori "creatio ex-nihilo" (ustvarjanje iz nič), hipotezo, ki jo krščanstvo podpira še danes.

V mnogih drugih primerih je predlagano vesolje, ki je preoblikovano iz začetne situacije kaosa ali iz nestrukturirane praznine.

Po nekaterih izročilih lahko vesolje izvira iz prvobitne materine maternice. Po drugih mitologijah se lahko vesolje rodi iz že obstoječega jajca.

Obstajajo tudi tradicije, po katerih je vesolje obstajalo od nekdaj, v skladu s pojmovanjem časa, ki so ga navdihnile kmetijske civilizacije, pri čemer je vse podvrženo stalnemu ciklu smrti in ponovnega rojstva.

V večini obravnavanih hipotez, z izjemo svetopisemske, je predhodni obstoj zadeve samoumeven, pa čeprav v obliki kaosa, maternice ali jajčeca. Pogosto ni pojasnjeno, od kod prihaja ta že obstoječi izvor. Vendar vsa izročila ne pojasnjujejo, kako je lahko prišlo do procesa prehoda iz nič v nekaj, razen z božanskim ustvarjalnim dejanjem.

Vse se začne z velikim pokom.

Veliki pok je kozmološki model, ki temelji na ideji, da se je vesolje začelo širiti z zelo veliko hitrostjo v točno določenem času v preteklosti in da ta proces še vedno traja.

To je prevladujoča ideja v sedanji znanstveni skupnosti, saj ima potrditve na podlagi astronomskih opazovanj in dokazov.

Zlasti se igra v teoriji velikega poka, da so lahki elementi, kot sta vodik in helij, posebej bogati v skladu s predvidenimi vrednostmi; druga potrditev prihaja iz obstoja sevanja kozmičnega ozadja, katerega spekter je skladen s pričakovanji. Te in druge eksperimentalne ugotovitve so večino znanstvenikov prepričale, da se je dogodek, podoben velikemu poku, res zgodil pred približno 14 milijardami let.

Ko je bila predlagana, sprejetje ideje ni bilo niti očitno niti mirno. Veliki pok je predvideval nastanek vse energije in vse materije (ki je navsezadnje drugačna oblika energije) v začetnem dejanju, bolj ali manj tako, kot sta trdila Descartes in Newton. Toda drugi so videli Božji ustvarjalni poseg na začetku vesolja.

Ta okoliščina je povzročila, da je bila znanstvena skupnost zelo zadržana pri sprejemanju teorije. Namesto tega jo je Katoliška cerkev s papežem Pijem XII. v celoti sprejela v govoru, ki ga je imel v četrtek, 22. novembra 1951, na Papeški akademiji znanosti:

> »Tako se spontano pojavita dve vprašanji: ali je znanost sposobna povedati, kdaj se je zgodil ta močan princip kozmosa? In kakšno je bilo začetno, primitivno stanje vesolja? Najodličnejši poznavalci atomske fizike so si v sodelovanju z astronomi in astrofiziki prizadevali osvetliti ta dva zahtevna, a izjemno zanimiva problema. (...)
>
> Nesporno je, da bo razsvetljen um, obogaten s sodobnimi znanstvenimi spoznanji, mirno ovrednotil ta problem in zavrnil hipotezo o samoustvarjeni materiji. Razsvetljeni um bo spoznal prisotnost duha stvarnika. Z gesto ljubezni je nastal material, poln energije. Zdi se, da je današnja znanost, ko ocenjuje dogajanje pred milijoni stoletij, uspela rekonstruirati trenutek svetopisemskega "Fiat luxa", ko je morje svetlobe in sevanja izbruhnilo od nikoder. Hkrati so se delci kemičnih elementov razcepili in ponovno združili v milijone galaksij." (Pij XII)

Teorija velikega poka je vsebovala teološke posledice, zaradi katerih je bila zavrnjena in ji je nasprotovala, včasih samo zato, ker jo je podpirala Cerkev. Nekateri znani fiziki so postavili hipotezo, da je bila ta teorija del zarote, ki jo je skovala Cerkev sama. Astronom Fred Hoyle je obsodil Veliki pok kot model, zgrajen na judovsko-krščanskih temeljih. Hoyle je oblikoval alternativno hipotezo, imenovano "stacionarno vesolje", kjer se ustvarjanje nove materije dogaja nenehno; ta teorija pa je že nekaj časa opuščena, ker bi predvidevala rojstvo premikajočih se galaksij med že obstoječimi, kar pa ni preverjeno. Pravzaprav ni mladih galaksij, ki bi bile nameščene med starimi. Najmlajše galaksije, tj. rojene prej, so najbolj oddaljene v skladu s širjenjem vesolja, ki se nadaljuje po začetnem ustvarjalnem aktu.

Danes teorijo velikega poka sprejema absolutna večina znanstvene skupnosti. Očitno pa ideja, da je začetni ustvarjalni trenutek izviral iz božje volje, ni sprejeta.

Slika 27- Niels Bohr, danski fizik, začetnik kopenhagenske šole. V letih po 1920 je izpopolnil klasični model atoma in leta 1922 prejel Nobelovo nagrado.

Klasična predstavitev atoma.

Atom (iz grščine àtomos, nedeljiv) je osnovna struktura snovi; vsa snov je sestavljena iz elementarnih enot, imenovanih atomi. To velja za snovi v trdnem, tekočem in plinastem stanju. Treba je opozoriti, da je to trditev težko povezati s stanjem plazme, kjer posebej visoke vrednosti tlaka in temperature preprečujejo nastanek atomov. Atom je veljal za najmanjšo in nedeljivo enoto snovi, dokler leta 1897 Joseph Thompson ni oznanil odkritja elektrona in dokazal, da je atom dejansko deljiv.

Danes vemo, da pri površinski delitvi atome sestavljajo subatomski elementi, kot so protoni (s pozitivnim nabojem), nevtroni (nenabiti) in elektroni. Elektroni imajo negativen naboj. Atomi tvorijo molekule z združevanjem na višjih ravneh.

Zadnji klasični model zgradbe atoma je tisti, ki ga je leta 1913 izdelal Niels Bohr in še vedno velja brez bistvenih sprememb.

Po tem modelu je atom sestavljen iz jedra, okoli katerega se vrtijo elektroni. Jedro je sestavljeno iz dveh vrst delcev, protonov in nevtronov. Protoni imajo pozitiven električni naboj, nevtroni pa nevtralni električni naboj. Po drugi strani pa imajo elektroni negativen električni naboj in se gibljejo v zunanjem prostoru, ki obdaja jedro, tako da uravnotežijo svojo privlačnost z rotacijsko energijo, tako kot vrtenje Lune uravnoteži privlačnost Zemlje. Na splošno je atom električno nevtralen, saj je število protonov (atomsko število) in število elektronov enako. V naravi se atomi med seboj razlikujejo po številu protonov, ki so prisotni v jedru: vsoto protonov in nevtronov imenujemo masno število.

Trenutno je preučevanje atomskega jedra in njegovih komponent povezano z razvojem fizike delcev. V zadnjih letih je bilo mogoče natančneje opredeliti strukturo atomskega jedra, zlasti s poskusi, ki so jih izvajali v pospeševalnikih delcev. V skladu s standardnim modelom delcev so protoni in nevtroni sami sestavljeni iz kvarkov.

Da bi dobili predstavo o velikosti atoma, so lahko koristne te primerjave:

- premer človeškega lasu ustreza približno enemu milijonu zaporednih atomov ogljika;
- če bi pomaranča postala velika kot planet Zemlja (približno 12.700 km v premeru), bi bili njeni atomi približno tako veliki kot prvotna pomaranča (približno 10 cm v premeru).

Pomembno je tudi omeniti, da je atom v bistvu prazen. Pravzaprav, če bi imelo jedro atoma premer 3-4 milimetre, bi se njegov najbolj zunanji elektron vrtel na razdalji približno sto metrov.

Pravkar izpostavljena statična predstavitev atoma je veljavna delovna hipoteza, vendar kvantna fizika dokazuje, da je na subatomski ravni več verjetnosti kot gotovosti. Zagotovo je bilo zanikano prepričanje, da so delci "majhni koščki trdne snovi", četudi zelo majhni.

Kvantna fizika.

Kvantna fizika je teorija, ki opisuje obnašanje snovi in sevanja ter njune medsebojne interakcije v zelo majhnih dolžinskih ali energijskih lestvicah atomov.

Ob koncu devetnajstega stoletja se je izkazalo, da klasična fizika ne more opisati obnašanja snovi in elektromagnetnega sevanja na mikroskopski ravni, tj. pri dimenzijah, ki so enake ali manjše od dimenzij atoma. Podobno klasična fizika ni uspela opisati obnašanja energij, povezanih z notranjimi vezmi atomov. Zato je v začetku leta 1900 postalo očitno, da je potrebno rojstvo nove fizike, popolnoma drugačne od klasične, ki se je razvila do tedaj.

Tako se je rodila kvantna teorija, imenovana tudi kvantna fizika ali kvantna mehanika. To vejo fizike je prvotno uvedel Max Planck in temelji na dejstvu, da se nekatere količine na mikroskopski ravni, kot je energija ali "kotni moment", ne morejo spreminjati linearno, temveč samo z diskretnimi vrednostmi, imenovanimi "kvanti".

Poleg delcev, ki sestavljajo glavne sestavine atoma, to so protoni, nevtroni in elektroni, je še veliko drugih in skoraj bi lahko rekli, da vsak dan odkrivamo nove. Delec, ki nas še posebej zanima, je foton, to je »kvant svetlobe«. Foton je delec, zaradi katerega so zvezde svetle in sonce sije.

Koncept "koliko" je precej radoveden in so ga znanstveniki 19. in 20. stoletja komaj sprejeli.

Na naši makroskopski ravni se zdi naravno, da lahko vse količine prevzamejo zvezne vrednosti. Na primer, poleg kilogramov upoštevamo tudi druge vrednosti teže, kot sta kvintal in tona. Upoštevamo tudi hektogram, gram, miligram in tako naprej, tako da postane naravno, da lahko predmet tehta na primer 7 kilogramov in 356 gramov, torej 7365 gramov.

Po drugi strani pa kvantna mehanika predvideva, da lahko različne količine prevzamejo samo določen niz vrednosti, večkratnike temeljne vrednosti, ki je ni mogoče razčleniti. Ta vrednost se imenuje "kvant snovi ali energije".

Predstavljajte si supermarket, kjer lahko kupite razsuto sadje ali stogramske "pakete" kave. V voziček boste brez težav zložili 1.365 kilogramov jabolk, namesto tega pa lahko pri kavi kupite le 100 ali 200 ali 300 gramov, odvisno od števila zavojčkov, ki jih položite v voziček. Svet delcev napoveduje, da energija in materija nista na voljo v želeni količini, temveč le v obliki »paketov«. Ti "paketi" se imenujejo "quanti".

Zato v svetu delcev energije in materije ni mogoče zmanjšati na vrednosti, nižje od "kvantne". To pomeni, da so na voljo le v osnovni vrednosti ali kot večkratniki osnovne vrednosti. Kot je lahko razumljivo, ima "koliko" izjemno nizko vrednost.

Vse v vesolju je sestavljeno iz kvantov, tudi knjiga, ki jo berete. Razlog, zakaj njegove »zrnatosti« ne občutite na dotik, je v tem, da so kvanti tako majhni, da jih naša čutila ne zaznajo, tako kot ne zaznavamo razločno posameznih atomov ali celo posameznih molekul.

Eden od prvih preučevanih primerov je kvantizacija energije: na primer, elektroni atoma imajo lahko samo določene vrednosti energije; zato se lahko vrtijo okoli jedra le po določenih orbitah. Podobno so fotoni kvanti elektromagnetnega polja: so nedeljivi paketi svetlobe.

Slika 28 - Albert Einstein, verjetno najbolj znan fizik in matematik našega časa. Izpodbijal je kvantne teorije Nielsa Bohra in københavnske šole tako, da je zasnoval eksperiment EPR, da bi pokazal njihovo nedoslednost. Poznejši razvoj raziskav je namesto tega pripeljal do njihove potrditve.

Kvantizirani atom.

Pojem "kvant" je zelo pomemben za delovanje materije v skrajno majhnem, torej v atomih, a posledično tudi v celotnem vesolju. Za boljše razumevanje lahko predlagam podobnost z nekaterimi napravami, ki se običajno uporabljajo v vsakdanjem življenju. Na primer, predstavljajmo si tradicionalni plinski štedilnik, opremljen z gorilniki, razporejenimi na zgornji kuhalni površini, in vgradno pečico. Kuhinjske kontrole so poravnane na sprednji plošči in so sestavljene iz nastavljivih gumbov, ki vam omogočajo pošiljanje plina do ustreznih gorilnikov.

Večino gumbov je mogoče vrteti linearno od leve proti desni. Gumb zapre dovod plina, ko je obrnjen do konca v levo. Z obračanjem gumba v desno se plin pošilja v gorilnik v naraščajočih količinah, dokler ne doseže "meje", to je maksimalne dovoljene količine. Sklepamo, da gumb omogoča linearno (ali zvezno) povečevanje količine plina.

Eden od gumbov, še posebej gumb za pečico, pa deluje drugače. Ta gumb se ne more vrteti neprekinjeno, ampak le sunkovito. Na ta način omogoča pretok plina v količinah, ki jih je določil proizvajalec in so primerne za pridobitev količine toplote, ki se prikaže ob vsakem kliku na gumb. Te stalne vrednosti so izražene v stopinjah Celzija, na primer 120 °C, 180 °C, 270 °C ali podobne vrednosti. V tem primeru plin ne more naraščati zvezno, ampak na "diskreten" način, torej samo za fiksne in določene količine.

Če smo natančni, moramo priznati, da tudi ostali gumbi delujejo »diskretno«, ne zvezno. Težava je v tem, da so variacije med eno točko in drugo tako majhne, da nam dajejo vtis linearnega naraščanja ali zmanjševanja. Preprosto povedano, naši čuti ne zaznajo klikov variacij, ker so premajhni.

Na srednjem nivoju razsežnosti materije, torej na nivoju, kjer delujejo naši čuti, se nam zdi, da vse linearno narašča (ali pada). Širjenje svetlobe ob zori ali mraku, zvok avtomobila, ki se približuje ali oddaljuje, muha, ki brenči okoli nas. O tej mušici bi rekli vse, zagotovo pa ne bi rekli, da leti v zraku v sunkih.

To nam spet daje mero prevare naših čutov. V resnici se nič ne premika linearno, ampak se premika diskretno, to je s sunki ali količinami energije, imenovanimi "kvanti".

Razlika med našo makroskopsko ravnjo in mikroskopsko ravnjo delcev je v tem, da gibanja in energije približamo tako, da jih obravnavamo kot linearne.

Praktično lahko po konvenciji, ki se uporablja v fiziki, materialno telo na makroskopski ravni preučujemo kot telo v neprekinjenem gibanju. Pravzaprav zaradi kohezije in soodvisnosti med delci izgine kakršna koli oblika "zrnatosti".

Namesto tega v neskončno majhnem ni več mogoče prezreti te značilnosti, ker so dimenzije subatomskih teles občutljive na kvantno zrnatost.

Skratka, v kvantni mehaniki je kvant (iz latinskega "quantum", kar pomeni količina) diskretna in nedeljiva količina. Kvantno mehaniko so začeli predvsem Niels Bohr, Louis-Victor de Broglie, Paul Dirac, Albert Einstein, Enrico Fermi, Wolfgang Pauli, Erwin Schrödinger, Richard Feynman in Werner Heisenberg.

Intuicija kvantizacije materije se je rodila leta 1900 iz dela Maxa Plancka, ki je sprejel to konvencijo, da bi potrdil svojo teorijo v zvezi z elektromagnetnim sevanjem črnega telesa. V praksi je Planck ugotovil, da bi njegova hipoteza o črnem telesu delovala samo v prisotnosti kvantizirane energije. Vendar pa je bil Planck zelo nenaklonjen temu, da bi to možnost obravnaval kot resnično. Čeprav je najprej teoretiziral to resničnost, je vedno okleval, da bi jo imel za veljavno.

To fizično resničnost so šele kasneje potrdili drugi učenjaki, ki so določili vrednost kvanta energije. Ta vrednost se je imenovala Planckova konstanta, ker je znanstvena skupnost pošteno želela priznati delo tistega, ki jo je prvi zaznal in uporabil.

Planckova konštanta, čiže veľkosť „kvanta", sa označuje písmenom h a je $6{,}6\times10^{-34}$Js, teda nepredstaviteľne malá hodnota.

Hypotéza zrnitej štruktúry mechanickej energie našla úplné a definitívne potvrdenie v teórii špecifického tepla pevných látok, ktorú v roku 1907 sformuloval Einstein

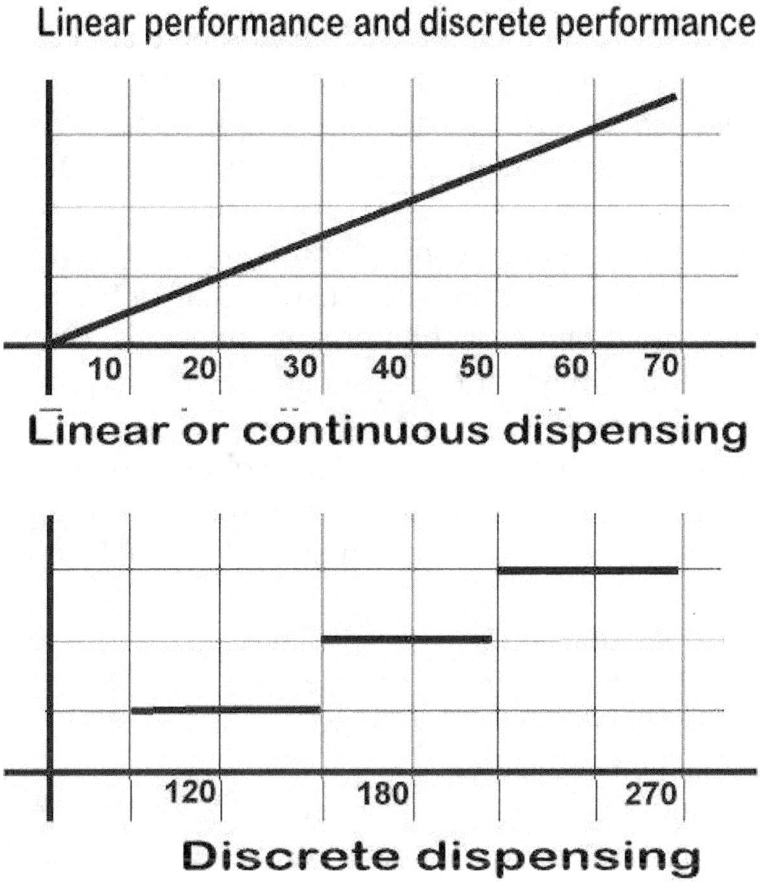

Obrázok 29
A - Lineárny trend a diskrétny trend.
1 Lineárne alebo nepretržité podávanie.
2 Dodávka s diskrétnymi hodnotami
- Lineárny trend predpokladá (takmer) nekonečný počet medziúrovní. Na druhej strane diskrétny trend počíta len s niekoľkými plánovanými nárastmi.

"Kvantový skok elektrónu".

Ak sa opäť odvoláme na tradičné znázornenie atómu, t. j. jadro obklopené elektrónmi, ktoré okolo neho rotujú, môžeme ísť ešte o krok ďalej, aby sme pochopili aspekt spojený s jeho fungovaním, ktorý sa nazýva „kvantový skok".

V prvom rade si treba uvedomiť, že elektróny nemôžu rotovať v anarchickom režime, ale musia spĺňať určité pravidlá. Prvým pravidlom je Pauliho princíp vylúčenia, ktorý sa vzťahuje na „fermióny", triedu častíc, ktorá zahŕňa protóny, neutróny a elektróny.

Tento princíp vychádza z konceptu, že okolo atómu je len niekoľko „povolených zón" a že dva rovnaké fermióny nemôžu súčasne zaberať rovnakú zónu (alebo kvantový stav).

Obežnú dráhu teda môžu obsadiť maximálne dva elektróny za predpokladu, že majú opačné „spiny".

Druhou podmienkou je, že každá dráha nemôže byť náhodne vzdialená od jadra.

Podľa atómového modelu, ktorý navrhol Niels Bohr, elektrón rotuje okolo jadra po kruhovej dráhe; každý elektrón, ktorý má záporný náboj, zodpovedá veľmi presnej dráhe, pretože sa musí pohybovať rýchlosťou dostatočnou na to, aby pôsobil proti príťažlivej elektrickej sile, ktorou naň jadro, kladne nabité, pôsobí. Rotácia bráni nasatiu elektrónov do jadra, ale musí nastať s energiou úmernou ich vzdialenosti.

Čím ďalej je elektrón od svojho jadra, tým viac energie potrebuje. Ale musí to byť dobre vyvážená energia. Správne množstvo energie musí zabrániť pádu elektrónu do jadra alebo naopak vymršteniu mimo zónu vplyvu atómu.

Keďže vieme, že energia na úrovni elektrónov sa meria v kvantách, tak dráhy môžu byť len vo vzdialenosti kvanta, alebo násobkov kvanta.

Žiadny elektrón sa nikdy nebude otáčať na obežnej dráhe, ktorá si vyžaduje inú energetickú hodnotu ako kvantum alebo jeho násobok.

Preto medzi elektrónom, ktorý rotuje na vnútornej dráhe (nazvime ho E-Inner) a iným, ktorý rotuje na vonkajšej dráhe (nazvime to E-External), existuje energetický rozdiel: E-External potrebuje viac energie ako E -vnútorné.

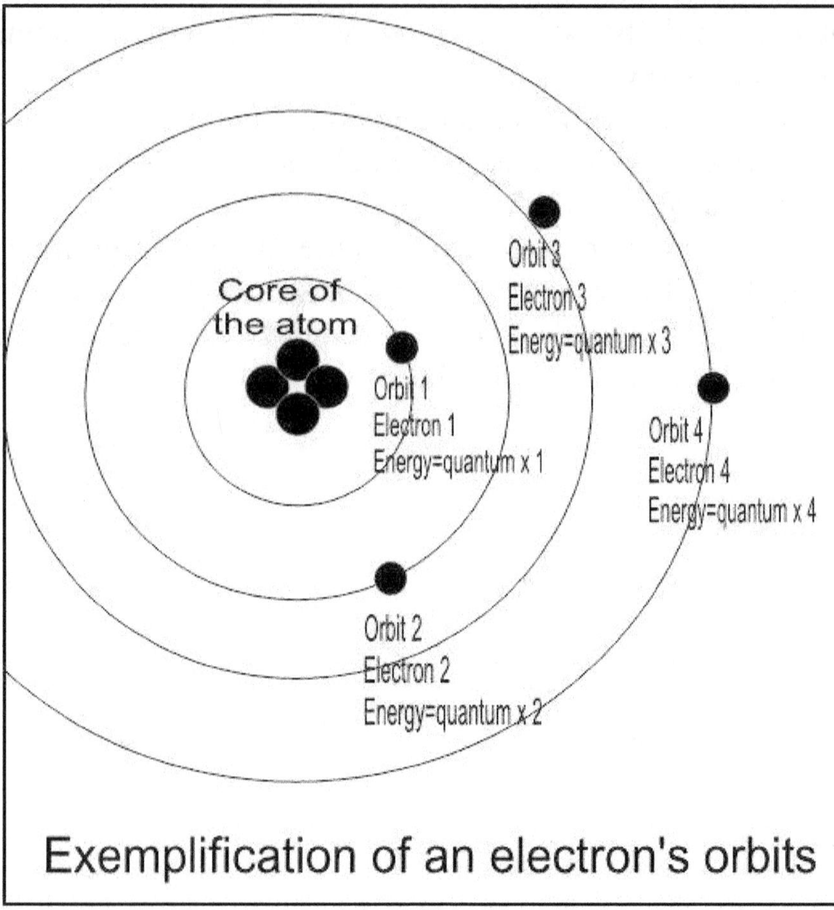

Obrázok 30 - Príklad znázornenia atómu so štyrmi elektrónmi a štyrmi protónmi. Každý elektrón rotuje po odlišnej obežnej dráhe a má množstvo energie, ktoré možno merať v kvantách.

1 Elektrón na dráhe 1 má 1 kvantum energie.

2 Elektrón na obežnej dráhe 2 má 2 kvantá energie.

3 Elektrón na obežnej dráhe 3 má 3 kvantá energie.

4 Elektrón na dráhe 4 má 4 kvantá energie.

5 Jadro atómu.

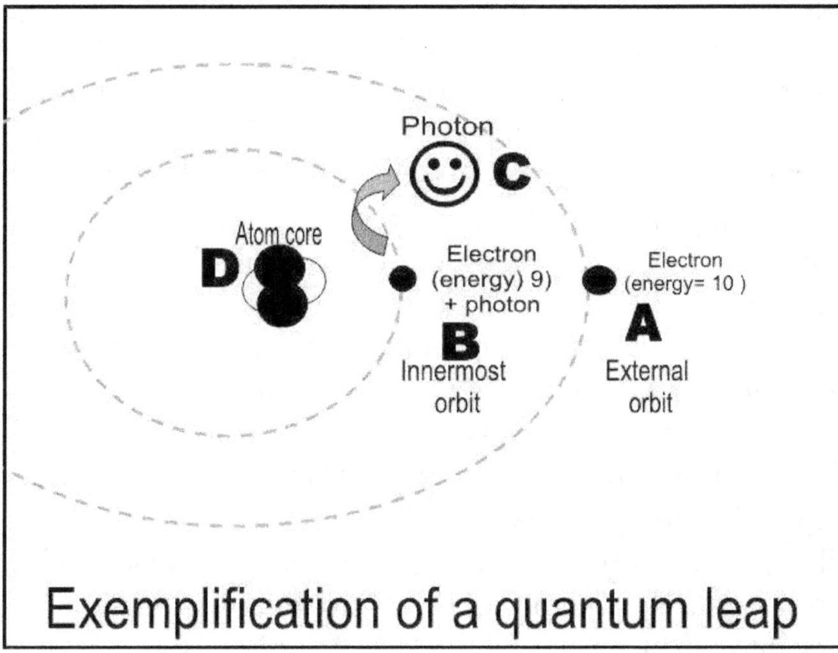

Obrázok 31 - Príklad kvantového skoku.

A. Elektrón A umiestnený na vonkajšej dráhe má energiu desať kvánt.

B. Elektrón preskočí na vnútornú dráhu. Tu potrebuje menej energie (9 kvánt), takže uvoľňuje kvantá.

C. Uvoľnené kvantum sa stáva fotónom.

D. Jadro atómu.

Ako príklad môžeme povedať, že ak vnútorný elektrón potrebuje jedno kvantum energie, vonkajší elektrón potrebuje dve, aby sa udržal na svojej obežnej dráhe. Nemôžu existovať obežné dráhy, ktoré vyžadujú kvantum a pol, pretože kvantum je najmenšia možná veľkosť.

Uprostred toľkého poriadku musíme vziať do úvahy, že elektróny sú dosť neposlušné a niekedy, z dôvodov, ktoré poznajú len oni, radi preskočia z vonkajšej na vnútornú dráhu. Ak by teda elektrón, ktorý má dve kvantá energie, chcel skočiť na vnútornú dráhu (čo by si vyžadovalo iba jedno kvantá energie), musel by sa vzdať jedného zo svojich kvánt. Čo sa stane s touto uvoľnenou energiou? Táto energia má formu fotónu; toto sa deje, keď elektrón vykonáva to, čo sa nazýva "kvantový skok"

Slika 31 predstavlja "kvantni preskok". V točki A ima elektron, postavljen na poljubno orbito, energijo enako desetim kvantom (primerna vrednost). V točki B je elektron skočil na notranjo orbito. Zdaj je potrebna energija enaka devetim kvantom. Kvant, ki ni več potreben, je bil prenesen v obliki fotona: to pomeni, da je postal kvant svetlobe.

Kot bomo videli kasneje, so fiziki izkoristili to lastnost s spodbujanjem elektronov, da naredijo kvantni dvojni skok, da proizvedejo fotone dvojčke ali korelirane fotone; preučevanje njihovega vedenja je privedlo do odkritja pojava, imenovanega kvantna prepletenost..

Dualizem "val-delec".

Temeljna značilnost kvantne fizike je, da lahko predstavi sevanje ali snov tako v obliki valovnega pojava kot v obliki entitete delca. To je v nasprotju s klasično fiziko, kjer je na primer svetloba opisana izključno kot valovanje, elektron pa izključno kot delec.

Ta popolnoma nepričakovana lastnost se imenuje "valovna dvojnost delcev". Vzrok za neuspeh vseh prej razvitih klasičnih teorij o delovanju atoma je izhajal iz nepoznavanja te lastnosti. .

Ključna značilnost kvantne fizike je načelo komplementarnosti, po katerem obeh vidikov, valovanja in delcev, med istim poskusom ni mogoče opazovati hkrati. Ta koncept je bil formaliziran v Heisenbergovem načelu negotovosti. Heisenberg ugotavlja, da ni mogoče hkrati in z izjemno natančnostjo meriti lastnosti, ki določajo stanje osnovnega delca. Če bi na primer lahko določili njegov položaj z absolutno natančnostjo, bi imeli največjo negotovost glede njegove hitrosti.

Pojav kvantne fizike je povzročil zmedo in nemir v znanstveni skupnosti, ki je videla temelje svojega pojmovanja sveta pod vprašajem in revolucijo.

Einstein sam, ko se je zavedel nove realnosti kvantne fizike, jo je označil za "zlovešče dejanje na daljavo".

Kot je navedeno v knjigi "Albert Einstein, znanstvenik in filozof", je Einstein v svoj dnevnik zapisal naslednje:

> »Vsi moji poskusi, da bi prilagodil teoretične temelje fizike tem predpostavkam, so bili neuspešni. Bilo je, kot da smo izgubili tla pod nogami in nikjer ni bilo videti neke trdne točke, na kateri bi lahko gradili.”

Odkritja kvantne fizike so zahtevala ponovni pregled temeljnih pojmov, kot so materija, čas, prostor ter vzročno-posledična razmerja, ki so bistveni za razumevanje sveta, kot ga dojemamo. Zagotovo je potreba po njihovem spreminjanju povzročila globoke kulturne krize v znanstveni skupnosti. Še danes ni mogoče v celoti opredeliti, kakšna je natančna vizija fizične realnosti, če ne tako, da jo preučimo ločeno na različnih ravneh: ravni srednjih dimenzij, torej naši občutljivi ravni, in ravni subatomskih dimenzij.

Znanstveni eksperiment z dvojno režo.

Dosežki sodobne fizike so izzvali pomembna sprememba naše znanstvene podobe sveta: zamajali so absolutno veljavo naravnih zakonov in jo spremenili v relativno veljavo. Naravne zakonitosti so statistične resnice, torej tako rekoč v celoti veljajo le pri obravnavi makrofizikalnih veličin. Po drugi strani pa v sferi minimalnih magnitud napovedovanje, kaj se bo zgodilo, postane negotovo in nemogoče, saj se zelo majhne magnitude ne obnašajo več skladno z naravnimi zakoni, za katere menimo, da veljajo.

(Carl Gustav Jung)

Eden najbolj znanih eksperimentov v kvantni fiziki (verjetno najbolj znan doslej) nam bo pomagal bolje razumeti naravo osnovnih delcev. Poskus utemeljuje svoj pomen z njegovim starodavnim izvorom. Dejansko je prvo različico tega eksperimenta pred več kot dvema stoletjema, leta 1801, izvedel Thomas Young. Pozneje je poskus ohranil svoje dostojanstvo, zaradi česar je postal aktualen v številnih poznejših ponovnih predlogih. Seveda je bil poskus posodobljen, saj je tehnologija omogočila novejšo različico. Trenutno predstavlja enega glavnih ključev za razumevanje kvantne fizike in sorodnih pojavov, vključno s prepletanjem. Zato bom poskušal ilustrirati ta poskus, da bi ga zlahka razumel nestrokovni bralec. Pri tem se bom izogibal matematičnim formulam.

Eksperiment konceptualno ni zapleten in navedel bom primer, za katerega verjamem, da bo razumljiv. Predstavljajmo si, da smo spet fantje. Kdor je kot deček užival v metanju kamnov v tarče vseh vrst ali pa jih je metal v vodo, da bi videl tipične koncentrične kroge.

Dvignite roko, kdor še nikoli ni vrgel kamna. Kdor je že metal kamne, naj se pripravi, da bo še več metal, tudi če ni več mlad.

Igra je sestavljena iz tega, da pred seboj postavimo trdno pregrado, v katero bomo naredili luknjo ali režo. Razpoka je dovolj velika, da lahko skozi njo preide kamen, vržen v njeno smer. Tik za pregrado položimo zelo tanko pločevino. V tem primeru, ko gre kamen skozi luknjo, zadene pločevino in jo udrti, pri čemer ostane sled udarca.

Slika 32 Thomas Young (Milverton, 13. junij 1773 - London, 10. maj 1829) je bil britanski znanstvenik, znan po svojih raziskavah svetlobe in mehanike trdnih snovi ter po svojih prispevkih k fiziologiji in egiptologiji.

Slika 33. Werner Karl Heisenberg (Würzburg, 5. december 1901 - München, 1. februar 1976) je bil nemški fizik. Bil je eden glavnih arhitektov kvantne mehanike, znan po tem, da je leta 1927 razložil načelo negotovosti. Leta 1932 je prejel Nobelovo nagrado za fiziko.

Na tej točki lahko izvedemo poskus, kot je prikazano na sliki 34. Stojmo nekaj metrov stran in vrzimo toliko kamnov, kolikor želimo, da jih spravimo skozi režo. Upoštevali bomo samo kamne, ki gredo skozi razpoko in zadenejo sprejemni zaslon, zanemarili pa bomo tiste, ki zgrešijo in jih pregrada zavrne.

Vsak kamen, ki zadene zaslon sprejemnika, povzroči eno samo vdrtino (slika 34-1).

Če odpremo drugo režo v pregradi (slika 34-2), bodo uspešni izstrelitvi šli skozi eno ali drugo režo in povzročili vdolbine na zaslonu sprejemnika v skladu s prekrižano režo.

Če povzamemo, v tem delu poskusa lahko razumemo, da so oviro prečkali posamezni trdni projektili preprosto z opazovanjem vdolbin, ki so nastale na zaslonu sprejemnika. Zdaj lahko nadaljujemo z drugim delom našega poskusa. Napravo, to je pregrado z režo in zaslon sprejemnika, bomo potopili v posodo z vodo, tako da bo reža napol potopljena, kot na sliki 35.

Tokrat svojega kamna ne bomo vrgli direktno v razpoko, ampak v vodo nekaj daleč pred pregrado. Kamen bo proizvedel značilne kroge vode, ki jih vsi poznamo. Ti krogi se bodo širili proti pregradi, prečkali režo in se ponovno pojavili na nasprotni strani ter tvorili nove valove širjenja, ki jih bo blokiral sprejemni zaslon.

Zdaj pa si predstavljajmo, da odpremo drugo režo in vržemo nov kamen, kot na sliki 35.

Krog vode, ki ga ustvari en sam kamen in se širi pred pregrado, bo prečkal obe razpoki. Vodni krog, ki se pojavi na zadnji strani pregrade z dvema luknjama, ustvari dva nova vodna kroga. Ti krogi, ki se še širijo, interferirajo drug z drugim in se seštevajo.

Iz do sedaj povedanega lahko potegnemo nekaj preprostih zaključkov:

- Če izstreljujemo izstrelke proti dvorežni pregradi, gredo izstrelki skozi eno ali drugo režo. To lahko preverimo tako, da pogledamo vdolbine na zaslonu sprejemnika.
- Če vržemo kamen v vodo proti pregradi z dvema režama, ustvarimo skupino vodnih krogov. Ti krogi gredo skozi obe razpoki in ustvarijo dva nova sklopa vodnih krogov na zadnji strani pregrade. Ti dve skupini se bosta združili in ustvarili interferenčni vzorec.

Tako smo videli razliko med metanjem kamna in metanjem vala: metanje kamna povzroči udrtino, medtem ko namesto tega metanje širjenja valov povzroči interferenčne vzorce.

Ko je znanost želela razumeti, ali je svetloba sestavljena iz delcev ali valov, si je nekdo zamislil, da bi v napravo, kot je pravkar opisana, metal "bliske svetlobe". Poskus je želel preveriti, kakšni učinki bodo nastali na zaslonu sprejemnika, "udrtine" ali "motnje".

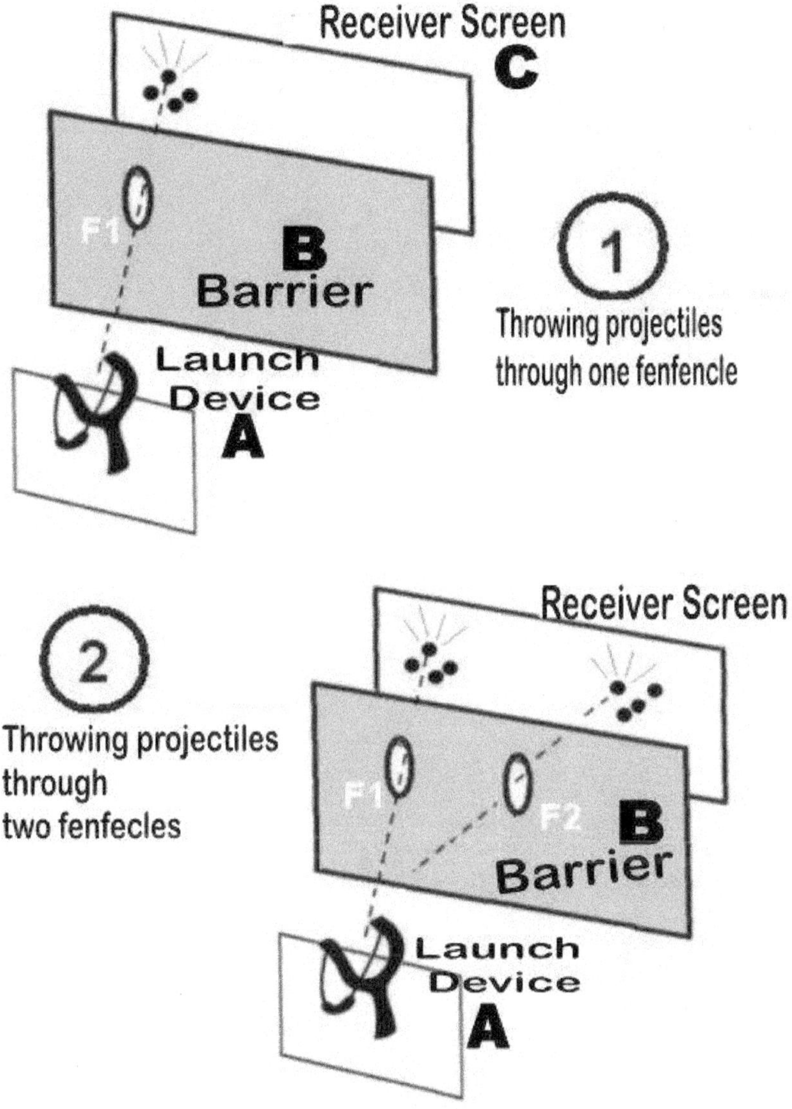
Receiver Screen
C
F1
B
Barrier
1
Throwing projectiles through one fenfencle
Launch Device
A
Receiver Screen
2
Throwing projectiles through two fenfecles
F1
F2
B
Barrier
Launch Device
A

Slika 34 - Simulacija eksperimenta z dvojno režo. 1) Metanje izstrelkov skozi razpoko. 2) Metanje projektilov skozi dve reži.

1) Foton gre skozi pregrado z režo.

A. Zaganjalnik fotonov

B. Pregrada ima samo eno odprtino

C. Zadnja nadzorna plošča.

2) Foton gre skozi pregrado z dvema režama.

A. Zaganjalnik fotonov

B. Jez ima dve odprtini.

C. Zadnja nadzorna plošča.

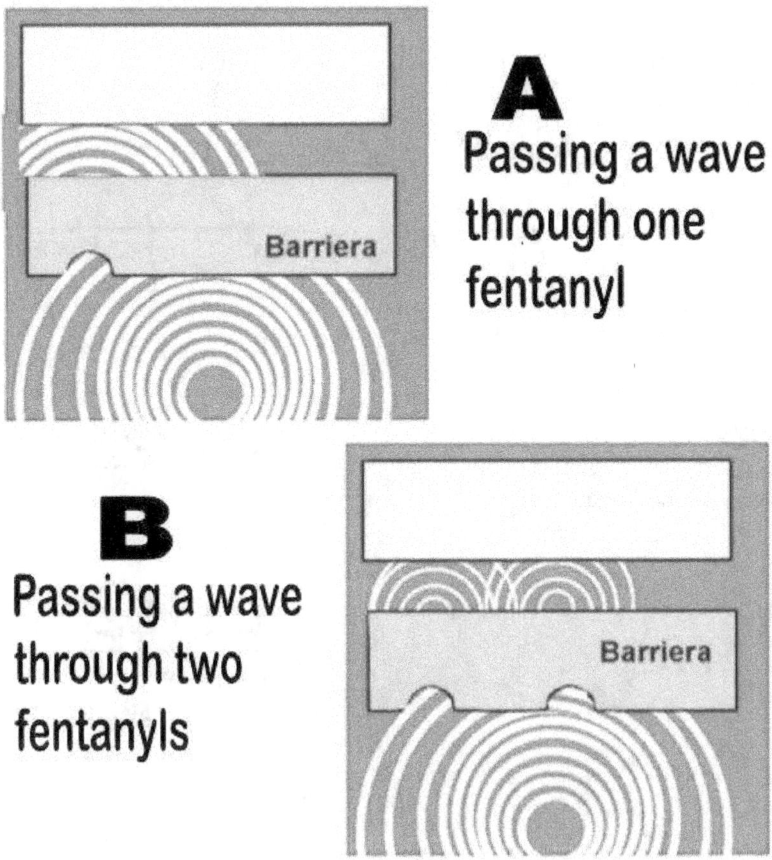

Slika 35 – Pri prehodu skozi dve reži val ustvari dva polvala, ki se, ko se križata, seštejeta.

A) Prehod vodnega vala skozi eno samo odprtino.

B) Učinek superpozicije, ki se pojavi, ko val prečka dve reži.

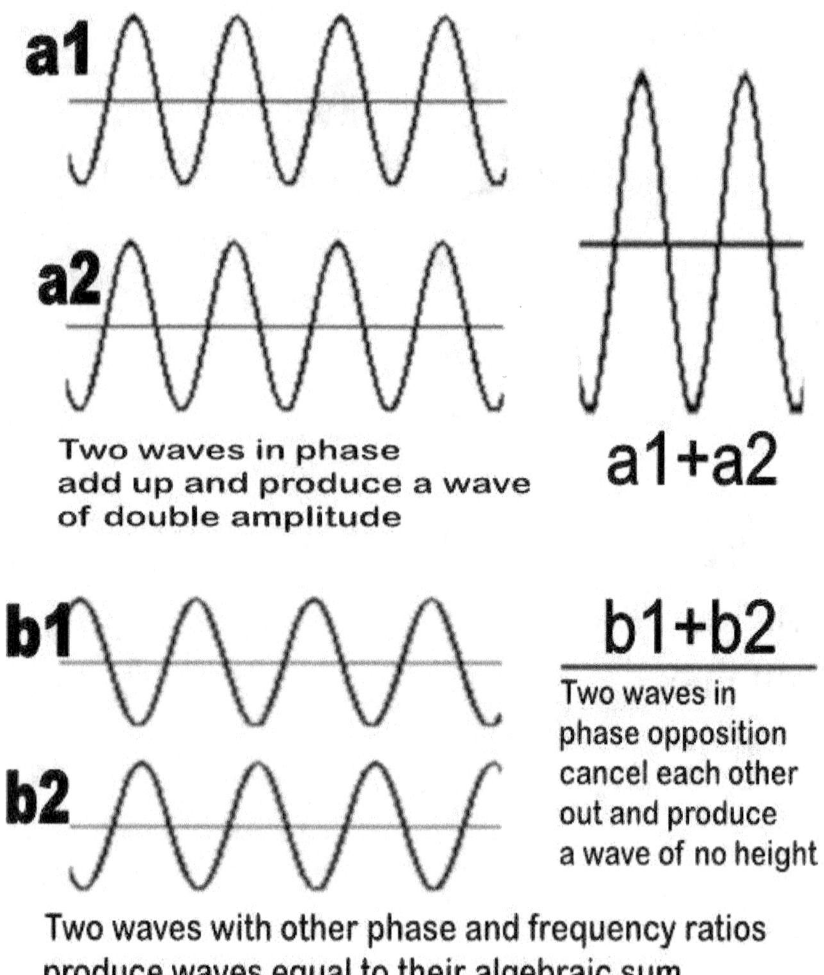
a1
a2
Two waves in phase
add up and produce a wave
of double amplitude
a1+a2
b1
b2
b1+b2
Two waves in
phase opposition
cancel each other
out and produce
a wave of no height
Two waves with other phase and frequency ratios
produce waves equal to their algebraic sum

Slika 36 - Vsota valov z različnimi amplitudami, frekvencami in fazami

A) Oba vala a1-a2 sta v fazi. Njuni amplitudi se seštejeta in ustvarita val a1+a2 dvojne amplitude.

B) Oba vala b1-b2 sta v fazni opoziciji. Njihove amplitude se seštejejo in povzročijo negativen rezultat, val b1+b2 z ničelno amplitudo.

Če dva vala nista natančno v fazi ali v fazni opoziciji, proizvedeta val, ki je enak njuni algebrski vsoti.

Thomas Young

Thomas Young je bil britanski znanstvenik, znan po svojih raziskavah svetlobe in mehanike trdnih teles, pa tudi po svojih prispevkih k egiptologiji. Rodil se je 13. junija 1773 v Milvertonu in leta 1829 umrl v Londonu.

Bil je prvi od desetih bratov in sester v družini kvekerjev. Opisujejo ga kot čudežnega otroka in to je zagotovo tudi bil. Res je, pri dveh letih je že znal brati. Pri šestih letih je že obvladal latinščino in dvakrat prebral celotno Sveto pismo. Kmalu se je naučil še drugih jezikov in pri štirinajstih je znal poleg grščine, francoščine, italijanščine in hebrejščine še številne vzhodnjaške jezike, kot so kaldejski, sirski, samaritanski, arabski, perzijski in turški.

Young je leta 1796 diplomiral iz fizike v Göttingenu, leta 1799 pa je začel delati kot zdravnik v ordinaciji na ulici Welbeck v Londonu. Na to sodelovanje še danes spominja plošča na vratih. Medtem je svoje znanstvene spise objavljal anonimno, ker se je bal posledic za svoj ugled zdravnika.

Leta 1802 se je Young pridružil Svetu Kraljeve družbe, katerega član je bil od leta 1794.

V fiziki je Young znan po svojih delih na področju optike, saj je bil avtor raziskav o dualnosti val-delec. Youngu gre pripisati tudi odkritje pojava interference v svetlobi. Pravzaprav je leta 1801 zasnoval eksperiment z dvojno režo.

Diatriba o naravi svetlobe se je začela z Newtonom, ki je verjel, da je po naravi korpuskularna.Kasneje je bila ta hipoteza izpodbijana, tako da je Young leta 1801 zasnoval in izvedel svoj slavni poskus.

Young je poslal žarke svetlobe proti pregradi, v kateri sta bili izvrtani dve luknji. Na zaslonu sprejemnika, postavljenem onkraj pregrade, je dobil interferenčni vzorec. Tako je

Young ugotovil, da so pregrado prečkali valovi in ne delci, in potrdil valovno naravo svetlobe. Toda ali je svetloba res val?

Razvoj eksperimenta z dvojno režo.

Na začetku dvajsetega stoletja so se začeli pojavljati dvomi, ki so jih vnesle Planckove študije o črnih telesih in nekateri vidiki, ki jih je izpostavil Einstein v zvezi z obnašanjem fotona, ki je bil videti zelo podoben delcu, če bi ga preučevali v fotoelektričnem učinku. .

Leta 1916 je Američan Robert Millikan postavil hipotezo o obstoju fotona kot delca, kar je pozneje potrdilo odkritje Comptonovega učinka leta 1922.

To je povzročilo velik problem v fiziki, saj se je zdelo, da ima svetloba skrivnostno dvojnost, zaradi katere se je v različnih poskusih različnih vrst pojavila kot valovanje ali kot delec.

Leta 1924 je francoski fizik in matematik Louis de Broglie oblikoval hipotezo, da imajo ne samo fotoni, ampak vsa materialna telesa, zlasti pa vsi delci, tudi značilne fizikalne lastnosti valovanja. Ta hipoteza je kmalu našla eksperimentalno potrditev in dala temeljni zagon razvoju kvantne mehanike. Eksperimentalni dokaz dualnosti val-delec sta leta 1927 pridobila Clinton Davisson in Lester Germer v Bell Laboratories v Murray Hillu v zvezni državi New Jersey v Združenih državah Amerike. Ti znanstveniki so izstrelili žarek elektronov na kristal niklja in opazovali uklonske vzorce. To je omogočilo uporabo žarkov delcev za izvajanje eksperimentov z dvorežnimi interferencami, tako kot je to storil Young.

Sodobna različica eksperimenta z dvojno režo

Eksperiment z dvojno režo je leta 1961 v sodobni obliki z uporabo elektronov prvič izvedel Claus Jönsson na Univerzi v Tübingenu, Baden-Württemberg v Nemčiji. Nato so ga leta 1974 na inštitutu LAMEL pri CNR v Bologni ponovili Pier Giorgio Merli iz LAMEL ter Gian Franco Missiroli in Giulio Pozzi, oba z Oddelka za fiziko Univerze v Bologni.

Inštitut LAMEL je razpolagal z najsodobnejšim mikroskopom Siemens Eliskop 101, ki je bil kalibriran in prilagojen za delovanje v interferenčnem elektronskem mikroskopu.

Mikroskop so uporabljali kot interferometer in kot vir elektronov, ki so enega za drugim prehajali skozi dvojno elektronsko prizmo in nato pošiljali proti fotografski plošči.

Kako poteka poskus, ki temelji na izstrelitvi enega samega fotona

Zdaj želimo podrobneje razmisliti o eksperimentu v njegovi klasični sodobni različici, ki temelji na uporabi posameznih fotonov ali kvantov svetlobe. Predstavljajmo si torej napravo, ki lahko izstreli posamezne fotone enega za drugim, pregrado z eno ali dvema režama in zaslonom za njo. Zadnji zaslon je sestavljen iz temne sobe, ki vsebuje fotografski film. Film bo »zaznamovan« s fotoni, ki bodo vanj zadeli, saj so fotoni nosilci svetlobe.

Naprava v konfiguraciji z eno režo je prikazana na sliki 37. Fotoni, ki jih pregrada zavrne, niso upoštevani. Fotoni, ki gredo skozi režo, označijo piko na fotografskem filmu, kar je jasen znak, da so se obnašali kot delci. Zaenkrat nič izjemnega; fotoni se obnašajo kot naši kamni in poskus nakazuje, da so fotoni delci.

Slika 38 prikazuje izstrelitev enega fotona proti pregradi z dvema režama. Vprašaj simbolizira vprašanje: skozi katero režo bo šel foton?

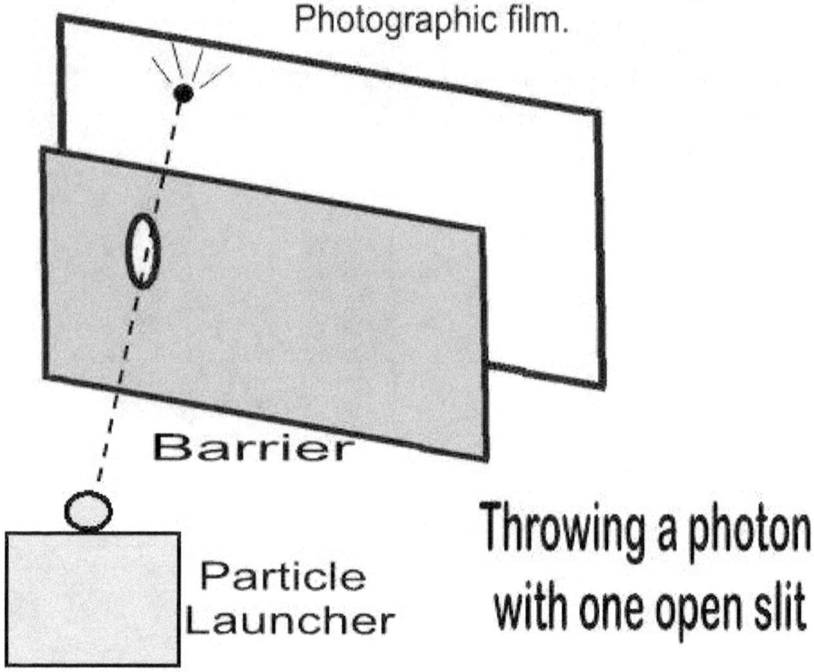

Slika 37 - Izstrelitev enega fotona proti pregradi z režo. Foton gre skozi režo in vpliva na točko na zadnji fotografski plošči. Tako se foton obnaša kot delec.

A) Izstreljevalec delcev..

B) Pregrada z eno režo.

C) Fotografski film, nameščen za pregrado.

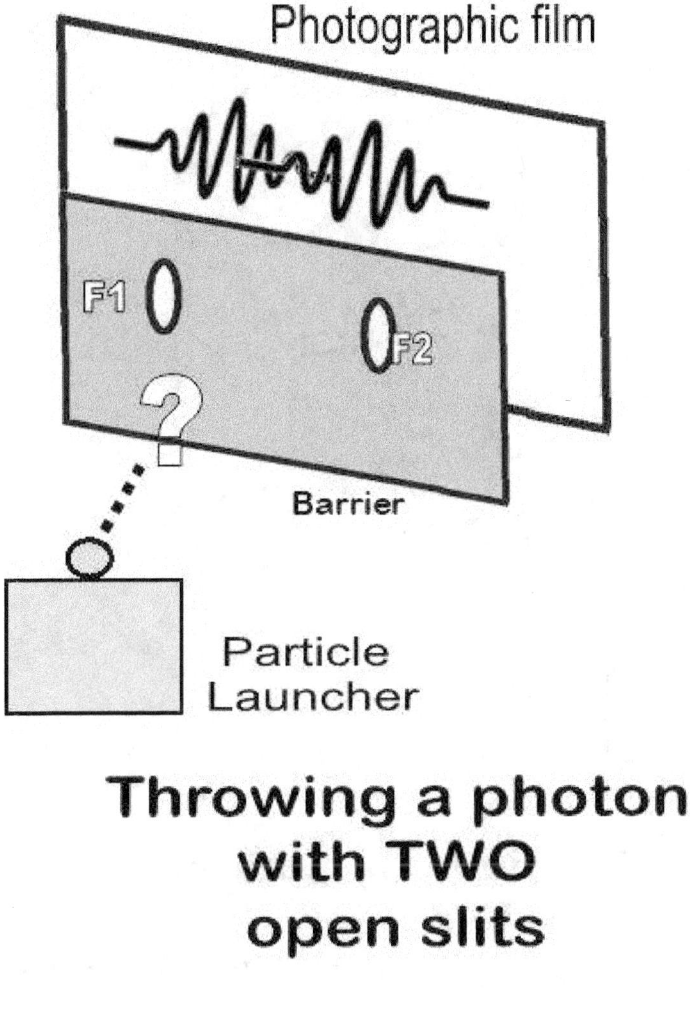

Slika 38 - Če bi en sam foton izstrelili proti pregradi z dvema režama, bi ta kot delec šel samo skozi eno, kot val pa skozi obe.
A) Naprava za metanje.
B) Zapora z dvema odprtinama.
C) fotografski film.

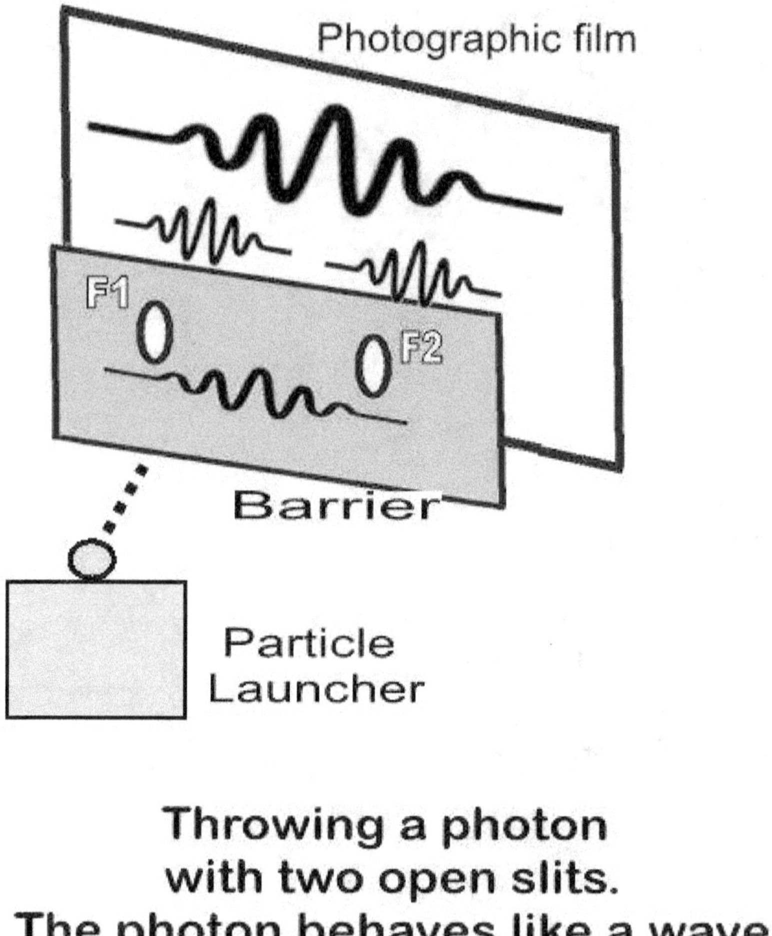

Slika 39 - Dejansko se foton, če je soočen z režo, obnaša kot delec. Namesto tega, če ima pred seboj dve reži, se obnaša kot val.

A) Zaganjalnik.

B) Pregrada z eno odprtino.

C) fotografski film.

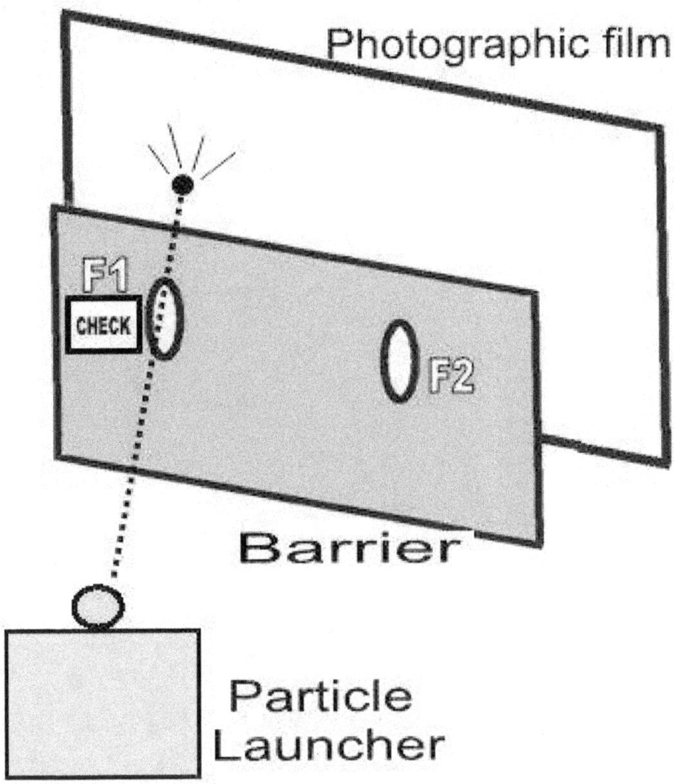

**Launch of a photon with CONTROL DEVICE.
The photon behaves like a particle**

Slika 40 - Če vržemo foton proti pregradi z dvema režama, od katerih je ena opremljena s krmilno napravo za preverjanje prehoda fotonov, potem naš foton izbere nadzorovano režo in se obnaša kot delec.

A) Naprava za metanje.

B) Pregrada z eno odprtino.

C) fotografski film.

CHECK) Preverjanje naprave.

Odgovor je jasno viden na sliki 39: en foton je šel skozi obe reži.

Pred eno režo se namreč foton obnaša kot delec, pred dvema režama pa kot val in ju prečka.

V prvem primeru povratno informacijo dajejo posamezne svetle pike, ki se pojavijo na fotografskem filmu. V drugem primeru se na tem pojavijo temne in svetle črte, tj. interferenčna številka, ki jo daje val, ki je prečkal obe reži in ustvaril dva izhodna vala. Onkraj pregrade se dva vala interferirata in se algebraično seštevata. Temne ali svetle vrstice predstavljajo rezultat (slika 39).

Prvi premislek, ki ga je mogoče upoštevati, je, da se fotoni (vendar ne samo, lastnost je skupna vsem osnovnim delcem) obnašajo, odvisno od primera, kot delci ali kot valovi. To se zdi našim orodjem. Očitno so delci hkrati delci in valovi.

To omogoča, da en sam foton preide skozi obe reži hkrati.

A presenečenj še ni konec. Predstavljajmo si, da se eksperimentator odloči preveriti, kako gre foton skozi obe reži.

Tako eksperimentator postavi instrument tik za eno od dveh rež. (slika 40).

No, v tem primeru, ko lahko prehod fotona nadzorujemo z instrumentom, se zgodi nekaj neverjetnega, skoraj kot da bi foton zavrnil sodelovanje. Čeprav sta odprti dve reži, gre foton samo skozi tisto, ki je opremljena z instrumentom, in pusti piko na zadnjem zaslonu. Če spremljamo obe reži, gre le skozi eno, medtem ko se še vedno obnaša kot delec. Toda če vzamete orodje ven, se spet obnaša kot val.

V bistvu foton izziva eksperimentatorja in mu pokaže, da je logično nerešljiva uganka.

Leon Max Lederman, ameriški fizik, piše v svoji knjigi "Kvantna fizika za pesnike" takole:

»Zdi se, da en sam elektron, kot po čarovniji, prečka dve reži hkrati, če ga nihče ne opazi, namesto tega pa izbere možno pot, če ga nekdo ali nekaj pogleda! To je mogoče, ker elektroni niso niti delci niti valovi: so nekaj drugega, popolnoma novega. Delci so "kvantna stanja".

Treba je povedati, da so poskuse, sprva omejene na osnovne delce, nato izvajali tudi na kompleksnih telesih. Na Univerzi na Dunaju so Anton Zeilinger in njegovi kolegi pri poskusih uporabljali "bucky balls". To so molekule, sestavljene iz šestdeset ali več ogljikovih atomov, sestavljenih v strukturo, ki spominja na geodetsko kupolo; to ureditev je proslavil ameriški arhitekt Richard Buckminster in po njem dobila ime. Očitno je, da molekula, ki jo sestavlja šestdeset atomov, postane gigantska struktura v primerjavi z enim samim fotonom. Kljub temu so bili v eksperimentu z dvojno režo z uporabo "bucky balls" namesto fotonov doseženi enaki rezultati.

S tem je bilo dokazano, da lahko molekula snovi proizvaja valovne pojave kot delec energije. Tudi te molekule snovi imajo torej dar dvojne prisotnosti, to je, da imajo s prehodom skozi obe reži možnost, da se znajdejo hkrati na dveh različnih mestih.

Je možna prisotnost na dveh različnih mestih?

Ali bo v prihodnosti mogoče izvesti poskus na kompleksnejših telesih, sestavljenih iz milijard molekul, kakršno bi lahko bilo človeško telo? V tem primeru bi obstajala znanstvena potrditev kontroverznih pojavov, kot so podvojitev ljudi, astralna projekcija, zunajtelesna potovanja. Govorimo o vseh zunajtelesnih izkušnjah, znanih tudi pod akronimom OBE.

Slednji fenomen poznamo pod angleškim izrazom »out of body experience«.

Vse so izkušnje, katerih interpretacija ostaja sporna, v katerih oseba zaznava, da "gre ven" iz svojega fizičnega telesa, to je, da projicira lastno zavest onkraj meja telesa. Te izkušnje sodijo v področje parapsiholoških disciplin, ki niso priznane v znanstvenem in akademskem svetu, so pa prisotne v mnogih kulturah, tako zahodnih kot vzhodnih.

Fenomen bilokacije je že več stoletij del vedske in budistične tradicije. Očitno bi lahko ta kultura subjektom s posebnimi nagnjenji prenesla temelje filozofskega in duhovnega znanja, da bi jim omogočila, da z dolgotrajnim usposabljanjem pridobijo sposobnost bilokacije.

Znani indijski filozof Paramahansa Yogananda v svojih knjigah zelo podrobno pričuje o epizodah, ki zadevajo tudi njega samega.

Robert Allan Monroe je ameriški pisatelj, leta 1978 ustanovitelj istoimenskega inštituta "za raziskovanje človeške zavesti". V svoji knjigi "Moja potovanja iz telesa" opisuje orientalske discipline in priporoča uporabne tehnike za olajšanje te sposobnosti. .

V krščanstvu obstajajo številna hagiografska pričevanja o bilokaciji, ki se med drugim nanašajo na sv. Antona Padovanskega, sv. Frančiška Asiškega, sv. Alfonza Marijo de' Liguorija, sv. Jožefa iz Cupertina, sv. Frančiška Paolskega in sv. Janeza Boska.

Prekognitivne sposobnosti subatomskih delcev.

Iz eksperimenta z dvojno režo lahko potegnemo sklepe, ki pustijo presenečene tudi najbolj izkušene fizike in se verjetno bolj nanašajo na filozofijo fizike kot na samo fiziko.

Za trenutek si predstavljajmo, da ima foton svojo lastno vest in se lahko »odloča« o svojem vedenju v različnih situacijah, v katere je vpleten.

V praksi se sprašujemo: ko je foton izstreljen proti pregradi, kako foton ve, ali bo imela pregrada eno ali dve odprti reži?

Kajti v resnici bi foton moral vedeti, koliko rež je pred njim, šele potem, ko je šel skozi pregrado, očitno pa foton to izve prvi. Foton se namreč odloči, da se bo soočil z oviro v obliki delca ali v obliki vala, preden jo prečka.

Ne samo; foton ve, preden gre skozi luknjo, ali to luknjo spremlja instrument, ki lahko preveri njen prehod. Foton ve, katero od obeh lukenj spremlja instrument, preden gre skozi njo. V zelo kratkih trenutkih svojega obstoja od trenutka izstrelitve do trenutka, ko naleti na oviro, foton pridobi spoznanje o tem, kaj ga čaka. Ve, ali bo našel odprto fisuro ali dve, in ve, ali so te odprtine nadzorovane ali ne.

Ker foton nima ne duha ne zavesti, se moramo vprašati, od kod izvira njegova sposobnost, da »v naprej ve«, kaj ga čaka v bližnji prihodnosti. Provokativen naslov tega poglavja, o prekognitivnih zmožnostih fotona, bi namigoval, da te res obstajajo.

Verjetno ja. Foton »ve«, ker sprejema znanje, pravzaprav je del univerzalne modrosti. Foton je del znanja, ki povezuje ves kozmos. Foton ve, ker ve ves kozmos in to znanje nima časovnih, prostorskih ali velikostnih omejitev.

Delec ne »najprej pozna prihodnje dogodke«, ve, ker je del znanja.

Foton »ve«, ker je del univerzalne kozmične modrosti, ki je postavljena onkraj vseh meja in onkraj vsake obveznosti, ki jo določa materija. Njegovo znanje je informacija in inteligenca na čisti psihični ali duhovni ravni. Ta en sam foton in vsak drugi delec v vesolju ne "predvidi prihodnosti", je del nje.

Potem se pojavi še eno vprašanje: zakaj enakega znanja ne premoremo ljudje, ki smo v osnovi sestavljeni iz delcev?

To znanje imajo seveda vsi delci, ki sestavljajo naše telo, vsak posebej; mi, obravnavani kot skupek neskončnega števila delcev, bi morali imeti agregatno znanje, vsoto znanja vseh delcev našega fizičnega telesa.

Med posameznim delcem in skupkom delcev, ki smo, je velika razlika. Prvič, delci so člani univerzalnega znanja brez kakršnega koli posredovanja. Delci so neposredno njen del. Namesto tega na naše telo, ki je skupek delcev, vplivajo močni posredniki, ki pravzaprav postanejo ločevalci.

Ti negativni posredniki imajo skupaj ime 'jaz'. Naša zavest in naša osebnost opravljata funkcijo ločevalca do kozmičnega znanja. Medtem ko so delci skromni člani, ki se poslušno držijo tega znanja, se postavljamo v središče vesolja. Vse, kar nas obdaja, kar se dogaja okoli nas, spomini na preteklost in pričakovanja prihodnosti so absolutno osredotočeni na naš osebni kozmos.

Zaradi tega smo izrazito neustrežljivi in premalo prepustni glede znanja, ki sploh ni osredotočeno na nas same.

Podobni premisleki nagonsko prikličejo grozen krik Luciferja, vrženega iz božje navzočnosti: "Ne bom ti služil!". Morda smo mi sami padli angeli, saj res nočemo služiti ničemur drugemu kot svojemu egu in nas to pahne v eksistencialno samoto, sestavljeno iz sebičnosti in samoreferenčnosti.

Podobno svetopisemski mit o Adamu in Evi govori o izgonu iz Edena zaradi neposlušnosti. Bog je zasadil sadovnjak, ki bi ga lahko zakonca v celoti izkoristila, z eno izjemo:

»Z vsakega drevesa na vrtu boste lahko jedli; toda od drevesa spoznanja dobrega in zla ne boste jedli; kajti tisti dan, ko ga boš jedel, boš zagotovo umrl."

Poznavanje dobrega in zla spremeni Adama in Evo v subjekta, ki sta sposobna oblikovati sodbe, vendar je ta sposobnost na žalost omadeževana z ambicioznostjo, da bi bili podobni Bogu.

Kljub temu obstaja veliko vidikov, ki nas povezujejo, čeprav šibko, s "kozmičnim znanjem". Čeprav nam je bilo to znanje prikrito, imamo drobtinice zavedanja o njegovem obstoju. Najprej slutimo prisotnost, ki je večja od nas samih, kar zaznavamo in včasih čutimo potrebo po njej, kot je spomin na starše, oddaljene v vesolju ali izginule v času. V naših mislih skrivnostno lebdi senca neznanega starša, katerega objema čutiti. Ta senca nas očara.

To je občutek, ki ga mnogi imenujejo »hrepenenje po Bogu«. Je nostalgija, ki prihaja od daleč, vzbujajo jo dogodki, ki pogosto niso del naše življenjske izkušnje; to je nostalgija, ki črpa iz spominov pred našim fizičnim obstojem.

Potem so tu še zunajčutne zaznave, torej tisti svetlobni bliski, ki včasih osvetlijo in naredijo pot, ki nas združuje s kozmičnim znanjem, uresničljivo. Naše nezavedno se uspe povezati s kolektivnim nezavednim in, čeprav vijugasto, prebliski znanja tečejo iz univerzalne zavesti v našo individualno zavest. Ko se to zgodi, za nekaj kratkih trenutkov »spoznamo in vidimo« stvari, ki jih zaradi našega stanja sužnjev, priklenjenih na materijo, običajno ne vidimo. .

Najbolj konkretno vez z modrostjo kozmosa pa najdemo v sinhroničnostih. Sinhroničnosti se kažejo v našem obstoju, vendar jih pogosto spremlja naša brezbrižnost. Kljub temu, da smo se pogreznili v naše brezno padlih angelov, se nam iztegne roka, ki nas dvigne iz jame in nas popelje k duhovni in kulturni evolucijski odrešitvi. Sinhronicitete so dokaz, da nas »Spoznanje« ne smatra za večno preklete in v nas vidi tistega izgubljenega sina, o katerem pripoveduje evangelij, ki ga oče po vrnitvi ne zavrne, ampak sprejme z veseljem

.

Atomi snovi v njihovih predstavah.

V klasični predstavitvi atoma ima elektron točno določeno količino energije, ki ga lahko obdrži v določeni orbiti. Ta energija se imenuje "energijska raven orbite". Posledično orbita predstavlja pot, ki jo elektron prehodi okoli jedra, medtem ko raven energije predstavlja količino energije, ki zadostuje, da ostane v tej orbiti.

Kot smo videli, je kvantna mehanika sposobna opisati obnašanje zelo majhnih delcev, kot so elektroni, prav tako pa smo videli, da pravila klasične fizike za te delce ne veljajo. V kvantni viziji je bil uveden nov, kompleksnejši atomski model, v katerem ne govorimo več o "Orbiti", temveč o "Orbitalnem oblaku"..

"Orbita" in "Orbitalni oblak".

Kvantna mehanika je dovolj dokazala, da ni mogoče definirati poti elektrona, zato izraz "orbita" ni primeren. Treba je opustiti koncept orbite, ki jo potuje elektron, in ga nadomestiti s konceptom "orbitalnega oblaka", opredeljenega tudi kot "oblak verjetnosti". To se zgodi zato, ker ne moremo z gotovostjo ugotoviti, kakšen je položaj elektrona znotraj atoma v danem trenutku ali v naslednjem trenutku. S pomočjo zapletenih matematičnih funkcij je možno pridobiti informacijo o položaju elektrona, vendar le glede na verjetnost njegove prisotnosti v določenem prostoru okoli jedra (slika 41).

Z drugimi besedami, medtem ko je "orbita" definirana trajektorija, je "orbitalni oblak" matematična funkcija, ki nam omogoča, da ugotovimo, kje je najverjetneje najti elektron v prostoru okoli atoma.

Vse to je neposredna posledica temeljnega principa kvantne mehanike, ki ga je odkril nemški fizik Werner Heisenberg, "principa negotovosti" ali "Heisenbergovega principa". Po tem principu ni mogoče istočasno poznati položaja in hitrosti elektrona, kar potrjuje posebnost obnašanja osnovnih delcev glede na telesa na makroskopski ravni, torej na ravni naših dimenzij in naših izkušenj.

Na naši ravni je pravzaprav mogoče izjemno natančno izračunati pot in hitrost kamna, še preden ga vržemo, tako kot se izračuna pot nebesnih teles ali potovalni itinerar vesoljskih satelitov. Na subatomski ravni pa ta sposobnost postane nemogoča. Heisenbergovo načelo ponovno vzpostavlja skrivnostno raznolikost obnašanja delcev.

Kar zadeva ne samo elektron, ampak kateri koli drug elementarni delec, lahko definiramo samo določeno področje prostora, kjer bi se delec lahko nahajal; prav to področje vesolja se imenuje "orbitalni oblak" in je določeno z energijo, ki jo ima delec.

"Orbitalni oblak" si lahko predstavljamo kot kompromis med odbijanjem različnih elektronov med njimi in privlačnostjo, ki jo izvaja jedro. Zato, več kot ima atom protonov in elektronov, bolj zapletena postaja situacija notranjih odnosov privlačnosti in odbijanja; atom postane sršenje gnezdo, v katerem se ose gibljejo z neslutenimi hitrostmi po verjetnostnih orbitalah.

Pod temi pogoji je edini način, da zelo približno vemo, kje je elektron in kako hitro se giblje, da ga obravnavamo kot val; elektron bo v kateri koli točki X valovanja, ki ga opisuje. Ta princip je definiran z matematično funkcijo, "valovno funkcijo", konceptom, ki ga je razvil avstrijski fizik in matematik Erwin Schrödinger.

Ta funkcija namreč ne določa natančnih koordinat elektrona, temveč razmejuje prostornino, znotraj katere se lahko z večjo verjetnostjo nahaja.

Danes vemo, da kvantne zakone lahko uporabimo ne le za elektrone, ampak tudi za delce, ki so prisotni v jedrih atomov, protonov in nevtronov.

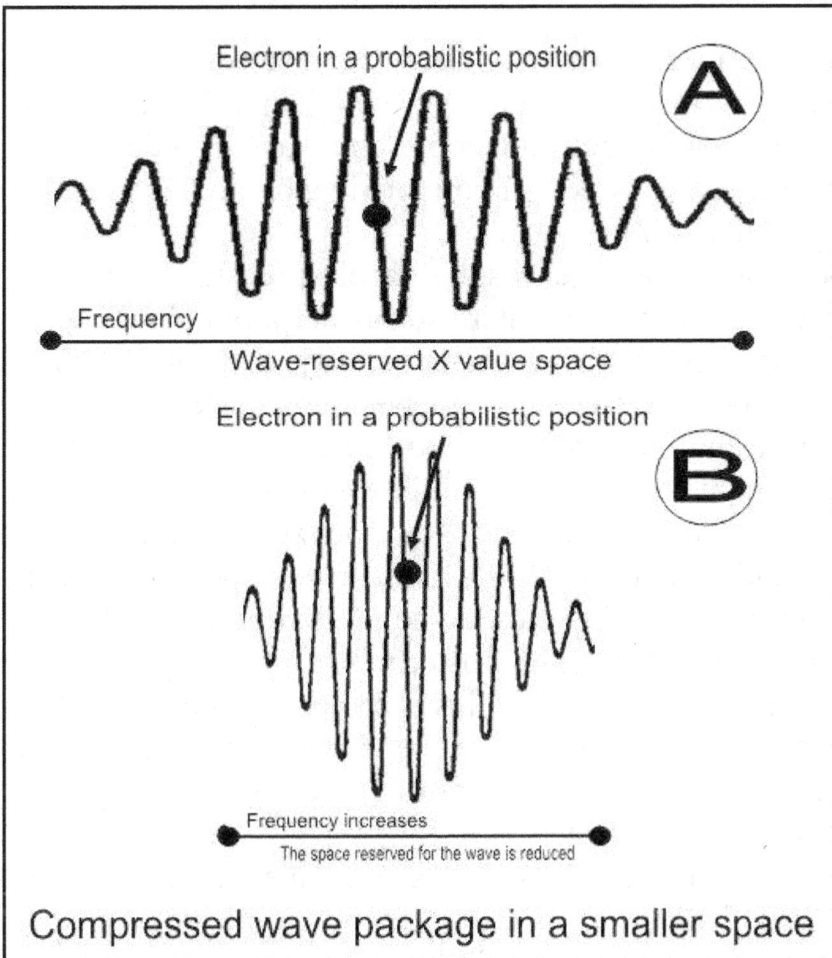

Slika 41 - S stiskanjem prostora prostora valovanja se poveča njegova frekvenca in s tem hitrost vrtenja delca.

A. V prostoru vrednosti "X" ima frekvenca valovanja vrednost "a".

B. V ožjem prostoru ima frekvenca valovanja vrednost "b". Očitno je "b" večji od "a"

Dinamična interpretacija atoma.

Kar je bilo do sedaj povedano, ponuja veliko bolj dinamičen pogled na atom od klasičnega. Dejansko, če upoštevamo elektron kot delec, ne moremo natančno vedeti, kje je, razen da se nahaja v kateri koli točki valovne funkcije, ki ga opisuje (slika 41A).

Sodobna fizika si je vesolje začela predstavljati kot neločljivo mrežo, znotraj katere so razmerja popolnoma dinamična, ne statična. V kvantni mehaniki je ta dinamični vidik, če je mogoče, okrepljen in je neposredna posledica valovne narave delcev. Posledično lahko lastnosti subatomskih delcev razumemo le v kontekstu njihove dinamike.

Dejstvo, da so delci tudi valovi, povzroča očitno bizarno vedenje, ki ga je treba upoštevati. Če delec potisnemo v določen prostor, reagira tako, da se po tem prostoru premika. Tresenje je hitrejše, ko je prostor manjši.

Ta lastnost postane razumljiva, če pogledamo sliko 41.

V zgornjem delu je upodobljena valovna funkcija elektrona, zaprtega v območju prostora vrednosti X, pri čemer je elektron postavljen v verjetnostni položaj.

V spodnjem delu slike 41B z omejevanjem razpoložljivega prostora val vibrira z višjo frekvenco in to povzroči povečanje hitrosti elektrona. Manjše kot je mejno območje, bolj se bo povečalo gibanje elektrona.

Težnja delcev, da se na vsako zožitev prostora odzovejo s povečanjem svoje hitrosti, generira stanje vznemirjenosti snovi, značilno za subatomski svet.

Navsezadnje tudi v jedru ni nepremičnosti, če je mogoče, vznemirjenost prevzame oblike paroksizmalne vznesenosti. To lahko razumemo, če upoštevamo, da je prostornina jedra bilijonkrat manjša od celotne prostornine atoma. Pravzaprav, kot smo že omenili, če bi imelo jedro dimenzije 3-4 milimetre, bi se skrajni elektron vrtel v sferični prostornini s premerom približno 100 metrov. V volumnu prostora tako neverjetno majhnega jedra nastopita dve sili: na eni strani odbojnost med protoni, ki imajo vsi pozitiven električni naboj, teži k temu, da jedro v prostoru »eksplodira«. Po drugi strani pa pride v poštev močna jedrska interakcija, ki povzroča privlačnost med vsemi delci, sestavljenimi iz kvarkov. Zato jedro vibrira v večnem konfliktu, sestavljenem iz odbijanja in privlačnosti, s hitrostjo, ki jo eksponentno povzdigujejo njegove zelo majhne dimenzije.

Ali obstajajo "stvari" ali obstajajo dogodki?

Ker so delci del večjih struktur, kot so molekule in večji agregati snovi, se celo te večje strukture nagibajo k stalnemu plesu, tj. doživijo stanje nenehnega vznemirjenja. Kvantna mehanika dokazuje, da materija nikoli ni inertna, ampak je nenehno v gibanju. Čeprav se nam objekti na makroskopski ravni zdijo nepremični in trdni, v svoji intimni sestavi kipijo od frenetične aktivnosti.

Predmeti naše vsakodnevne realnosti so sestavljeni iz atomov, ki se povezujejo med seboj in tvorijo vse molekularne strukture, ki jih poznamo. Ti vibrirajo v harmoniji s temperaturo okolja. Elektroni so vezani na atome z električnimi silami privlačnosti in odboja, ki jih stisnejo proti jedru in tako povzročijo zelo visoko vrtilno hitrost. V istem jedru so protoni in nevtroni stisnjeni v izjemno majhne prostornine, ki lahko povzročijo njihovo vznemirjenje s težko predstavljivo hitrostjo.

Bolj ko gremo v preučevanje atoma, bolj postaja očitno, da to ni končna sestavina snovi, trdno kompaktna, kot je predlagal Newton, ampak skupek vibracijskih dejavnosti, ki nastanejo zaradi vznemirjenja delcev. Toda ti delci so hkrati valovi v večnem frenetičnem gibanju v večinoma praznem prostoru.

Karl Raimund Popper, avstrijski filozof in poznavalec metod za doseganje določenega in znanstvenega znanja o stvareh, pripisuje metafiziki, če jo pravilno razumemo, funkcijo spodbujanja napredka. Popper močno oporeka fizičnemu determinizmu, tako z znanstvenega vidika kot kot predpostavke totalitarizma. V svojem zvezku "Ego in njegovi možgani" Popper izrazi svoje misli o materialnem vesolju z naslednjimi izrazi:

»Izkazalo se je, da je trdna snov visoko koncentrirana energija, ki jo je mogoče pretvoriti v druge oblike energije in je zato nekaj procesne narave, saj jo je mogoče pretvoriti v druge procese, kot so svetloba in seveda gibanje in toplota. Potem lahko rečemo, da rezultati sodobne fizike kažejo na potrebo po opustitvi ideje o substanci ali bistvu.

Sedaj (kot je še posebej poudaril A. N. Whitehead) se vesolje ne kaže kot skupek stvari, temveč kot niz medsebojno delujočih dogodkov in procesov.

Zato lahko sodobni fizik zelo dobro reče, da imajo fizične stvari - telesa, materija - atomsko strukturo. Toda atomi imajo strukturo, ki je težko opredeliti kot "materialno" in zagotovo ne "bistveno":(...)

V zgodovini materializma in zlasti atomizma so idealistični filozofi, kot sta Berkeley in Hume, z dvomom gledali na resničnost materije. Toda na ta način so snov obravnavali tudi fiziki, kot je Mach, v obdobju rojstva kvantne teorije."

Fizik Richard Feynman v svoji teoriji kvantne elektrodinamike navaja Heisenbergovo načelo negotovosti. Trdi, da na podlagi tega načela. kvantni vakuum, imenovan tudi "polje ničelne točke", je prežet z morjem nihanj. Ta nihanja ustvarjajo pare virtualnih delcev in antidelcev, ki se medsebojno izničijo v času, ki je obratno sorazmeren z njihovo energijo.

Einsteinova znana formula E=mc2 navaja, da sta snov in energija pretvorljivi druga v drugo. Zato ima lahko energija veliko oblik: lahko je klasično mehanska v dveh oblikah, kinetična ali potencialna. Tudi energija je lahko kemična, elektromagnetna, gravitacijska, toplotna, jedrska. Vsi ti izrazi energije so sestavni deli iste globalne energije, ki lahko spreminja obliko, vendar ne more zaobiti pravila, da količina vedno ostaja enaka.

Energija v svoji nespremenljivosti in pretvorljivosti igra vlogo povezovalca vseh fizikalnih pojavov v mrežo transformacij. Toda vsaka fizična transformacija mora nujno zagotoviti, da količina energije ostane enaka, pred in po transformaciji. Zato energije ni mogoče uničiti, lahko pa ima različne oblike. Še bolje, nenehno se spreminja.

"Fizična lokalnost" in "kvantna nelokalnost".

Lokalnost opredeljuje območje, v katerem so manifestacije energij in dogodkov, ki jih omejujejo zakoni klasične fizike. V lokalni realnosti obstaja »vzročnost« ali »determinizem« (vsak dogodek je določen s prejšnjim dogodkom); poleg tega je vsa resničnost podvržena puščici časa, ki se giblje samo naprej. Vsekakor pa svetlobne hitrosti ni mogoče preseči. Ta omejitev preprečuje takojšnje prenose informacij na velike razdalje. Ne smemo pozabiti, da vsaka energija, medtem ko prenaša informacije, utrpi moč, čim bolj se oddaljuje od vira. Kot primer lahko navedemo, kaj se zgodi s svetlobo ali zvokom, ki z večanjem razdalje postaja vse bolj zatemnjen.

V »nelokalni« domeni pa obstajajo dogodki in manifestacije, za katere ne veljajo tipične omejitve lokalne domene: niso omejeni niti s časom niti z razdaljo. Na nelokalni ravni ni včeraj in danes, prej in potem, ampak le »zdaj in vedno«. Podobno v nelokalnosti ni visokega in nizkega, bližnjega in daljnega, ampak le »tu in povsod«.

Kvantna prepletenost

Subjekti, vključeni v "prepletanje", delci ali fotoni, so med seboj povezani, ker so bili proizvedeni s postopkom, ki jih je povezal skupaj na poseben način. Na primer dva fotona, ki ju oddaja isti atom. Takšni fotoni ali delci bodo za vedno ostali "zapleteni", torej povezani. Če na enega od obeh nekako ukrepamo, se bo tudi njegov "dvojček", kjer koli v vesolju že nahaja, takoj odzval.
(Amir Dan Aczel, izraelski matematik in fizik)

Valovitost snovi je osnova še enega presenetljivega kvantnega pojava, znanega kot "kvantna zapletenost". Prepletenost predstavlja enega najbolj skrivnostnih in še vedno v bistvu nepojasnjenih pojavov v vsej sodobni fiziki. Po mnenju Erwina Schrödingerja, enega od ustanovnih očetov kvantne mehanike, je nedvomno značilni element celotne teorije.

Prepletenost ima tako neverjetne lastnosti, da so Einsteina pripeljale do dvoma o resničnosti pojava. Leta 1935 je skupaj z Borisom Podolskim in Nathanom Rosenom oblikoval znameniti "paradoks EPR" (tako imenovan po začetnicah priimkov treh znanstvenikov), ki je poudarjal pojav zapletenosti kot paradoksalen.

Vendar pa je paradoks EPR, ki je sprva veljal za veljavno zavrnitev zapletenosti, vseboval temeljno napako, ki jo je leta 1964 izpostavil John Stewart Bell in leta 1982 potrdil poskus Alaina Aspecta. Kasneje, leta 1998, so Anton Zeilinger in drugi izboljšali Aspectove poskuse in potrdili njegove rezultate.

Danes lahko sklepamo, da se je kvantna fizika v neštetih študijah izkazala za sposobno ustvariti pravilne eksperimentalne napovedi do natančnosti, ki še nikoli ni bila dosežena, in korelacijske pojave med delci, značilne za kvantno prepletenost, so dejansko opazili. Trenutno je ta teorija osnova nastajajočih tehnologij, kot so kvantni računalniki in kvantna kriptografija, in je omogočila izvajanje poskusov v zvezi s teleportacijo, na katero so osredotočena pričakovanja tehnološkega sveta.

Načelo kvantne superpozicije.

Pri preučevanju eksperimenta z dvojno režo, izvedenega s pošiljanjem samo enega delca naenkrat, smo videli, da gre delec skozi obe reži in ustvari pojav interference. Očitno je, da delec, ki je edini prisoten, posega vase. Gre za neverjeten, a resničen pojav, ki se imenuje "kvantni princip superpozicije stanj".

Načelo superpozicije potrjuje, da je mogoče dve ali več kvantnih stanj "prekriti drugo na drugo", tj. sešteti. Vsota superponiranih stanj je drugo veljavno kvantno stanje.

Nastane nekaj podobnega prekrivanju valov v vodi.

Zato je lahko stanje sistema sestavljeno iz dveh ali več stanj, tako da si deli nekatere lastnosti vsakega od stanj, ki ga sestavljajo.

Če z A in B označimo dve različni lastnosti istega delca, na primer:

stanje A: delec je na mestu F1

stanje B: delec je na mestu F2

potem lahko superpozicijo stanj tega delca zapišemo kot A+B, ker ima nekaj skupnega tako s stanjem A kot s stanjem B (slika 42).

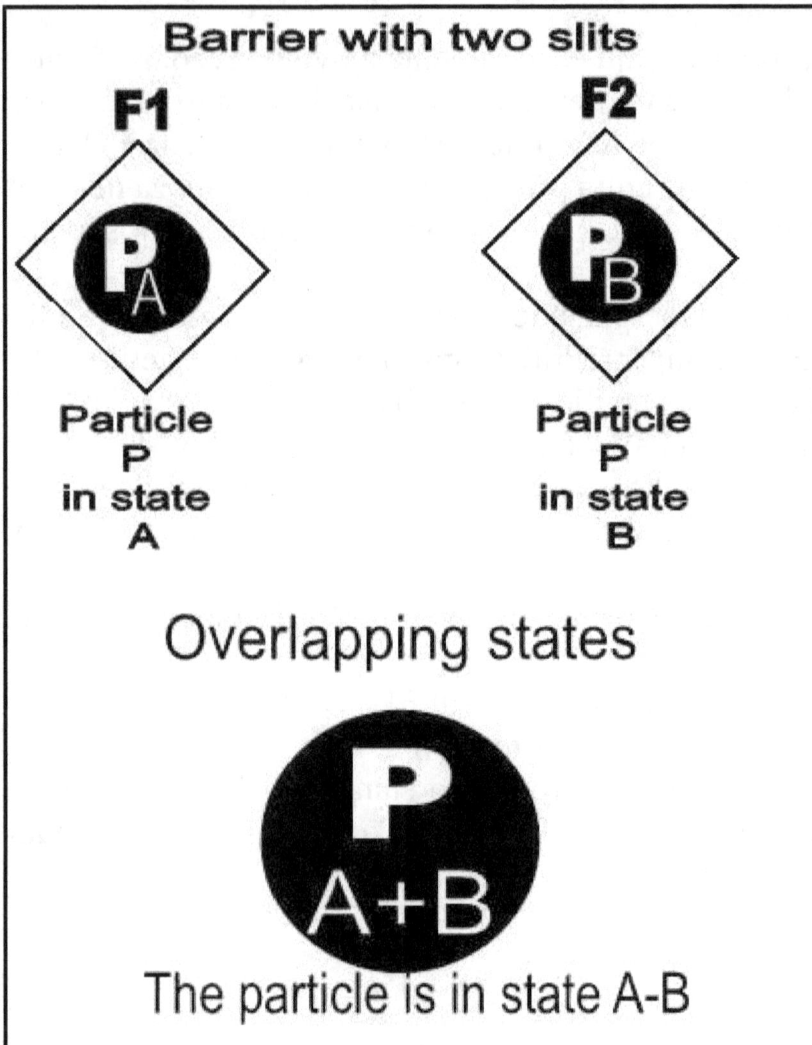

Slika 42 – Delec P, ki gre skozi obe reži, je v stanju »kvantne superpozicije«.
F1 Delec P gre skozi režo F1 in ima stanje Pa
F2 Isti delec P gre tudi skozi režo F2 in ima stanje Pb
Delec P je v "superpoziciji stanj". Njegovo stanje je P(a+b)

Delec je v stanju A, ko gre skozi režo F1, in v stanju B, ko gre skozi režo F2. Ker gre delec skozi obe reži hkrati, je hkrati v obeh stanjih, to je v superpozicijskem stanju, ki ga zapišemo A+B in je kombinacija obeh stanj.

"Delec je v stanju A"

"Delec je v stanju B".

Če bi opazovali delec, ko prečka pregrado, bi videli, da gre skozi samo eno od dveh rež in ne bi dobili pojava interference; če pa ga ne opazimo, gre skozi obe reži, ustvari stanje superpozicije in ga signalizira s proizvajanjem interferenčnih figur na zadnjem zaslonu.

Načelo superpozicije je ena največjih skrivnosti kvantne fizike in je nepogrešljiv ključ za razumevanje pojava prepletenosti.

Korelacija subatomskih delcev.

Korelacijo lahko štejemo za rezultat prepletanja. Dva delca, ki sta bila "zapletena" drug z drugim, naj bi bila "korelirana". To pomeni, da so delci povezani v prepleten sistem in da reagirajo usklajeno, vsak na dogodke, ki vplivajo na drugega. Ravnajo se tako kot dvojčki, na primer tisti, katerih zgodbe sem predstavil na začetku te knjige.

Zato lahko dva povezana delca štejemo za dvojčka. Tako kot sta človeška dvojčka udeležena pri istem rojstvu, se osnovni delci »zapletejo«, ko se vključijo v pojav, ki jih zanima na netrivialen način.

Primere bratov McWhirter in sester Furness lahko štejemo za izjemne, ker so se protagonisti brez očitnega razloga odzvali na dogodke, ki so prizadeli njuna dvojčka. Sodobna reakcija ruši načelo vzročnosti, po katerem mora biti vsak dogodek, ki se zgodi v vesolju, vzrok za drug dogodek, ki se je zgodil prej. Pravzaprav se celo korelirani delci vsak odzovejo na dogodke, ki vplivajo na drugega (ali druge) brez kakršne koli vzročne povezave. Pravzaprav se reakcija enega od dvojčkov zgodi, ko se popolnoma ne zaveda, kaj se dogaja drugemu.

Enako se zgodi tudi v primeru zapletenih delcev: spremembe stanja niso ena za drugo, ampak se zgodijo sočasno, v istem trenutku. Upoštevajte, da se to zgodi ne glede na razdaljo, ki obstaja med delci.

Ta okoliščina je prava uganka za fizike, saj lahko pomeni le dvoje:

- delci med seboj komunicirajo s prenosom signalov s praktično neskončno hitrostjo, vsekakor pa večjo od svetlobne,
- obstaja še ena oblika komunikacije, ki ne upošteva prostora in časa.

Gre torej za čisto psihično obliko komunikacije, podobno razmišljanju. To je komunikacija, ki se v trenutku razširi na vsako mesto v vesolju, v preteklosti in prihodnosti, brez fizičnih omejitev.

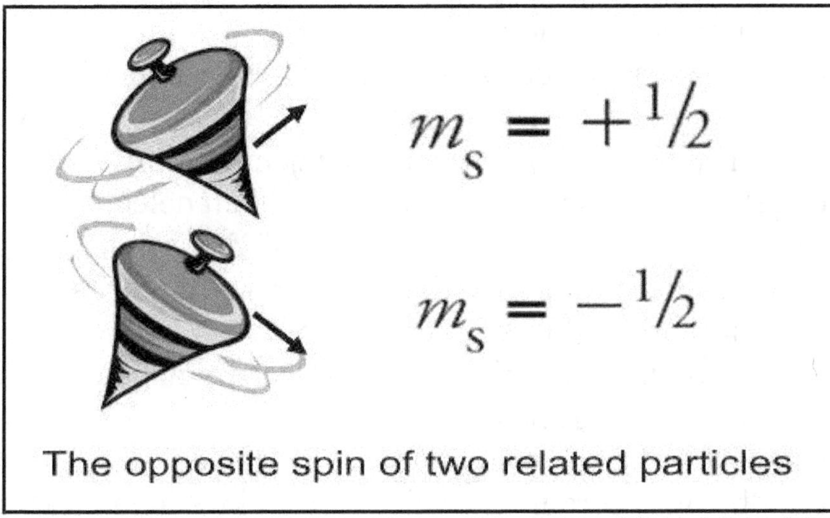

Slika 43 – Spin (rotacija) je bil prvotno predstavljen v povezavi z "intrinzičnim magnetnim momentom" elektrona.

Vendar pa je tudi ta primer nepopoln, ker bi napovedal, da bo eden od dveh delcev sprožil "klic" drugega, v vsakem primeru, čeprav s hitrostjo misli.

Namesto tega dva delca odločata o svoji variaciji hkrati; nobeden od delcev se ne odloči prvi. Če bi se to zgodilo, bi se vzročnost vrnila v igro: čeprav z izjemno hitrostjo. To ni tako: delci se obnašajo tako, kot da bi bili en delec.

Prepletenost je "omejitev doslednosti". Na primer, če sta dva fotona z nasprotnimi vrtljaji korelirana in tvorita zapleten sistem, pride do spremembe spina (slika 43) enega sočasno s spremembo spina drugega. Katera različica je bila prva, ni mogoče preveriti.

Slika 31 prikazuje metodo, ki se uporablja v laboratorijih za pridobivanje koreliranih delcev. V točki A ima elektron, postavljen v katero koli orbito, energijo 10 (primerna vrednost). V točki B je elektron skočil na notranjo orbito. Zdaj je zahtevana energija nižja in jo lahko štejemo za enako 9. Nepotrebna količina (kvant) je bila uporabljena za generiranje fotona.

Da bi dobili dva korelirana fotona, bodo eksperimentatorji povzročili dvojni skok elektrona.

Predstavljajmo si, da smo na ta način dobili dva korelirana fotona in preučimo razmerja med njima.

Superpozicija dveh delcev.

Predvidevamo, da je lahko vsak od obeh delcev (P1 in P2) na dveh mestih hkrati in ima torej dve stanji. Delec P1 bo imel stanji P1A in P1B, delec P2 pa stanji P2Y in P2Z. Spomnimo se, da stanja A, B, Y in Z predstavljajo različna mesta, kjer so lahko delci (slika 44).

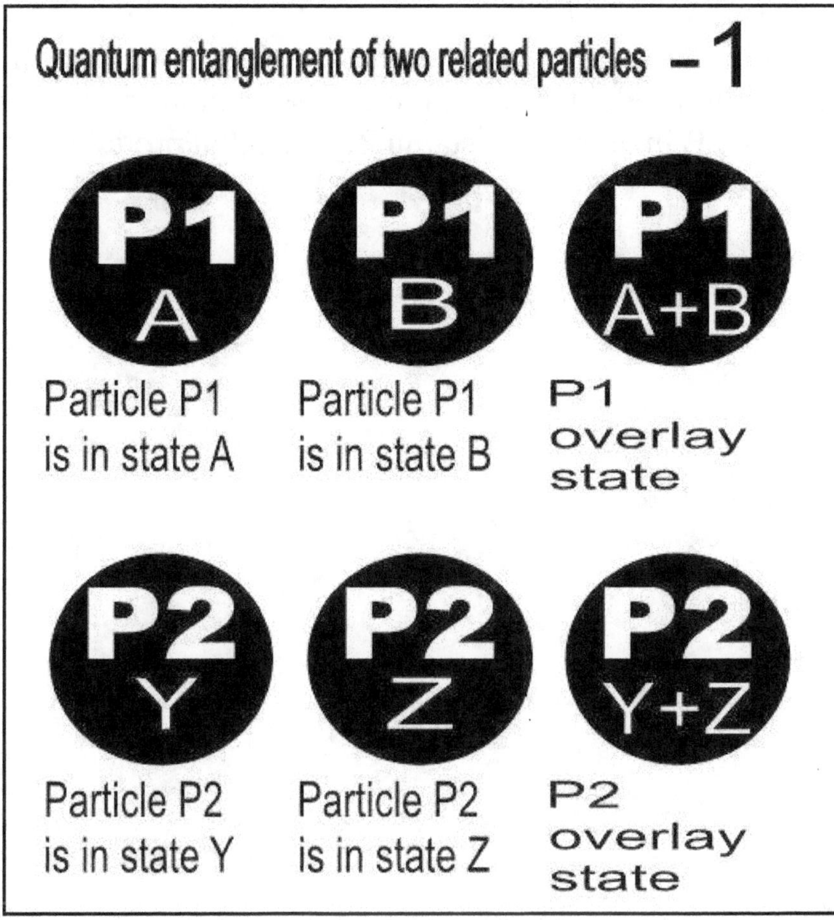

"Kvantna prepletenost" dveh povezanih delcev. (Prva faza)
Oba delca P1 in P2 imata dve stanji.
Delec P1 je v superpoziciji (P1(a+b)
Delec P2 je v superpoziciji (P2(a+b).

Dva povezana delca imata lastnost dveh stanj. Predstavljajmo si zdaj, da je delec P1 v stanju A, delec P2 pa v stanju Y. Rezultat je sistem dveh delcev s stanjem AY, ki se imenuje "stanje produkta". Če pa si predstavljamo, da je delec P1 v stanju B in delec P2 v stanju Z, je rezultat produkt stanja BZ (slika 45).

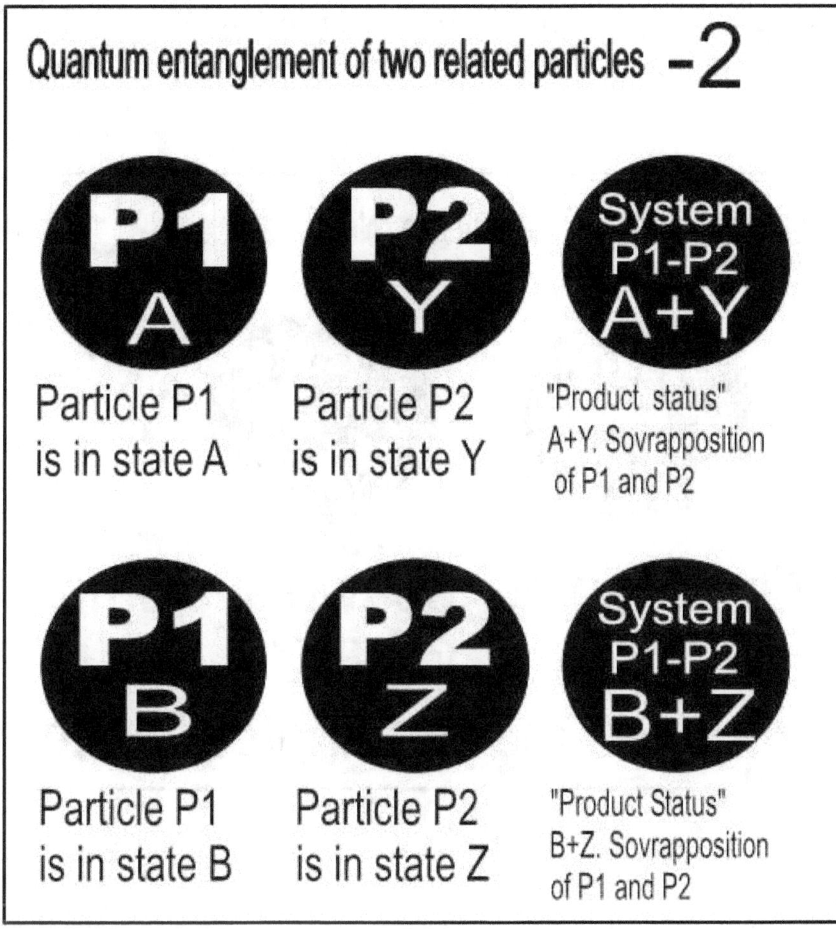

Slika 45 -
"Kvantna prepletenost" dveh povezanih delcev. (Druga faza)
"Stanje produkta" povezanih delcev P1 in P2
Dva delca P1a in P2y ustvarita superpozicijsko stanje P1-P2(a+y)
Dva delca P1b in P2z proizvajata superpozicijsko stanje P1-P2(b+z)

.

Na tej točki lahko z nadaljnjim korakom uporabimo princip superpozicije za množico dveh sistemov AY + BZ. To stanje imenujemo "prepleteno stanje" (slika 46).

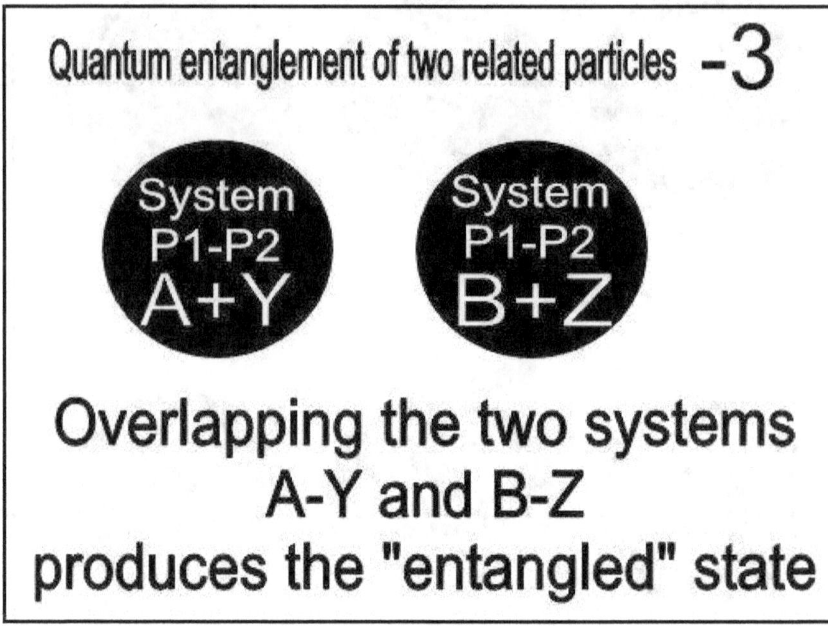

Slika 46 – »Kvantna prepletenost« dveh povezanih delcev. (Tretja stopnja). Prekrivanje dveh sistemov AY in BZ povzroči "zapleteno" stanje.

Prekrivanje obeh sistemov se imenuje "prepletanje". "Stanje produkta" AY označuje, da je delec P1 v stanju A, delec P2 pa v stanju Y.

Podobno produktno stanje BZ označuje, da je delec P1 v stanju B in delec P2 v stanju Z.

Zapleteno stanje AY + BZ, ki predstavlja superpozicijo stanj, nakazuje, da obstajajo obvezni zaključki glede obeh delcev.

Če je opravljena meritev, ki pokaže, da je delec P1 v stanju A, potem mora biti delec P2 nujno v stanju Y in obratno.

Prav tako, če z izvedbo meritve ugotovimo, da je delec P1 v stanju B, potem mora biti delec P2 nujno v stanju Z.

Z drugimi besedami, ko sta dva delca v zapletenem stanju, enega ni mogoče obravnavati posamezno ne glede na drugega. Navsezadnje je zapleteno stanje posledica superpozicije dveh "stanj izdelka".

Ko sta dva delca korelirana, med njima nastane zapleteno stanje, ki ne upošteva časa ali prostora. Vsak poseg v enega od obeh delcev hkrati povzroči recipročno spremembo v drugem, kjerkoli v vesolju je.

Danski fizik Niels Bohr, ustanovitelj zelo znane københavnske šole, je temeljno prispeval k razumevanju zgradbe atoma in kvantne mehanike, za kar je leta 1922 prejel Nobelovo nagrado za fiziko. O korelaciji delcev rekel je:

> "Tudi če bi bila dva korelirana fotona na dveh različnih galaksijah, bi vedno ostala ena sama entiteta in dejanje, ki bi ga izvedel eden od dveh fotonov, bi vplivalo tudi na drugega."

S pojavom prepletenosti kvantna fizika slovesno razglaša, da vesolje ni povsem podvrženo zakonom klasične fizike, a vsaj na subatomski ravni ti zakoni ne veljajo več.

Dejstvo, da se dva "zapletena" delca še naprej obnašata usklajeno, ne glede na razdaljo med njima, predstavlja očitno nerešljiv problem.

Kako oba delca komunicirata med seboj? Seveda ne s signali, poslanimi s klasičnimi metodami; ti bi namreč zbledeli z večanjem razdalje in v nobenem primeru ne bi mogli preseči svetlobne hitrosti. Vsekakor mora obstajati možnost nefizične komunikacije.

Nelokalnost in ekstrasenzorični pojavi.

Najbolj presenetljiva in intrigantna značilnost, ki izhaja iz doslej povedanega, je, da so subatomski delci sposobni v hipu izmenjevati informacije, torej so povezani nelokalno; povedano preprosteje, informacija ne gre skozi nobeno fizično mesto, da bi povezala dva delca; nelokalna raven je čisto psihična raven (da se izognemo uporabi izraza spiritualna), se pravi, sestavljena iz čistih informacij ali inteligence.

Lahko bi tudi trdili, da sta dva delca samo navidezno ločena, medtem ko v bistvu ostajata eno, saj se natanko tako obnašata. To ne reši problema. Če bi bila oba delca eno, potem bi moralo biti celotno vesolje eno, to pomeni, da ne bi bilo sestavljeno iz ločenih objektov (razen na makrofizični ravni). Namesto tega bi bila na subatomski ravni ena sama realnost.

Morda govorimo o "Unus Mundus", konceptu, ki je nastal v sodelovanju Junga in Paulija, ali morda govorimo o implicitnem vesolju, ki ga je teoretiziral David Bohm. Tudi v tem primeru pa bi bila za upravljanje vesolja potrebna ena sama univerzalna inteligenca.

Albert Einstein je ostro nasprotoval načelu nelokalnosti, ker je kršilo fizikalne zakone, ki jih je sam formuliral in ki so temeljili na lokalnosti. V svojem življenju je ves čas poskušal razviti teorijo, ki bi bila sposobna poenotiti koncepte klasične fizike s koncepti kvantne fizike, a mu žal ni uspelo.

Leta 1982 je bila po poskusih Alaina Aspecta dokončno potrjena teorija prepletenosti in s tem koncept nelokalnosti. Od takrat vemo, da "lokalni realizem", ki ga zaznavamo v naši dimenziji, ni absolutni naravni zakon.

Na tej točki si postane mogoče predstavljati, da prostor in čas obstajata le na zaznavni ravni. Aspectov eksperiment nam je pokazal, da obstaja povezava med delci, ki presega prostor-čas. Še več, ker je celotno vesolje sestavljeno iz delcev, se lahko vprašamo, ali naj bo pojav nelokalnosti omejen le na subatomsko realnost ali pa se lahko manifestira tudi med večjimi objekti ali celo med živimi bitji.

Ali biološki organizmi, kot je človek, lahko dostopajo do nelokalne ravni? Če bi bil odgovor pritrdilen, bi si lahko predstavljali izmenjavo informacij med različnimi organizacijami na nekonvencionalen način. Izmenjava bi lahko potekala skozi tisto skrivnostno dimenzijo, ki je nelokalnost.

Pravzaprav te možnosti ne gre izključiti, nasprotno obstaja in je zelo razširjena in znana. Imenuje se telepatija.

Značilnost telepatije je, da bolje deluje med ljudmi, ki jih povezujejo posebne naklonjenosti ali sorodstvene vezi, kot so matere in otroci, torej čustveno »zapleteni« med njimi.

Naši možgani so vsekakor sposobni predelati želje po povezanosti z ljudmi, ki so nam najbližji. Morda nelokalnost predstavlja do zdaj neznano sredstvo, s katerim lahko dejansko potekajo takšne komunikacije. Tudi če človeška bitja ne znajo v celoti uporabljati telepatije, imajo še vedno sredstva za to, in sicer um, ki je sposoben obdelati misli in jih želi posredovati. Včasih se to zgodi spontano, to pomeni, da se zgodi, tudi če ne znamo pojasniti, kako se zgodi.

Telepatija je verjetno sestavljena iz pojava korelacije med umi. Zavest lahko pri izvajanju svoje sposobnosti razvijanja namenov poveže dva možgana tako, da ju postavi v zapleteno stanje.

Drugi vidik, ki bi ga lahko povezali z nelokalnostjo, je tisti, ki se nanaša na fenomena predvidevanja in slutnje.

Dejansko bi lahko na nelokalni ravni prepoznali velike korespondence s kolektivnim nezavednim, kozmično raven, o kateri teoretizira Jung, ki vsebuje vso zgodovino in modrost človeštva v njegovi evoluciji. Možnost »zapleta«, ki se razvije na nelokalni ravni, sovpada z možnostjo kolektivne ravni zavesti in omogoča verjeten dostop individualne zavesti do njenih preteklih, sedanjih in prihodnjih vsebin.

V tem smislu bi lahko poskuse Alaina Aspecta in njegovih sodelavcev šteli tudi za poskuse kvantne metafizike. Z dokazovanjem nelokalnosti so dokazali tudi obstoj ravni, ki presega realnost prostora-časa, in ovrgli hipotezo o čisto materialnem vesolju.

Brian Josephson je valižanski fizik, rojen leta 1940 v Cardiffu. Ko je bil star komaj 22 let, je odkril Josephsonov učinek, zaradi česar je leta 1973 prejel Nobelovo nagrado za fiziko.

Josephson je eden najbolj znanih znanstvenikov med tistimi, ki podpirajo možnost, da so parapsihološki pojavi

resnični. Posebej se je podal v proučevanje vzhodnega misticizma in možnih implikacij, ki bi jih ta lahko imel v zvezi z razlago znanstvenih pojavov v mističnem ali metafizičnem ključu.
Zlasti Josephson navaja, da je ena od njegovih vodilnih metod: "nullius in verba" (Ne verjemite besedam nikogar) s sklicevanjem na dejstvo, da:

> "... če vsi znanstveniki zavračajo neko idejo, to ni nujno obravnavano kot dokaz, da je zgoraj omenjena ideja absurdna. Nasprotno, motivacijo teh mnenj je treba skrbno preučiti, da ocenimo, ali lahko podpirajo skrben pregled. "

Prepleteno vesolje.

Brian Greene je ameriški fizik, eden najpomembnejših poznavalcev teorije strun. Izdal je knjigo "Tkanina kozmosa. Prostor, čas, realnost".
V tej knjigi, ki se osredotoča na uganko časa, Greene ugotavlja, da nobeno fizično pravilo ne potrjuje ideje, da čas teče v določeno smer. Poleg tega lahko med temami te knjige poleg osnovne predstavitve "teorije strun" najdete tudi obravnavo kvantne prepletenosti. V bistvu gre za analizo narave realnosti z ekskurzijami o temah, kot so prostor-čas, kozmologija in izvor vesolja (tako imenovana teorija vsega).
Greene pravzaprav verjame, da je vesolje celota, ki je sama po sebi prepletena in koherentna.
Druga verodostojna potrditev prihaja iz knjige "Nelokalno vesolje: Nova fizika in zadeve uma", besedila dveh fizikov,

Roberta Nadeauja in Menasa Kafatosa. Tukaj je citat, ki je pogosto vzet iz tega besedila:

> »Vsi delci v zgodovini kozmosa so sodelovali z drugimi delci na način, ki so ga zaznali Aspectovi poskusi. Skoraj vse v našem neposrednem fizičnem okolju je sestavljeno iz kvantov, ki so na ta način sodelovali z drugimi kvanti od velikega poka do sedanjega trenutka. (...) Upoštevati je treba tudi, da kvantna prepletenost eksponentno raste s številom delcev, vključenih v prvotno kvantno stanje, in da ni teoretične omejitve števila teh prepletenih delcev.
>
> Če je temu tako, bi lahko bilo vesolje na zelo osnovni ravni velikanska mreža delcev, ki ostajajo v stiku med seboj na vseh razdaljah in v ničelnem času ter brez prenosa energije ali informacij. To nakazuje, ne glede na to, kako čudno ali nenavadno se to zdi, da je vsa fizična realnost en sam kvantni sistem, ki se soglasno odziva na nadaljnje interakcije.«

Pravzaprav, če upoštevamo teorijo velikega poka, ki sem jo opisal prej, se izkaže, da je njena osnovna predpostavka zelo močna eksplozija točkovne energetske "singularnosti", ki se je zgodila pred približno 15 milijardami let. Iz te "singularnosti" bi se zaradi širjenja, ki še poteka, rodilo celotno vesolje. To pomeni, da je bilo celotno vesolje sprva stisnjeno v resničnost skoraj neskončne gostote. Dejstvo, da so bili vsi delci tako tesno povezani in da so se vsi rodili iz istega eksplozivnega dogodka, je upravičeno misliti, da so vsi delci v vesolju dejansko prepleteni drug z drugim.

Ne samo to, mogoče je domnevati, da vsi delci vesolja ohranjajo spomin na svoje pobratenje z vsakim drugim delcem. To pomeni, da je resničnost, razdrobljena na "različne stvari", le iluzija. Ločitev je posledica načina, kako dojemamo makroskopsko raven vesolja. V resnici je vesolje, čeprav je razširjeno v milijarde galaksij, ki so med seboj oddaljene milijarde let, še vedno ena stvar, saj je v svojih globinah združeno z nelokalnimi vezmi. Če bi to intuicijo lahko znanstveno dokazali, bi dokazali, da vsi živimo v neizmerni celostni resničnosti, kjer je vsak posamezen del vreden celote, ker je hologram celote.

Zagotovo je še veliko stvari, ki jih ne poznamo in lahko celo presežejo našo domišljijo.

Eksperimentalne potrditve prepletenosti.

Einstein se je motil, ko je rekel: "Bog ne igra kock." Pravzaprav študija črnih lukenj nakazuje, da nas Bog poleg igranja kock včasih zmede tudi tako, da jih vrže tja, kjer jih ne vidimo.
(Stephen Hawking)

Verjetno se bo kdo spomnil "Noeina". Gre za znanstveno-fantastično animirano serijo iz leta 2005 v produkciji studia Satelight, sestavljeno iz 24 epizod, ki jo je zasnoval in režiral Kazuki Akane.

Noein, lik, po katerem je serija dobila ime, je minljiva figura, za katero je značilna zlata maska z enim očesom. On je tisti, ki plete zaplet dogodkov od samega začetka. Noein je globoko prežet s teorijami kvantne mehanike.

Noein obravnava koncept časa kot dimenzijo, ki resonira z drugimi časovnimi premicami. Predvsem vidi, da se vesolje razveja na neskončno število verjetnosti, pri čemer je naklonjen razlagi "mnogih svetov" Hugha Everetta. Vendar pa Noein vključuje tudi številne vidike interpretacije Bohra in Kopenhagenske šole, po kateri je prisotnost opazovalca bistvena za določitev kolapsa vala verjetnosti v merljivi situaciji.

Haruka, ženski lik, ima moč "opazovalca" v multiverzumu, moč, ki ji omogoča, da določi izid dejanja preprosto tako, da ga "opazuje".

V epizodi "Overlays" Uchida razloži paradoks Schrödingerjeve mačke svojemu telesnemu stražarju Koriyami. Ta paradoks je primer idealne situacije, ko lahko le opazovalec potrdi smrt mačke, ko odpre škatlo. V isti epizodi se sklicuje tudi na stavek "Bog ne igra kocke", slavni citat Alberta Einsteina.

»Bog ne igra kock, ste vedeli? Recimo, da vržete kocko in pri tem metu pride številka šest."

"Raje bi imel številko ena, ker je prva."

»V redu, ena ali šest je vseeno. Torej, recimo, da je izšla številka ena. Lahko bi izšla tudi številka pet ali pa številka štiri. Imajo enako verjetnost, kajne?

"Pravzaprav, da."

»Si predstavljate svet, kjer je izšla številka pet, in drug svet, kjer je izšla številka štiri? Ali je možno, da obstaja nešteto svetov, kjer neštete kopije tebe mečejo neskončno število kock?«

"Bog ne igra kock"

Ta citat je eden izmed najbolj znanih Einsteinovih maksim. Večkrat ga je ponovil ob različnih priložnostih. Znanstvenik je to metaforo uporabil v nasprotju z nedeterminističnimi posledicami kvantne mehanike, ki jih zagovarjata Niels Bohr in njegova kopenhagenska šola.

Dejstvo, da položaja in hitrosti elektrona ni bilo mogoče z gotovostjo določiti in da je te podatke mogoče izraziti le v smislu verjetnosti, je močno užalilo Einsteinov strogi znanstveni čut, ki je trdno temeljil na gotovosti lokalnosti in determinizma.

Po Bohrovi teoriji, če elektron "opazujemo" večkrat, pod enakimi eksperimentalnimi pogoji, ne dobimo vedno enakega rezultata. To je odvisno od dejstva, da je njegova pot vedno podvržena "nestabilnemu oblaku" verjetnosti.

Predstavljajte si, da večkrat vržete kocko na mizo z isto mehansko napravo. Mislite, da boste vedno dobili isto številko? Očitno se to ne zgodi zaradi neštetih različic, ki vplivajo na met kocke. Na primer, grobost naprave, temperatura okolja in vlažnost.

S svojim aforizmom je Einstein želel povedati, da kvantne mehanike ni mogoče obravnavati kot podobno metu kocke, vendar mora v svojih izračunih nujno zagotoviti zelo natančne rezultate.

Veliko je citatov, v katerih Einstein odločno izraža svoje dvome. 4. decembra 1926 je v svoj dnevnik zapisal te besede:

> "Kvantna mehanika je vredna vsega spoštovanja, a notranji glas mi pravi, da še ni prava rešitev. Je teorija, ki nam marsikaj pove, a nam ne dovoli, da bi v celoti prodrli v božjo skrivnost. Vsekakor , sem prepričan, da se "Veliki stari" ne kocka s svetom."

Leta 1942 je Einstein v pismu Corneliusu Lanczosu, madžarskemu matematiku in fiziku ter njegovemu velikemu prijatelju, rekel:

> "Kako težko je pogledati v božje karte. Toda niti za trenutek ne verjamem, da On igra kocke ali uporablja "telepatske" metode, kot bi to rekla trenutna kvantna teorija."

Znane so predvsem številne izmenjave mnenj med Einsteinom in Nielsom Bohrom, zagovornikoma dveh nasprotujočih si tez. Številne priče in sam Bohr se spominjajo besednega spopada, ki se je zgodil ob solvayskem kongresu leta 1927. Bohr piše takole:

"Einstein nas je v šali vprašal, ali res lahko verjamemo, da je božanska Previdnost "igrala kocke". Odgovoril sem, da so stari misleci opozarjali, da moramo biti zelo previdni, ko v običajnem jeziku definiramo lastnosti Previdnosti."

Werner Heisenberg je bil tudi prisoten ob tej priložnosti in se spominja Einsteinijeve šale, na katero je Bohr odgovoril:

"Ampak ni na nas, da bi Bogu govorili, kako naj gre svet!".

Leta 1944, 7. septembra, je Einstein pisal Bohru takole:

»Naše znanstvene perspektive so zdaj narazen. Vi verjamete, da Bog igra kocke s svetom; namesto tega verjamem, da je vse podrejeno zakonu.

Verjamem v svet objektivnih resničnosti in jih poskušam besno dojeti. Upam, da bo kdo našel bolj realno pot od te, po kateri hodim jaz. Niti začetni velik uspeh kvantne teorije me ne more prepričati, da je naključnost v osnovi vsega.

Vem pa, da mlajši kolegi menijo, da je ta odnos posledica moje skleroze. Nekega dne se bo vedelo, kateri od teh dveh instinktivnih odnosov je bil pravi."

Einsteinova teza je temeljila na konceptu skritih spremenljivk. Če je različica kvantne mehanike københavnske šole dala nedeterministične rezultate, je po njegovih besedah zagotovo odvisno od dejstva, da je bil kakšen pomemben parameter zanemarjen.

Paradoks EPR.

Kvantna zapletenost, ki izhaja iz kopenhagenske interpretacije, je veljala za paradoksalno, ker je veljala za nezdružljivo s posebno teorijo relativnosti, ki meni, da je svetlobna hitrost največja, pri kateri lahko potuje katera koli vrsta informacije. Poleg tega je bila kvantna prepletenost nezdružljiva z načelom lokalnosti. Od tod Einsteinovo prepričanje, da je kvantna teorija nepopolna. Po njegovih besedah je bila teorija nepopolna zaradi "skritih spremenljivk", torej parametrov, ki niso bili upoštevani pri izračunih.

Leta 1935 je Einstein skupaj z Borisom Podolskim in Nathanom Rosenom predlagal miselni eksperiment v eseju "Ali lahko kvantno-mehanski opis fizične realnosti velja za popoln?"

Esej je bil objavljen v "Physical Review" XLVII, 1935, str. 777-780).

V tem delu, znanem kot "EPR Paradox" iz začetnic njihovih imen, so trije ustvarjalci nameravali dokazati, da je kvantna mehanika vodila do veljavnih rezultatov, vendar je povzročila paradoksalne posledice. Posledično po njihovem mnenju to ni bila popolna fizikalna teorija.

Pet mesecev pozneje se je Niels Bohr odzval z objavo članka z istim naslovom v isti reviji (Physical Review XLVIII, 1935, str. 700).

V resnici takratni spopad med znanstvenikoma ni imel zmagovalcev predvsem zato, ker takratni instrumenti niso dopuščali prave eksperimentalne preveritve zagovarjanih tez. Kot se uporablja še danes, so bili predlagani "eksperimenti" imenovani "mentalni eksperimenti" ali "Gedankenexperiment", z uporabo nemškega izraza, ki ga je ustvaril danski fizik Hans Christian Ørsted.

Miselni eksperiment je še vedno namenjen testiranju, potrditvi ali ovržbi hipoteze ali teorije. Na žalost ima ta poskus namišljen in neempiričen značaj. To je zato, ker je zaradi praktičnih omejitev materialno neizvedljivo.

Prav tako je treba povedati, da je bil eksperiment EPR, ki so ga zamislili trije znanstveniki, tako zapleten, da so sklepi, ki jih je mogoče iz njega izpeljati, dvomljivi.

Kljub temu pa Einstein ni bil edini, ki je dvomil, ampak so tudi drugi znanstveniki v svojih delih osvetljevali paradoksalne plati köbenhavnske interpretacije kvantne mehanike.

Paradoks Schrödingerjevega mačka.

Leta 1935 je Erwin Schrödinger, avstrijski fizik, ki je leta 1933 prejel Nobelovo nagrado, objavil članek, v katerem je opisal slavni "mačji paradoks", s čimer je poskušal prikazati nenavadnost teorije "kvantne superpozicije".

V resnici je Schrödinger, ki je predlagal ta paradoks, nameraval, tako kot Einstein, pokazati meje kvantne fizike, čeprav je bil sam med ustanovitelji te znanosti. Kot že omenjeno, glede na kvantno fiziko vedenja osnovnega delca ni mogoče natančno napovedati, temveč le verjetnostno.

Slika 47 - Zgoraj Erwin Schrödinger na starinski fotografiji in na avstrijski priložnostni znamki. Spodaj je igriva objava o znamenitem mačjem paradoksu iz bloga "Cenacolo Jung-Pauli"..

To ne velja za makroskopske sisteme, torej sestavljene iz milijonov agregatnih atomov: ko so znani nekateri podatki, je mogoče natančno izračunati, kaj se bo v njih zgodilo in kdaj se bo zgodilo.

Schrödingerjev miselni eksperiment je precej zapleten. Vključuje mačko, ki jo zaprejo v škatlo skupaj z radioaktivno snovjo in vialo cianida. . Zagotovo vemo, da bo atom radioaktivne snovi seval, vendar ne moremo natančno reči, kdaj se bo to zgodilo.

V škatli je skupaj z mačko naprava, pri kateri, ko radioaktivna snov oddaja sevanje, bo to sevanje povzročilo razpok viale s cianidom, kar bo ubilo mačko.

Zagotovo so se časi spremenili in znanstvenik, ki bi danes predlagal tovrstni eksperiment, bi takoj našel svoj laboratorij oblegan od borcev za pravice živali. Vemo pa, da Schrödinger nikoli ni dal nobene mačke v nobeno škatlo, res, verjetno je imel mačko, ki mu je bila zelo všeč.

Če se vrnemo k eksperimentu, vemo, da bo živalca umrla le, če radioaktivna snov oddaja sevanje, vendar ne vemo, ali se bo to zgodilo in kdaj se bo morda zgodilo.

Škatla bo zaprta eno uro. Ker vemo, da obstaja 50-odstotna verjetnost, da bo atom razpadel v tej uri, lahko ugotovimo, da imamo enake možnosti, da mačko najdemo mrtvo ali živo, ko odpremo škatlo.

V skladu s kvantno mehaniko v københavnski interpretaciji, če vedenje atoma ni eksplicitno opazovano, je slednji v superpoziciji stanj, to je, da je razpadel, vendar hkrati ni razpadel. Atom ostane v tej superpoziciji, dokler nekdo ne odpre škatle, kar povzroči "kolaps valovne funkcije".

Če uporabimo Schrödingerjev paradoks za kvantno mehaniko, dokler je škatla zaprta, imamo:

- razpadli in nerazpadli atom

- viala cianida, cela in zlomljena
- mačka živa in mrtva.

Namesto tega, ko nekdo odpre škatlo, se sistem »sesede« v točno določeno stanje. To je podobno kot pri eksperimentu z dvojno režo: ko je foton vržen proti pregradi, se obnaša kot val, gre skozi obe reži in povzroči interferenčni pojav. Če namesto tega na eno od dveh rež uporabimo instrument, da opazujemo njen prehod, se valovna funkcija "zruši" in foton se obnaša kot delec, ki gre skozi eno samo režo.

Tako se šele ob odpiranju opreme sistem "zruši" v enotno, koherentno, neprekrivajoče se stanje.

V šali lahko rečemo, da bi se v tej situaciji zavedali, da bi z odpiranjem škatle lahko ugotovili pogin mačke.

Namesto tega bi bila mačka še naprej živa (ali vsaj živa in mrtva), dokler je škatla zaprta.

Očitno Schrödingerjev mačji paradoks opisuje situacijo, ki je absolutno daleč od realnosti. V bran kvantni fiziki lahko rečemo, da je Schrödinger v nekem smislu goljufal s sestavljanjem dveh realnosti, kvantne in makroskopske. Seveda še nismo dosegli poenotenja različnih fizikalnih zakonov obeh ravni.

Neenakost Johna Stewarta Bella.

Erwin Schrödinger ni bil edini, ki je podpiral Einsteinove dvome. Številni drugi znanstveniki so bili konceptualno kritični do teze københavnske šole. Vendar se je večina znanstvene skupnosti postopoma prepričala, da je Einsteinovo stališče napačno. Argument je bil postopoma odložen in, čeprav brez dokazov, je večina znanstvenikov priznala veljavnost Bohrove "nelokalne" teorije.

Slika 48 - John Stewart Bell je predlagal poskus, ki ga je leta 1982 izvedel Alain Aspect. Poskus je pokazal netočnost dvomov, ki jih je izrazil Einstein skupaj s Podolskim in Rosenom (paradoks EPR). Alain Aspect je potrdil kvantno prepletenost.

Zadevo je oživil John Stewart Bell, (slika 48), miren rdečelasi mladenič s pegami, rojen v Belfastu na Severnem Irskem leta 1928.

Bell je leta 1948 diplomiral iz eksperimentalne fizike na Queen's University v Belfastu. Po nekaj letih, ki jih je preživel na različnih inštitutih, je začel delati v CERN-u (Evropska organizacija za jedrske raziskave) v največjem laboratoriju za fiziko delcev na svetu, ki se nahaja na meja med Švico in Francijo, na zahodnem obrobju mesta Ženeva v občini Meyrin.

V letih, preživetih v CERN-u, je Bell razvijal svoje raziskave na področju teoretične fizike in delal na področju pospeševalnikov delcev. Kompleks CERN trenutno obsega sedem velikih pospeševalnikov, zgrajenih v različnih obdobjih od ustanovitve ustanove.

Pospeševalec delcev je stroj, ki lahko proizvaja žarke ionov ali subatomskih delcev, vključno z elektroni, pozitroni, protoni in antiprotoni, z visoko kinetično energijo. Ti stroji se uporabljajo v industrijske in medicinske namene ter za preučevanje strukture materialov. Na ravni teoretičnega eksperimentiranja v fiziki delcev njihova uporaba omogoča pridobivanje žarkov visokoenergijskih delcev, ki se uporabljajo za sondiranje predmetov zelo majhnih dimenzij. Zlasti "Veliki hadronski trkalnik" (LHC) v Ženevi, ki je začel delovati 10. septembra 2008, obsega obseg 27 kilometrov. LHC je bil zasnovan za pospeševanje protonov, da bi omogočil njihovo preučevanje v pogojih, podobnih tistim v prvih trenutkih življenja vesolja, takoj po velikem poku.

Medtem ko je bil zatopljen v te obveznosti, je Bell našel tudi čas, da se je posvetil osnovnim vprašanjem kvantne teorije, ki so bila pozabljena. Leta 1964, približno trideset let po objavi Einsteinovega EPR eseja, je Bell ponovno odprl razpravo o tej temi, za katero se je zdelo, da je bila odložena, in napisal članek za revijo "Physics" z naslovom "On the Einstein-Podolsky-Rosen paradox". Bell je v članku obravnaval problem skritih spremenljivk.

Vprašanje, ki ga je zastavil Bell, je bilo, ali kvantna teorija potrebuje skrite spremenljivke, kot je trdil Einstein, da bi jo pomirjujoče uvrstili v kategorijo determinističnih pojavov. Bell je verjel, da je to bistveno, da se kvantna fizika reši iz slepe ulice nelokalnosti.

Kot smo že videli, je Einstein kljub temu, da je bil eden od utemeljiteljev kvantne teorije, dvomil o njeni popolnosti. Po njegovem mnenju bi morala popolnejša teorija predvideti obstoj elementov realnosti ali skritih spremenljivk, da bi ohranila koncept lokalnosti. Poleg tega bi bila nelokalnost v nasprotju z njegovo teorijo relativnosti. Pravzaprav relativnostna teorija izključuje, da je mogoče učinke fizičnega dejanja opazovati v trenutku z razdalje. Posledica tega bi bil prenos informacij, hitrejši od svetlobne hitrosti.

Namesto tega Einsteinova teorija relativnosti temelji na natančni svetlobni hitrosti, ki je enaka 299.792,458 kilometrov na sekundo. To je parameter, ki bi, če ga ne bi upoštevali, podrl celotno teorijo relativnosti.

Žal je bilo v času, ko je Einstein izrazil svoje ugovore, delo še vedno na izključno teoretičnem področju, saj zaradi neustreznosti eksperimentalne strojne opreme ni bilo mogoče izvajati preverjanj. Posledično je Einsteinov »lokalni realizem«, veljaven na teoretični ravni, vendar v nasprotju z enako teoretično veljavnimi hipotezami, ostal omejen na raven teme za filozofsko debato.

Ta slepa ulica se je rešila, ko je leta 1964 John Bell vprašanje postavil nazaj na mizo, tako da je problem zastavil v izrazih, ki jih je mogoče preveriti z eksperimenti. Namen teh praktičnih poskusov je bil izmeriti fizikalne lastnosti delcev, ki so oddaljeni drug od drugega, vendar so med seboj povezani (korelirani) s kvantnimi učinki.

Bell je oblikoval znamenito "Bellovo neenakost". Ta teorija je pokazala, da dodajanje skritih spremenljivk v nobenem primeru ne bi moglo reproducirati vseh lastnosti, ki jih predvideva kvantna mehanika, zlasti tistih, ki zadevajo prepletenost.

Bellova neenakost je izpostavila alternativo:

- Einstein je imel prav. Kvantna teorija, ki je zaradi prispevka skritih spremenljivk spadala pod okrilje Einsteinove lokalnosti, je bila pravilna.

ali:

- Bohr je imel prav. Kvantna mehanika københavnske šole je bila pravilna s svojimi implikacijami nelokalnosti.

V resnici je Bell razvil svojo teorijo, izhajajoč iz predpostavke, da dejansko obstaja možnost, da si predstavljamo integracijo kvantne teorije s skritimi spremenljivkami, kot je predlagal Einstein.

S tem se je strinjal z drugimi študijami, ki jih je izvedel David Bohm, po katerih bi bile skrite spremenljivke vektorji informacij. To pomeni, da je Bohm predlagal, da so delci že imeli nabor navodil, ki so jim vnaprej povedala, kakšno naj bi bilo njihovo vedenje v vseh okoliščinah.

Bellova neenakost je imela to prednost, da je omogočala eksperimentalno preverjanje z merjenjem polarizacije fotonov. Poznejši poskusi so bili "puška" proti lokalnemu realizmu in so pokazali, da je "grozljivo dejanje na daljavo", ki ga predvideva paradoks EPR, trdno del realnosti.

Predvsem pa ti poskusi nedvomno dokazujejo, da bi tudi v hipotezi o obstoju skritih spremenljivk načelo »nelokalnosti« vseeno potrdilo.

V svoji knjigi "Informacije. Novi jezik znanosti" Hans Christian von Baeyer, ameriški akademik, piše:

> "V nasprotju z Einsteinovo intuicijo Bog ne samo igra kocke, ampak se zdi, da je edini, ki mu lahko zaupamo, da bo igral pošteno."

Eksperimenti, ki potrjujejo "nelokalnost".

Leta 1969 je Bell prejel pismo mladega fizika z Berkeleyja Johna Clauserja, v katerem mu je povedal, da je zasnoval poskus, s katerim bi preizkusil svojo teorijo neenakosti. John Clauser ni bil edini pri izvajanju tovrstnih poskusov. Preverjanje eksperimentalnih rezultatov je težilo k ugotavljanju lokalne ali nelokalne narave resničnega fizičnega sveta. Napredek tehnologije v preteklih letih je privedel do pomembnih izboljšav učinkovitosti, vsekakor pa so vsi poskusi potrdili kvantno teorijo nelokalnosti in zagotovili rezultate, ki jih ni bilo mogoče razložiti niti z dodajanjem skritih spremenljivk.

Leta 1972 je John Clauser v sodelovanju s Stuartom Freedmanom uporabil kalcijeve atome, da bi z dvojnim kvantnim skokom elektrona dobil par koreliranih fotonov. Clauser in Freedman sta s serijo približno 200-urnih meritev dobila potrditev pojava prepletenosti in nelokalnosti. Ta rezultat je zmedel samega Clauserja, ki je bil nagnjen k dokazovanju nedoslednosti kvantne teorije. Morda zato poskus ni bil deležen pozornosti, ki bi si jo zaslužil.

Primer poskusov, ki jih je izvedel Alain Aspect, (slika 49), je bil drugačen, rojen leta 1947 v Agenu, majhni francoski vasici nedaleč od Bordeauxa.

V nasprotju s Clauserjem je Aspect razumel, da kvantna teorija dosega velik znanstveni uspeh na teoretični ravni. Aspect je verjel, da je konflikt med lokalnostjo in nelokalnostjo, ki ga nakazuje Bellova neenakost, mogoče rešiti s poskusi, ki bi premagali tezo o lokalnosti. Bil je prepričan, da lahko dokaže kvantno teorijo in njene nelokalne učinke.

Sredi sedemdesetih let prejšnjega stoletja, ko je bil še doktorski študent, je predlagal pravi eksperiment, ki je temeljil na dveh samih, a koreliranih fotonih, ker sta bila skupaj oddana iz istega atomskega vira. V njegovem poskusu bi dva fotona potovala v nasprotnih smereh drug proti drugemu in bi ju spremljala dva detektorja, nameščena na razdalji.

Ideja je bila vsekakor izvirna. Bell je na vprašanje odobril; vendar s pridržkom. Najprej je želel preveriti, ali ima mladi Francoz že fiksno plačo. Pravzaprav je Bell verjel, da je Aspectova ideja tako bizarna, da bi lahko ogrozila njegovo kariero.

Po dolgem pripravljalnem delu so Aspect in njegovi sodelavci, Jean Dalibard in Gérard Roger, dva raziskovalca "Institut d'Optique Graduate School", med letoma 1981 in 1982 izvedli poskus trikrat.

Njihova zavzetost se zaradi gospodarskih težav ni zmanjšala. Med drugim so ročno izdelali polarizatorje, ki bi zaradi hitrega vrtenja lahko dali odgovor na vprašanje lokacije. Trenutno so ti polarizatorji razstavljeni v zgodovinski vitrini Instituta d'Optique, ki je omogočil izvajanje poskusov v njegovi podružnici Orsay. Namesto tega se glavna pisarna Inštituta nahaja v Palaiseauju, v kampusu "Univerze Paris-Saclay".

Aspectovo delo je bilo uspešno. On in njegova ekipa sta v kvantni mehaniki našla najboljšo možno potrditev nelokalnosti in odločno ovrgla morebitno lokalno teorijo skritih spremenljivk.

Posledice poskusov so daleč presegle dokazovanje veljavnosti kvantne mehanike, vendar so poudarile temeljno vlogo, ki jo ima prepletenost. Kot smo videli, nam v zapletenem stanju opazovanje stanja fotona omogoča spoznati stanje drugega.

Aspectovi poskusi so imeli ogromen odmev in so dali pot dolgemu nizu teoretičnih in eksperimentalnih vpogledov v zapletenost. Lahko rečemo, da so poskusi Alaina Aspecta zaznamovali začetek kvantne računalniške znanosti.

Leta 2013 je Aspect prejel prestižno nagrado Balzan z naslednjimi motivi:

> »Za njegove vrhunske eksperimente, ki so potrdili kvantno mehaniko, v nasprotju s teorijami z lokalnimi skritimi spremenljivkami. Njegova dela so utrla pot eksperimentalnemu nadzoru zapletenih kvantnih stanj, bistvenega elementa kvantnega računalništva.«

Leta 2022 so trije fiziki, Alain Aspect, Američan John F. Clauser in Avstrijec Anton Zeilinger prejeli Nobelovo nagrado za postavitev temeljev prihodnosti informacij in komunikacij. Njihovi poskusi o pojavu, imenovanem "kvantna prepletenost", so utrli pot zmogljivim in zelo hitrim kvantnim računalnikom.

Slika 49 - Alain Aspect, Nobelova nagrada 2022. Od začetka osemdesetih let prejšnjega stoletja je večkrat izvedel eksperiment, ki ga je predlagal John Bell, da bi potrdil paradoks EPR. Nasprotno, eksperiment je potrdil teorijo prepletenosti sorodnih delcev.

Med kasnejšimi poskusi je koristno omeniti tistega Wolfganga Tittla. Ta učenjak je doktoriral na Univerzi v Ženevi, delal kot podoktor na Univerzi v Aarhusu in Univerzi v Ženevi ter se leta 2006 pridružil Univerzi v Calgaryju (Kanada) kot predsednik industrijskih raziskav. Ukvarja se z revolucionarnimi eksperimenti že od začetka študij kvantne komunikacije, ki se uporabljajo za kriptografijo.

Leta 1988 je skupaj z "Geneva Group" izvedel eksperiment, s katerim je dokazal, da razdalja ne vpliva na prepletenost. Svetloba je bila poslana skozi optične kable na razdalje več kilometrov, preden so jo analizirali, ne da bi se rezultati spreminjali.

Deset let pozneje, leta 1998, sta Gregor Weihs in njegova skupina iz Innsbrucka pod vodstvom Antona Zeilingerja izvedla poskus, ki je izboljšal Aspectov poskus iz leta 1982 in potrdil enake rezultate.

Na žalost je Bell leta 1990 nepričakovano umrl zaradi možganske krvavitve, ne da bi prejel Nobelovo nagrado, za katero je bil pravkar nominiran.

Tretji del. Obeti za prihodnost.

Vse je "eno"

Če je Bog ustvaril svet, ne moremo reči, da mu je bilo mar za to, da bi bil razumljiv.
(Albert Einstein))

Poskusi Alaina Aspecta so predstavljali dokončno potrditev napovedi kvantne mehanike, še posebej »ne-determinizma« in »ne-lokalnosti«.

V kontekstu splošnega sprejemanja teh načel je bilo še vedno nekaj znanstvenikov, ki so se izpostavljali kot nekonformisti in niso želeli opustiti poskusa uokvirjanja kvantne mehanike v deterministični kontekst. Govorim o Davidu Bohmu. Vendar pa je v želji po racionalizaciji neracionalizljivega na koncu razvil še bolj metafizično, če je le mogoče, različico ortodoksne kvantne teorije.

S tem si je Bohm povsem zaslužil svoje mesto na Olimpu filozofov znanosti.

Zgodba, ki jo pripovedujem v tem tretjem delu, je zgodba o izjemno poštenem in odločnem človeku v svojih drznih znanstvenih teorijah. Ni se obotavljal prenesti svojih teorij v družbeno vedenje. To si je prislužil močne antipatije, kadar koli se je znašel v konformističnih in politično nestrpnih kontekstih, kot so bili značilni za njegov čas.

David Bohm

David Bohm, ameriški fizik in filozof, se je rodil 20. decembra 1917 v Wilkes-Barreju, mestu v Združenih državah Amerike, ki leži v središču doline Wyoming v okrožju Luzerne v severovzhodni Pensilvaniji.

Bohm je znan po tem, da je izdelal interpretacijo kvantne mehanike, v kateri razvija koncept "pilotnega vala" Louisa de Broglieja in uvaja koncept "kvantnega potenciala".

Njegovi starši so bili judovskega porekla. Njegov oče Samuel Bohm je bil madžarski emigrant, mati pa iz Litve.

Njegov oče je imel trgovino s pohištvom, opravljal pa je tudi nalogo pomočnika lokalnega rabina, zato je sam poskrbel za izobraževanje Davidove mladine. Pri 17 letih, leta 1930, je David začel obiskovati Pennsylvania State College, kjer se je seznanil s kvantno mehaniko. Takoj ga je pritegnila ta tema, ki je postala predmet njegovega študija. Leta 1939 je diplomiral iz fizike.

David je študij nadaljeval pod vodstvom Roberta Oppenheimerja. Spomnili smo, da je Oppenheimerjev sloves povezan predvsem z izdelavo prve atomske bombe v okviru projekta Manhattan. Kasneje je imel Oppenheimer krizo vesti in je zavrnil delo za vodikovo bombo.

Morda so Oppenheimerjevi nauki pomagali pri nadaljnjem razvoju Bohmovega močnega moralnega čuta za pravičnost.

Po nadaljevanju študija na CalTech (California Institute of Technology) v Pasadeni se je vpisal na UC (University of California) v Berkeleyju, kjer je leta 1943 doktoriral. Bohm je kot teoretični fizik opravljal svojo dejavnost na najpomembnejših ameriških univerzah.

Od leta 1947 do 1951 je poučeval na univerzi Princeton, medtem ko se je posvetil študiju plazme.

Plazma je visoko ioniziran plin in na splošno električno nevtralen: v praksi sistem, sestavljen iz prostih, pozitivnih in negativnih ionov z enakimi koncentracijami.

Izraz "ioniziran" pomeni, da je bil iz svojih atomov odvzet precej velik del elektronov.

Plazma velja za četrto agregatno stanje, ki se razlikuje od treh klasičnih stanj, trdnega, tekočega in plinastega. V tem smislu dodajanje plazme reproducira in dopolnjuje idejo o štirih elementih (ogenj, zemlja, zrak in voda), ki zgodovinsko izvira iz grškega filozofa Empedoklesa.

Plazmo je identificiral Sir William Crookes leta 1879, vendar ime "plazma" prihaja od Irvinga Langmuirja, ki ga je skoval leta 1928.

Vse do konca prejšnjega stoletja so študije plazme ostale večinoma zabava, z zelo redkimi izjemami, med katerimi lahko omenimo tiste Nikole Tesle o plazemskih razelektritvah, plazemskih žarnicah in hladni plazmi, ki se uporablja za proizvodnjo ozona. Po letu 1920 je Irving Langmuir proučeval interakcijo plazme s stenami posode, v kateri je nastala, in leta 1932 za to raziskavo prejel Nobelovo nagrado.

Konkretnejše zanimanje za plazmo se je razvilo, ko je ženevska konferenca "Atomi za mir" začela študije o miroljubnem izkoriščanju jedrske fuzije.

Pri preučevanju plazme je Bohm takoj opazil posebnost, značilno za elektrone. Ko elektroni postanejo del plazme, izgubijo svoj "individualizem" in se začnejo obnašati kot del večje, medsebojno povezane realnosti. To značilnost je opazil pri elektronih, ki v plazmi dajejo vtis, kot da jih poživlja inteligenca, ki je sposobna usklajevati njihovo dejavnost.

Kmalu je skupaj s kolegom Yakirjem Aharonovom odkril Aharonov-Bohmov učinek, kvantno mehanski pojav, pri katerem na nabite delce vplivajo elektromagnetna polja v območjih, kjer so ta polja enaka nič.

Leta 1947 je Bohm proučeval obnašanje elektronov v kovinah. Na podlagi tega, kar je opazil pri plazmi, je opazil, da lahko celo v kovinah posamezna gibanja posameznih elektronov povzročijo organizirane "kolektivne" učinke.

V svoji filozofski razlagi je Bohm identificiral obnašanje mas elektronov z obnašanjem skupnosti človeških bitij.

Slika 50 – Fizik David Bohm je predlagal fascinantno celostno interpretacijo kvantne mehanike, ki je služila kot kontrapunkt ortodoksnemu pogledu, znanemu kot "Københavnska interpretacija".

Ugotovil je povezavo med usklajenim vedenjem posameznih elektronov v kovinah in posameznikov v njihovih družbenih kontekstih. Po Bohmu je tipično vedenje plazme predstavljalo veljavno metaforo za organizirano človeško vedenje. Razvil je prepričanje, da so glavne podobnosti tiste med »družbami plazme« in človeškimi družbami, organiziranimi po marksističnih teorijah.

Te ideje so okrepile Bohmove marksistične ideale v njegovi mladosti. Toda v kasnejših letih je te ideje zaradi materialistične utemeljenosti odločno opustil in se raje posvetil bolj duhovnemu pogledu na kozmos.

Rezultati njegovih študij o obnašanju elektronov v kovinah so prepričali njegovega starega učitelja Oppenheimerja, da ga je vključil med znanstvenike, ki so bili poklicani za delo v Los Alamosu pri projektu Manhattan, vojaškem raziskovalnem in razvojnem programu, ki je pripeljal do ustanovitve bomba atomska bomba med drugo svetovno vojno. Na žalost Bohmova politična preteklost za tisti čas ni bila ravno pomirjujoča in general Leslie Groves je nasprotoval Bohmovemu vstopu v projekt zaradi idej, ki jih je zagovarjal v mladosti.

Med poznimi 1940-imi in sredino 1950-ih so ZDA doživljale razcvet tako imenovanega "lova na čarovnice" ali "makartizma". To je bil zelo razširjen politični odnos v Združenih državah Amerike, za katerega je značilno zaostreno vzdušje sumničavosti in preganjalno vedenje do ljudi ali skupin, ki so veljale za subverzivne. Ime je dobil po senatorju J.R. McCarthyja, ki je bil direktor Komisije za zatiranje neameriških dejavnosti.

Na tisoče ljudi je bilo podvrženih nadzoru in mnogi so bili žrtve osebnih napadov, ki so pogosto temeljili na neutemeljenih obtožbah.

Posebna pozornost je bila namenjena vladnim uradnikom, estradnikom in kulturnikom ter vidnim pripadnikom industrijskega srednjega razreda, ki so bili označeni za "komuniste, zavezane spodkopavanju temeljev ameriške družbe".

V tem ozračju je bil leta 1948 Bohm poklican na pričanje zaradi njegovega članstva v komunistični partiji, ki se je zgodilo leta 1942, vendar se je končalo po samo devetih mesecih. Bohm je zavrnil nastop s pritožbo na peti amandma, torej pravico do molka.

Po letu dni je bil ponovno povabljen pred veliko poroto, a je to ponovno zavrnil in se skliceval na isto ustavno določbo.

Vendar je bil na tej točki poudarek na njem. Leta 1949 je bil aretiran zaradi nespoštovanja sodišča in preživel nekaj dni v zaporu, dokler ni bil izpuščen proti varščini.

Leta 1950 je bil oproščen. Žal je medtem izgubil službo na univerzi Princeton, ki ga je odpustila zaradi pritiskov nekaterih vplivnežev, ki so inštitut financirali.

Do zdaj je bil Bohm na "proskripcijski listi" raziskovalcev in niti Einstein, ki bi ga želel za asistenta, mu ni mogel ponuditi priložnosti. Bil je prisiljen emigrirati v Brazilijo, da bi delal na univerzi S. Paolo, vendar je bil še vedno ameriški državljan; zato mu je ameriško veleposlaništvo odvzelo potni list v strahu, da bi lahko odšel v Sovjetsko zvezo.

Da bi se izognil popolni izolaciji, je Bohm vzel brazilsko državljanstvo. To mu je omogočilo, da je leta 1955 zapustil Brazilijo in odšel za dve leti v Izrael, na inštitut Technion v Haifi. Od tu se je za štiri leta preselil na Univerzo v Bristolu v Veliki Britaniji in se končno leta 1961 za stalno naselil v Londonu, kjer je bil imenovan za profesorja teoretične fizike na Birkbeck College.

Leta 1951 je Bohm objavil »Kvantno teorijo«, besedilo o kvantni fiziki, v katerem je analiziral interpretacijo kvantne teorije in se ob prevzemu nekaterih idej iz miselnega eksperimenta EPR uvrstil med kritike københavnske interpretacije. Pravzaprav je Bohm poudaril nejasne vidike teorije in izpodbijal nezmožnost razširitve naključnosti in determinizma na objekte kvantne mehanike. Bohma je, tako kot Einsteina, globoko vznemiril položaj znanstvene skupnosti, ki je do sedaj »pasivno« sprejela realnost nedoločenosti in nelokalnosti.

Bohm se je posvetil poslanstvu uvajanja oblike determinizma, ki je delovala tudi v izjemno majhnih. Počutil se je zadovoljen, ko je podaril izvod svoje knjige Einsteinu..

Kvantni potencial.

Heisenbergovo načelo pravi, da ni mogoče določiti trajektorije delca, kot je elektron, saj bi bilo potrebno poznati njegovo hitrost in položaj hkrati. Kot že rečeno, je edina možnost izračun valovne funkcije, znotraj katere delec zavzame verjetnostni položaj. Ko se na delcu izvede meritev, se ustvari "kvantni kolaps" in delec se pojavi na točno določenem mestu. Vendar pa med eno in drugo meritvijo delec »izgine« v oblaku verjetnosti.

Bohmu to ni bilo všeč. Zavrnil je idejo, da bi verjetnostna valovna funkcija lahko bila najboljša možna predstavitev delca. Zato se je odločil raziskati način, na katerega elektron vzpostavi pot, ki jo bo moral prepotovati. Preprosto povedano, Bohm je poskušal ponovno uvesti koncept vzročnosti ali identificirati natančen mehanizem, ki je sposoben voditi delce. Na ta način bi bili delci osvobojeni nedoločenega in verjetnostnega konteksta.

Bohm je izhajal iz Heisenbergovega načela negotovosti in predelal formulo ter dodal nov parameter, "kvantni potencial". S tem je ustvaril novo kvantno matematiko, "Bohmovo mehaniko". O tej teoriji se še vedno veliko razpravlja zaradi njenih metafizičnih posledic.

"Bohmova mehanika" predlaga, da se delec ne premika naključno, ampak kot odgovor na silo, "kvantni potencial". Ta sila zagotavlja delcu informacije prek trenutnih, torej nelokalnih povezav.

Da bi deloval nelokalno, mora kvantni potencial ohraniti svojo intenzivnost ne glede na razdaljo. To pomeni, da mora kvantni potencial delovati v nasprotju z vsemi drugimi elektromagnetnimi silami. Kot je znano, se ostale elektromagnetne sile zmanjšujejo za obratni kvadrat razdalje.

Po Bohmu kvantni potencial poganja elektron na način, ki ni niti naključen niti mehaničen, ampak inteligenten. Z drugimi besedami, Bohm trdi, da obstaja informacijsko polje, zahvaljujoč kateremu delec ni podvržen skrivnostnim kapricam naključja, ampak je nenehno obveščen o okoliškem okolju. Delec dobi informacije iz okolja samega.

Očitno Bohm predlaga metafizično, brezprostorsko in brezčasno okolje.

Zato, ko se delci premikajo na svoji poti (in spomnimo se, da so delci v nenehnem vznemirjenju), tega ne počnejo naključno, ampak se odzivajo na informacijski paket, ki ga zagotavlja kvantni potencial. Na ta način Bohm obnovi deterministično obnašanje osnovnih delcev, ki pa je posledica popolnoma skrivnostne sile.

Metaphors by David Bohm.
The Ship
Quantum potential represents
the information that
drives the ship
The engines represent the force that drives the ship

Slika 51 – V metafori ladje Bohm predstavlja delec kot ladjo, ki jo »poganja« »surova sila« svojih motorjev, vendar jo »do cilja« vodi inteligenca instrumentov. Instrumentacija je kvantni potencial, ki zajema globalne informacije in jih prenaša na ladjo.

Metafore Davida Bohma. Ladja

A- Kvantni potencial predstavlja informacijo, ki poganja ladjo

B- Motorji predstavljajo silo, ki potiska ladjo.

Bohm predstavlja ta koncept z eno svojih znanih metafor, metaforo ladje.

Ladja (slika 51) se lahko premika zaradi moči svojih motorjev, vendar jo vodijo navigacijski instrumenti, brez katerih ne bi nikoli prispela do pristanišča. Ladja bi vsak trenutek tvegala, da bo strmoglavila na kakšne plitvine.

Motorji predstavljajo moč, gotovosti klasične fizike, zaradi katerih se ladja premika v morju. Namesto tega so navigacijski instrumenti, od starodavnega kompasa do sodobnega radarja, informacije, ki določajo varno pot in predstavljajo kvantni potencial.

Za vodenje ladje je dovolj majhen, ne premočan radarski signal. Po Bohmu kvantni potencial ni odvisen od intenzivnosti, temveč od »oblike«. Gre za skromno energijo, vendar je zelo informiran in uspe "dati obliko" veliki energiji motorjev, ki bi bila sama po sebi "surova" in "brezoblična".

Številni konkretni elementi kažejo, da kvantni potencial ni le Bohmova teoretična abstrakcija. Klasična kvantna teorija napoveduje obstoj neizmernega morja energije, ki prežema celotno vesolje. Ta skoraj neskončna usedlina bi bila "kvantni vakuum", ki se pogosto imenuje tudi "polje ničelne točke" ali "Casimirjev učinek". Ta zadnja definicija izhaja iz dejstva, da je nizozemski fizik Hendrik Casimir že leta 1948 dokazal obstoj "kvantnega vakuuma".

Casimirjev učinek je privlačnost, ki nastane med dvema telesoma, ki se nahajata v vakuumu, torej tam, kjer ne bi smelo biti razloga za privlačnost. Ker pa je privlačnost tam, pomeni, da praznina v resnici ni prazna. Pravzaprav se domneva, da obstaja sila, imenovana "polje ničelne točke". To polje izhaja iz energije vakuuma, ki jo določajo navidezni delci, ki nenehno nastajajo zaradi učinka kvantnih nihanj, kot predvideva Heisenbergovo načelo negotovosti.

Tako ima vakuum "spodnjo energijo", ki presega realnost materije.

Ta "moč" sega v vsako "prazno" področje vesolja. Gostota njegove energije je bila ocenjena na neizmerne vrednosti, ki vzpostavljajo neizmerno neuravnoteženo razmerje s kozmosom, ki ga poznamo in je predstavljen v obliki materije.

Če vzamemo podobo atoma, se spomnimo, da je skoraj v celoti sestavljen iz praznine. No, Casimirjev učinek napoveduje, da ta praznina ni prazna, ampak energija. Iz tega razumemo, kako je energija vakuuma neizmerno večja od energije »nepraznega«. Če vsej tej energiji podelimo možnost, da se izrazi v obliki kvantnega potenciala, spoznamo moč koncepta, ki ga je razvil Bohm.

Vloga "opazovalca"..

Kvantna mehanika napoveduje, da je kozmična realnost posledica dveh dejavnikov. Prvi dejavnik je "surova sila", ki je neločljivo povezana s snovjo. Drugi dejavnik je "sistem vodenja", ki daje materiji navodila, ki omogočajo, da njena sila deluje inteligentno.

Prvi faktor, surova sila, označuje makroskopsko raven oziroma srednjo raven, v kateri živimo in jo razlagamo po zakonih Newtonove fizike in Einsteinove relativnosti.

Na tej ravni vloga opazovalca nima vpliva. Pravzaprav je zelo težko, da bi lahko nekdo s svojim »gledanjem« spremenil potek dogodka. S pogledom nanj ne bomo mogli premakniti nobenega stola. Hkrati pa, če ne pogledamo stola, se v skladu s kvantno teorijo ne bo sam premikal po razponu verjetnih poti.

Drugi dejavnik, to je sistem vodenja, od opazovalca zahteva, da je del samega pojava in da zgolj z opazovanjem vpliva na njegov razvoj. Kot že rečeno. to se zgodi v primeru fotonov, ki se obnašajo kot delci, ko jih opazujemo, in kot valovi, ko jih ne opazujemo. Na subatomski ravni ima vloga opazovalca zelo posebne značilnosti. Opazovalec postane del edinstvenega sistema, ki vključuje tako njega samega kot opazovani predmet. Opazovalec in opazovano postaneta nerazločljiva in imata vzajemen vpliv, ki ga ni mogoče prezreti.

V kvantni fiziki si znanstvenik ne more predstavljati, da bi bil "zunanji" objektivni opazovalec, saj že njegova prisotnost prispeva k oblikovanju realnosti, ki jo opazuje.

John Wheeler je bil ameriški fizik, karizmatična osebnost v fiziki v tridesetih in štiridesetih letih prejšnjega stoletja; pod njegovim vodstvom so se usposabljali številni znani fiziki, vključno z Richardom Feynmanom. Wheeler je med drugim skoval izraz "črvovina", ki označuje možne tunele ali vesoljske prehode med različnimi območji prostora-časa.

Wheeler meni, da je vpletenost opazovalca v opazovano subatomsko realnost celo najpomembnejši vidik kvantne fizike, do te mere, da predlaga izločitev izraza "opazovalec" z zamenjavo z izrazom "udeleženec". To prepričanje izraža v znanem citatu:

> »V kvantni mehaniki ni nič pomembnejšega od dejstva, da je koncept, razumljen kot »nekaj zunaj«, uničen.
>
> To velja tudi takrat, ko je opazovalec na varni razdalji, od opazovanega predmeta ga ločujejo dvajset centimetrov debele steklene plošče. Pri opazovanju drobnega predmeta, kot je elektron, mora opazovalec iti čez

steklo: mora "vstopiti", da namesti merilno napravo po lastni izbiri. Opazovalec mora izbrati, ali želi izmeriti položaj ali gibalno količino. Namestitev naprave za merjenje ene od obeh količin mu preprečuje namestitev druge naprave za merjenje druge količine.

Poleg tega meritev spremeni stanje elektrona. Po meritvi vesolje ni več isto. Za opis tega, kar se je zgodilo, je treba opustiti staro besedo 'opazovalec' in jo nadomestiti z novim izrazom 'udeleženec'. Na nek način je vesolje participativno vesolje.«

Brez razdrobljenosti.

Po Bohmu so subatomski delci zahvaljujoč kvantnemu potencialu potopljeni v "polje oblike". Iz tega polja delci prejemajo vse informacije, ki so potrebne za odločitev, kako se bodo ves čas gibali.

Ker pa je makroskopski nivo sestavljen iz skoraj neskončnega števila subatomskih delcev, je vsako živo bitje podvrženo polju oblike, ki v vsakem trenutku vsakemu delcu njegovega telesa sugerira koordinate njegovih mikroskopskih gibanj.

Razlika med dejavnikoma (makroskopskim in mikroskopskim) je v tem, da prvi za svoj razvoj potrebuje prostor in čas, torej ima lokalne značilnosti, medtem ko mikroskopski dejavnik, to je pogonski sistem, ne potrebuje ne prostora ne časa. Mikroskopski nivo je izražen v dimenziji, imenovani "nelokalni". Sistem vodenja je izraz "neskončnega", ki se nahaja zunaj prostora in časa. Vodilni sistem ne proizvaja informacij tako, da jih sprejema z točno določenega mesta, ampak jih poseduje v »univerzalni celoti«, nekakšni »prostorski predsobi«, v kateri je zavest vesolja.

V kontekstu Bohmove mehanike so delci sistema "nelokalno" povezani s kvantnim potencialom. To se zgodi ne glede na to, kako daleč sta narazen. Najbolj neposredna posledica je opažanje, da ni ločenih in neodvisnih predmetov, ampak je vse med seboj povezano, da tvori eno samo stvar.

Poleg tega, kot smo že videli, ni ničesar »zunaj« nas, kar bi lahko opazovali od zunaj. Tudi sami smo aktivni del celote. Kvantna mehanika kaže popolnoma medsebojno povezano vesolje.

Kvantno vesolje je realnost, ki je ne moremo razstaviti na elementarne dele, ki bi lahko obstajali s samostojnim življenjem.

S proučevanjem intimnosti materije pridemo do spoznanja, da delci, iz katerih je sestavljena, ne predstavljajo temeljnih gradnikov v smislu, ki ga je želel Demokrit. Delci so čiste idealizacije, študijske hipoteze, ki lahko zagotovijo idealne predstavitve realnosti, ki je ni mogoče predstaviti. Dejansko so delci običajne abstrakcije.

V resnici obstaja kozmična medsebojna povezava, sestavljena iz verjetnostnih vibrirajočih energij, ki jih ni mogoče natančno umestiti v prostor, kot ga razumemo. O zaslugah se Bohm tako izrazi v eseju, ki ga je skupaj z Basilom Hileyem napisal za revijo "Foundation of Physics", objavljenem leta 1975 z naslovom "O intuitivnem razumevanju nelokalnosti, kot jo implicira kvantna teorija":

> Ovrgli smo običajno klasično pojmovanje, po katerem so neodvisni »elementarni deli« sveta temeljna

realnost, različni sistemi pa le posamezne in naključne oblike in ureditve teh delov.

Namesto tega pravimo, da je temeljna resničnost kvantna medsebojna povezanost celotnega vesolja. Deli, ki imajo razmeroma neodvisno vedenje, so le posebne in naključne oblike znotraj te celote.

Kot da bi rekli, da voz kralja Milinda ni naključna vsota koles, osi in konjev, kot trdi materializem. Namesto tega so različni deli elementi, inteligentno izbrani, da sestavljajo celoto, ki je voz.

Ne glede na obliko osi, ne glede na število naper, ki jih imajo kolesa, ne glede na barvo ali število konjev, vse to so nepomembne podrobnosti glede na transcendentni projekt "vagona".

Na subatomski ravni se objekti, v katerih se materializira trdna snov, raztapljajo v valovih verjetnosti, ki so povezani v »univerzalno celoto«.

Ni razdrobljenosti, ampak le unikum, poln vibracij. Če nosimo očala za kvantno fiziko, vesolja ne moremo več videti kot zbirko različnih predmetov, od zrn cvetnega prahu do galaksij, dobro definiranih in ločenih drug od drugega. Kar se nam zdi neizmerna mreža energij, povezanih v celoto, ki vključuje tudi nas same.

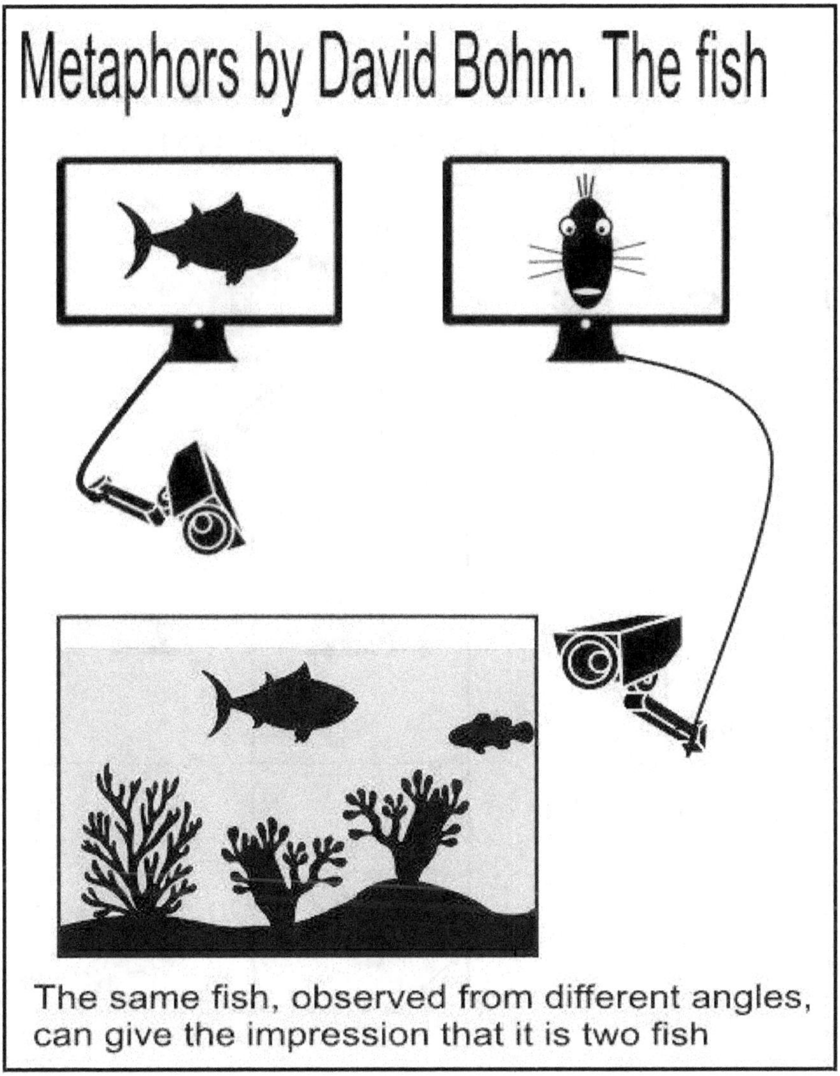

Slika 52 - Bohmova metafora o kvantni superpoziciji.
Metafore Davida Bohma. Ribe v akvariju.
Ista riba, gledana iz različnih zornih kotov, lahko daje vtis, da gre za dve različni ribi.

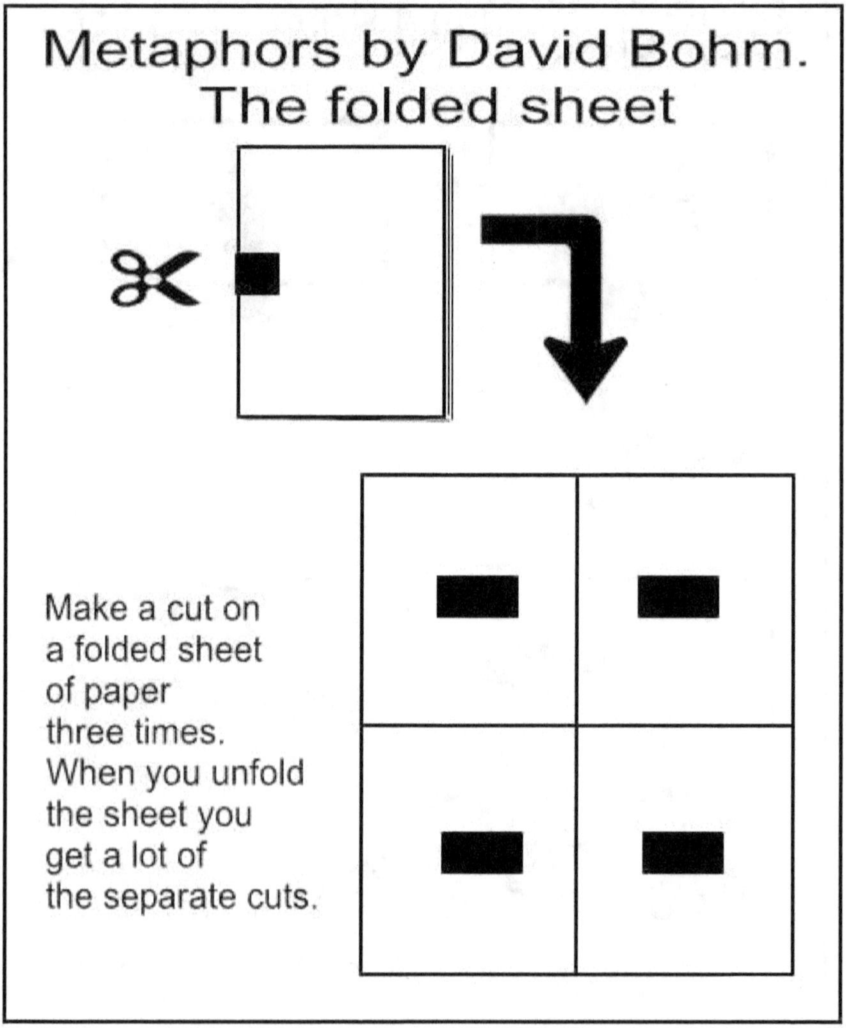

Slika 53 - Luknje, ki se pojavijo na neprepognjenem listu, so pravzaprav posledica enega reza.

Metafore Davida Bohma. Zložen list papirja.

Na trikrat prepognjenem listu papirja naredite rez.

Ko list razgrnete, dobite veliko ločenih kosov.

Ameriški fizik Henry Pierce Stapp v eseju "S-matrična interpretacija kvantne teorije" pravi:

> »Svet se kaže kot zapleteno tkivo dogodkov, v katerem se izmenjujejo, prekrivajo in združujejo različne vrste medsebojnih povezav, ki določajo strukturo celote«.

Metafora ribe, ki je vzeta iz različnih zornih kotov (sl. 52), odlično opisuje koncept, po katerem, čeprav obstajajo navidezno različne manifestacije nekega predmeta, zaradi česar verjamemo, da gre za več različnih predmetov, v resnici so en sam predmet.

"Ordine implicito" e "Ordine esplicito".

»Na zelo globoki ravni sta materija in zavest popolnoma neločljivi in povezani, tako kot sta v videoigri igralec in zaslon združena s sodelovanjem v skupnem procesu. V tem pogledu sta um in materija dva vidika "celote", ki je "eno". Na zelo globokih ravneh je zavest človeštva ena.
(David Bohm)

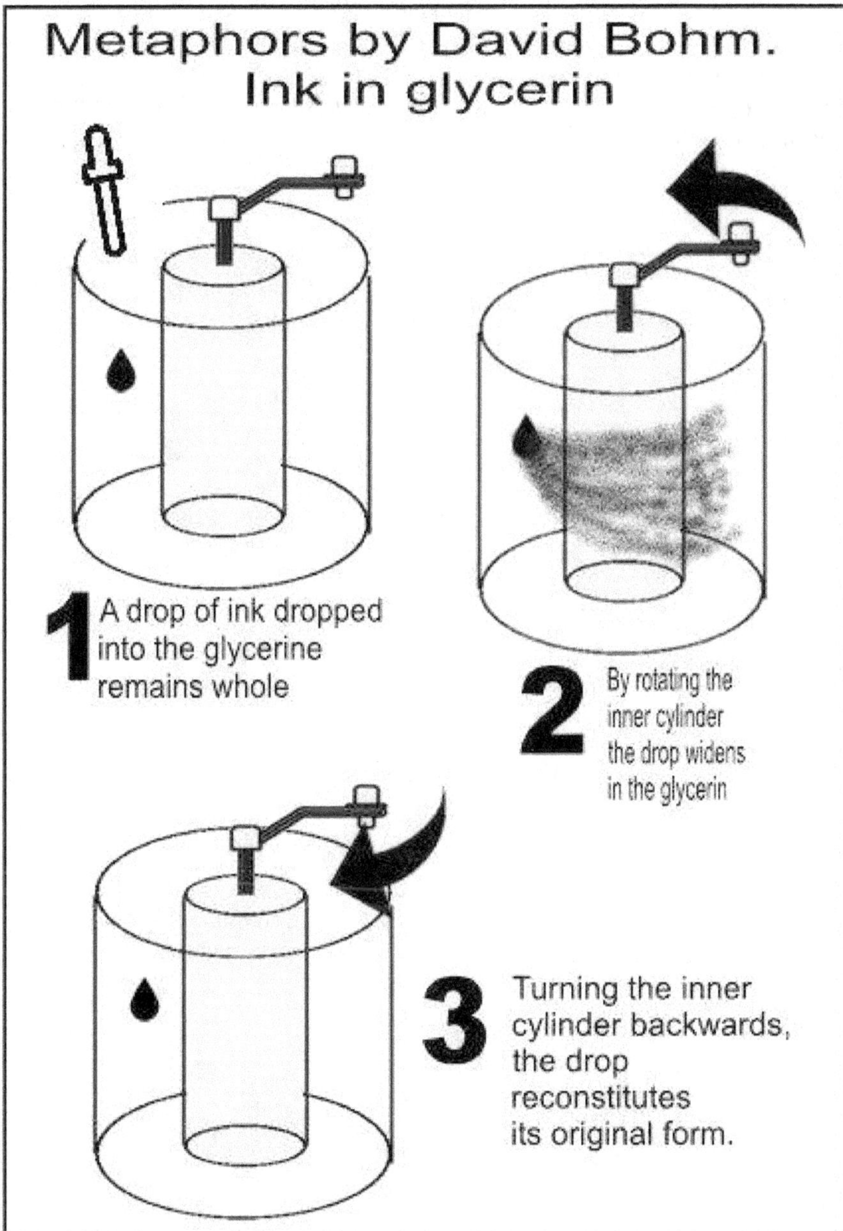
Metaphors by David Bohm.
Ink in glycerin
1 A drop of ink dropped into the glycerine remains whole
2 By rotating the inner cylinder the drop widens in the glycerin
3 Turning the inner cylinder backwards, the drop reconstitutes its original form.

322 "Ordine implicito" e "Ordine esplicito".

Slika 54 - Metafora Davida Bohma o kapljici črnila, razpršeni v glicerinu.
Metafore Davida Bohma. Črnilo v glicerinu
1 Kapljica črnila, ki jo kapnete v glicerin, ostane cela.
2 Z vrtenjem notranjega valja se kapljica razširi v glicerinu.
3 Z vrtenjem notranjega valja v nasprotni smeri kapljica ponovno vzpostavi prvotno obliko.

V svojih študijah o plazmi je bil Bohm fasciniran nad tem, kako se lahko v površinski situaciji navideznega kaosa nenadoma pojavi red, ki prihaja iz globlje plasti. Ta izkušnja ga je prizadela do te mere, da je postala značilen element vseh njegovih študij. Vsaka njegova intuicija je izhajala iz možnosti, da bi lahko pojav razumeli v njegovih najbolj intimnih konotacijah, začenši s predpostavko o obstoju osnovne ali implicitne "regulativne inteligence".

To ga je pripeljalo do teorije o obstoju reda, ki presega čas in prostor in je neločljivo povezan z najglobljimi gubami realnosti, kar je imenoval "implicirani red" ali "zavit red". Bohm je domneval, da ta red ne obstaja samo v svetu osnovnih delcev, ampak v celotnem vesolju. Implicitni red, ki je značilen za najbolj skrite dele kozmosa, nasprotuje »ekspliciranemu redu«, to je red stvari, kot jih vidimo mi ali kot se nam zdijo v naši izkušnji.

Bohm je imel prve intuicije o obstoju implicitnega reda, ko je sanjal o vesolju, sestavljenem iz neskončnega števila sferičnih zrcal, ki se med seboj odbijajo. Snov si je predstavljal kot sestavljeno iz atomov, kjer vsak atom kot ogledalo odseva neskončne odseve.

Metafora na sliki 53 ponazarja, kakšno razmerje lahko obstaja med "implicitnim" redom in "eksplicitnim" redom. Predstavljajte si, da list papirja zložite na tri ali več delov. S škarjami odpremo eno okence kjer koli na listu. Dovolj bo, da razgrnemo list, da opazimo obstoj številnih majhnih okenc, ki so med seboj prostorsko ločena: ta ločitev je popolnoma iluzorna, če upoštevamo prepognjen list, vendar jo našim čutilom razložimo kot vsoto majhnih okenc. ko list razgrnemo. Očitno prepognjen list papirja predstavlja skriti ali implicitni red, razgrnjen list papirja pa eksplicitni red.

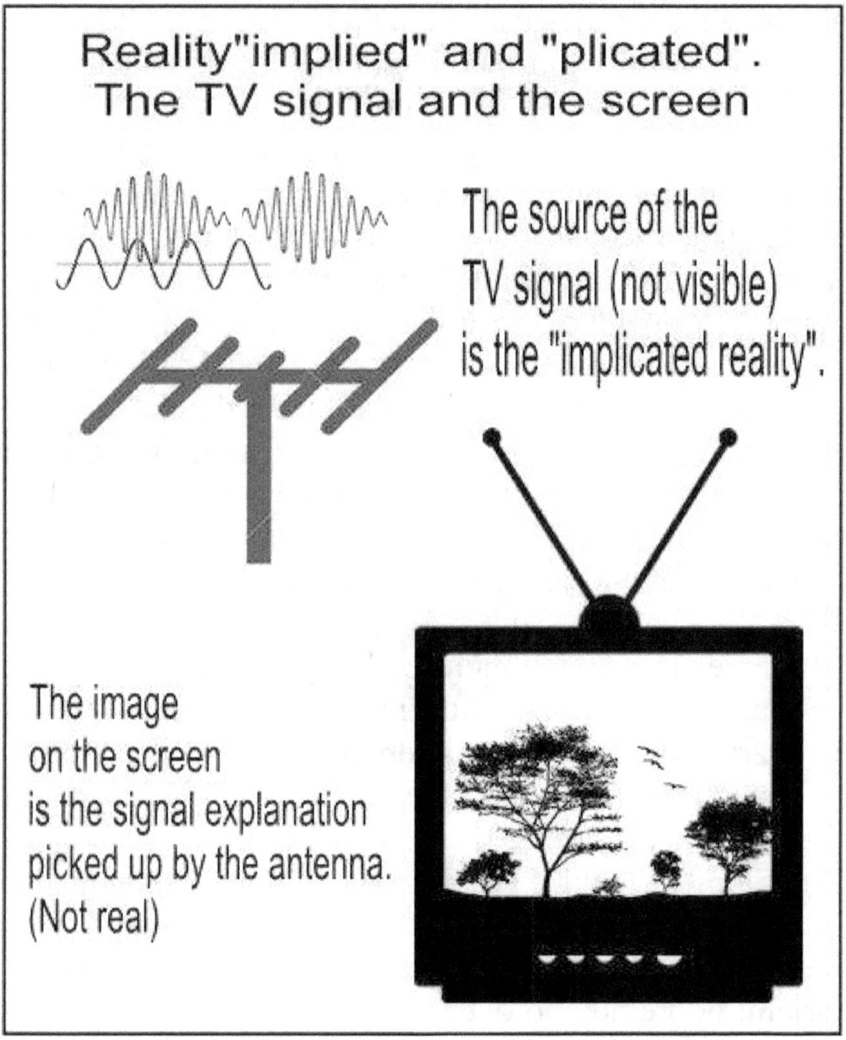
Reality"implied" and "plicated".
The TV signal and the screen
The source of the
TV signal (not visible)
is the "implicated reality".
The image
on the screen
is the signal explanation
picked up by the antenna.
(Not real)

Slika 55 - "Eksplicitna resničnost" je samo neresnična interpretacija signalov, ki jih prejme zunanji vir preko antene.

»Implicitna« in »eksplicitna« realnost.

TV signal in zaslon

a - Vir televizijskega signala (ni viden) je "nakazana resničnost".

B - Slika na zaslonu je razumljiva razlaga signala, ki ga ujame antena.

Reality"implied" and "explicated".
The video game
The events that
develop on the screen
are the
"reality explicated"
The software that guides events
is the"implicated reality"

Slika 56 - Eksplicitna resničnost (kar vidite na zaslonu) je našim čutom prilagojena predstavitev implicitne resničnosti, tj. programske opreme, ki prihaja iz kartuše, naložene v konzolo.

»Implicitna« in »eksplicitna« realnost. Video igra

a - Dogodki, ki se odvijajo na platnu, so "eksplicitna resničnost"

b – Programska oprema, ki poganja dogodke, je "implicitna resničnost".

Bohm je rad razvijal metafore za podporo svojih tez. Kar zadeva implicitni in ekspliciran red, si je zamislil implicitno dimenzijo, ki vsebuje informacije o realnosti v obliki, ki ni razumljiva našim čutom, vendar se je sposobna eksplicirati v oblikah in na načine, ki so nam razumljivi. Toda naše razumevanje ne ustreza resničnosti.

V metafori televizijskega signala (slika 55) implicitni red sestavljajo nam nevidne in nerazumljive radijske frekvence, ki segajo v eter in jih lahko ujame antena. Ko se radijske frekvence prenesejo na sprejemno napravo, se odprejo tako, da jih naše oči in ušesa razumejo. Seveda je to, kar vidimo na zaslonu, le pretakanje v oblike in barve realnosti, sestavljene iz frekvenc, ki jih ne bi mogli razvozlati.

Še najbolj primerna je metafora videoigre (slika 56), kjer našemu okolju in naši vesti tuja inteligenca, tj. programska oprema, ki prihaja iz kartuše, vstavljene v konzolo, ustvarja iluzijo fantastičnega sveta z s katerim lahko komuniciramo, kot da smo res potopljeni vanj, medtem ko je v resnici čista iluzija.

Druga metafora predvideva, da je mogoče oba reda ponazoriti z ureditvijo naprave na sliki 54, ki jo je razložil sam Bohm med intervjujem za spletno stran "oubliettemagazine.com":

> Medtem ko sem razvijal teorijo "vpletenega vesolja", je znanstveni program na BBC pokazal napravo, ki dobro ponazarja koncept.
>
> Sestavljen je iz dveh koncentričnih steklenih valjev. Med njimi je viskozna tekočina, kot je glicerin. Če kapljico netopnega črnila damo v glicerin in zunanji valj počasi zavrtimo, bo kapljica črnila oblikovala sled.

> Na koncu postane sled tako razpršena, da postane skoraj nevidna. V tistem trenutku se zdi, da reda ni.
> Če pa valj počasi vrtite nazaj, se glicerin vrne v prvotno obliko in nenadoma je kapljica črnila spet vidna. Kapljica črnila, ki je bila razpršena v glicerinu, se rekonstituira zahvaljujoč obratni rotaciji.

Imamo dva koncentrična steklena valja, od katerih se eden lahko počasi vrti. Prostor med obema valjema je napolnjen z viskozno tekočino, kot je glicerin. Ko se valj vrti, se bližnja tekočina ponese skupaj z njim. Toda predpostavimo, da se premični valj zdaj vrti v obratni smeri. Če je tekočina zelo viskozna, kot je glicerin, in se valj ne vrti prehitro, bo element tekočine sledil svojim natančnim korakom, da bi rekonstituiral prvotno kapljico črnila.

Ta metafora uči, da tudi v navideznem kaosu obstaja skriti red. Ko se oblika kapljice črnila raztopi in izgine iz vidnega polja, njen vrstni red ni uničen, ampak ostane impliciran v glicerinu. Ta raztopljena kapljica črnila predstavlja implicitni red, medtem ko celotna kapljica predstavlja razloženi red, to je resničnost, kakršna se zdi našim čutilom. Vrtenje valja ima odločilno vlogo in predstavlja dinamiko, ki združuje oba reda. V Bohmovi elaboraciji se ta dinamika imenuje "holomement".

Ogromen kozmični hologram.

Izraz hologram na splošno označuje tridimenzionalne slike, še posebej stereoskopske, torej tiste, ki se glede na točko opazovanja pojavljajo z različnimi perspektivami.

Zato je hologram tridimenzionalni prikaz realnosti in bi ga lahko primerjali z običajno fotografijo, če le ta ne bi bila dvodimenzionalna. Pri fotografiranju predmeta s klasičnimi metodami ga boste ponovno videli le v delu, ki ga je uokviril objektiv. Če fotografirate osebo od spredaj, boste vedno videli njen obraz, nikoli pa ne morete videti hrbta. Nasprotno pa bo hologram vrnil tridimenzionalno sliko posnetega prizora, kjer bodo predmeti in ljudje videti, kot da so postavljeni v središče odra.

Holograme pridobivamo s posebnimi tehnikami. Snemanje poteka prek žarka laserske svetlobe, ki je usmerjen tako proti objektu, ki ga želite reproducirati, kot proti plošči iz občutljivega materiala.

Zahvaljujoč igri ogledal se svetloba, ki prihaja iz vira, moti s svetlobo, ki jo odbija predmet. Zaradi tega na plošči nastanejo črte, imenovane interferenčne obrobe. Preprosteje povedano, na plošči se ne pojavi slika fotografiranega predmeta, temveč preplet črt, ki vsebujejo informacijo o tridimenzionalnosti.

Seveda je mogoče posneto sliko reproducirati z izjemno natančnostjo, preprosto z osvetlitvijo plošče z drugim laserskim žarkom. Ta žarek namreč uspe dekodirati informacijo tako, da rekonstruira tridimenzionalno podobo slikanega predmeta, ki se gledalcu zdi, kot da je fizično prisoten. Zahvaljujoč tehničnim izboljšavam in razvoju so hologrami zdaj vidni tudi v "beli svetlobi" ali sončni svetlobi.

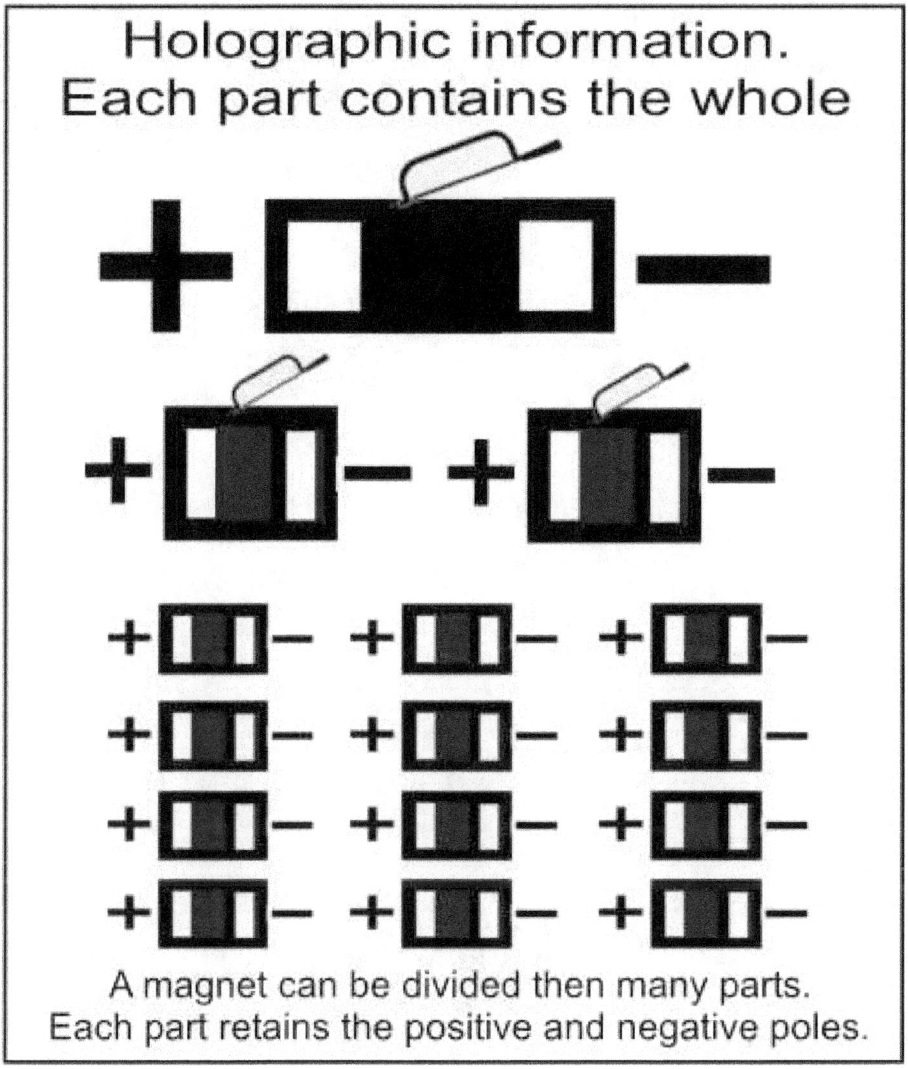
Holographic information.
Each part contains the whole
A magnet can be divided then many parts.
Each part retains the positive and negative poles.

332 "Ordine implicito" e "Ordine esplicito".

Slika 57 - Magnet lahko predstavlja holografsko realnost. Če magnet razbijemo na poljubno število delov, vsak del ohrani lastnosti celote.

Holografske informacije. Vsak del vsebuje celoto

Magnet lahko razdelimo na več delov. Vsak del ohranja pozitivni in negativni pol.

Danes obstajajo tudi tiskani hologrami, pri katerih je uklonska mreža reproducirana na prozornem plastičnem nosilcu, ta pa na srebrni plasti. Podobne holograme lahko vidimo na primer na nekaterih kreditnih karticah.

Hologram ima zelo zanimivo posebnost, po kateri se jasno razlikuje od običajne fotografije, na kateri so informacije kristalizirane na papirju. Če fotografijo razrežete na dva dela in en del zavržete, se lahko podatki, ki jih vsebuje, štejejo za trajno izgubljene. Iz preživele polovice ne boste nikoli mogli rekonstruirati vsebine manjkajoče, razen z intuitivnim približkom.

Nasprotno pa lahko hologram razdelimo na poljubno število delov in vsak del bo ohranil celotno informacijo.

Bohm predlaga metaforo magneta (sl. 57). Ta predmet, običajno imenovan magnet, je kovinsko telo, ki ustvarja magnetno polje, nevidno človeškemu očesu, in proizvaja splošno znane učinke: lahko privlači ali odbija druge magnete in seveda tudi železove materiale. Magnet ima dva pola, imenovana severni in južni. Če pustimo magnet, da se prosto vrti, je severni pol tisti, ki gleda proti severu. Seveda je na drugem koncu Južni pol.

Lahko bi mislili, da z žaganjem magneta po sredini dobimo dva dela, enega samo s severnim polom in drugega samo z južnim polom. Ni tako. Vsaka od obeh strani takoj obnovi manjkajočo polarnost. Magnet lahko razdelite na poljubno število delov; v vsakem primeru, ne glede na to, kako majhen je, bo imel vsak del severni pol in južni pol, kar pomeni, da bo vsak del ohranil nedotaknjene vse informacije prvotnega magneta, iz katerega je bil pridobljen.

Če hologram razrežete na dva, deset, sto ali tisoč delov, se zgodi isto. Vsak del hrani vse informacije matrike, iz katere prihaja.

Poleg tega ima hologram neverjetno kvantitativno zmogljivost shranjevanja: dovolj je, da spremenite kot, pod katerim dva laserska žarka vplivata na film, da se v enem samem kubičnem centimetru prostora nakopičijo milijoni milijard informacij.

Analogija z "vpletenim vesoljem" je očitna: tudi tukaj je vsak del medsebojno povezan z vsemi drugimi, ki tvorijo eno stvar, in v tej mreži povezav celo najmanjši del, kot je en sam delec, vsebuje globalno informacijo.

Ker je informacijo celotnega kozmosa mogoče prepoznati v najmanjšem delcu, Bohmova teorija prevzame holografske značilnosti in vesolje, razumljeno kot implicitni in eksplicitni red, si lahko predstavljamo kot ogromen hologram.

Holografsko vesolje.

Najbolj osupljiva stvar pri holografskem modelu je bila, da je nenadoma dobil smisel za široko paleto nejasnih pojavov, ki jih je treba obravnavati zunaj meja znanosti. Ti vključujejo telepatijo, predznanje, mistične občutke enosti z vesoljem in celo psihokinezo ali sposobnost uma, da premika materialne predmete, ne da bi se jih kdo dotaknil."

(Michael Talbot, "Vse je eno")

Bohmove intuicije so kmalu zavzele natančno smer, smer vesolja, ki si ga predstavljajo kot velikanski hologram. Nujno pa je bilo treba upoštevati dejstvo, da vesolje ni statična realnost, ampak dinamična, neizmerno sosledje živahnih energij in vznemirjene materije; pravzaprav nič v subatomskem vesolju ni statično, kot smo videli pri opisovanju atoma.

Tako je Bohm skoval nov izraz "holomovement". Vesolje je v Bohmovem pojmovanju neizmerno holomo gibanje, v katerem vsak del, tudi najmanjši, vsebuje vso kozmično zgodovino in inteligenco, ko se odvijata v času in prostoru.

Ravno zato, ker »vpleteno« vesolje v sebi implicira vsa fizična vesolja in njihovo postajanje v naših čutilih, nastali hologram sploh ne pozna pojma statičnosti, ampak predstavlja večno gibanje »implicitnega« in »razlage«.

Implicitni red vsebuje v sebi vsak čas, preteklost, sedanjost in prihodnost, in vsak kraj. Čas in kraj, ki se v eksplicitnem redu odvijata v ločenih resničnostih, sta v implicitnem redu eno.

Holomikanje omogoča, da implicitni red vsebuje vse raznolikosti eksplicitnega reda. V intervjuju Bohm razloži hologibanje s temi besedami:

> »Isti implicirani vrstni red je bil zaznan v kompleksnem gibanju elektromagnetnih polj v obliki svetlobnih valov. Takšno gibanje svetlobnih valov je prisotno povsod in zajema celotno vesolje prostora in časa v vsaki regiji. To oklepanje in razpiranje se ne dogaja samo v gibanju elektromagnetnega polja, ampak tudi v drugih poljih, ki se podrejajo zakonom kvantne

mehanike, ki nakazujejo lastnosti diskontinuitete in nelokalnosti. Celotno gibanje zapiranja in odpiranja lahko močno preseže tisto, kar smo zaznali med našimi opazovanji. To celoto imenujemo "hologibanje".

V istem intervjuju Bohm ponovno pravi:

»Predlagam nekaj takega: predstavljajte si neskončno morje energije, ki zapolnjuje prazen prostor, v njem pa se premikajo valovi, ki se občasno zberejo skupaj in povzročijo intenzivno utripanje.

Pravimo, da se določen impulz zbira in širi ter ustvarja naše vesolje prostora-časa in materije. Lahko bi se zgodilo več teh impulzov. Za nas je ta impulz videti kot veliki pok; v širšem kontekstu je to majhen val. Vse izhaja iz razporeditve v »holomean«. Vse se zloži nazaj v impliciranem vrstnem redu. Proces zgibanja ali zapiranja imenujem "impliciranje". Nasprotno, proces odvijanja ali odpiranja imenujem "razlagalni". Implicitno in eksplicitno sta ena tekoča in nerazdeljena stvar. "

Bohm nato dopolni svojo vizijo vesolja na izjemno mističen način tako, da si kot v matrjoški predstavlja zelo dolge teorije implicitne resničnosti, ki so podlaga za druge, dokler ne doseže "super impliciranega reda", to je "kozmičnega uma". Po Bohmu ta um ustvarjalno doživlja v sebi dejavnost višjih redov. Vsako živo bitje zavestno sodeluje v celoti tako, da daje celoti pomen. Brez zavesti živih bitij bi bilo vesolje nepopolno. Zahvaljujoč sodelovanju vsakega živega bitja "kozmični um" napreduje v smeri zavedanja in samospoznanja.

Slika 58 - Karl Pribram je neodvisno od Bohma razvil koncept holografskega uma.

Karl Pribram

Karl Pribram se je rodil na Dunaju leta 1919 in končal življenje leta 2015. Bil je nevrokirurg, profesor psihiatrije in psihologije na različnih ameriških univerzah, med drugim na univerzah Stanford in Georgetown.

Njegove najpomembnejše študije se nanašajo na človeške možgane in živčni sistem: zlasti je pomagal opredeliti naravo limbičnega sistema in odnos med njim in frontalnim korteksom.

Zdelo se bo nenavadno, da o tem govorimo v tem kontekstu, ki je v veliki večini namenjen fizikom ali filozofom, vendar obstaja zelo poseben razlog. Dejansko je Pribram znan predvsem po razvoju, v sodelovanju z Davidom Bohmom, tako imenovanega "holonomskega modela možganov", znanega tudi kot "Pribramov in Bohmov holografski model" ali kot "holografska paradigma".

S tem modelom je Pribram teoretiziral, da informacije in s tem tudi spomini, shranjeni v naših možganih, niso "posneti" v nevronih, ampak so rezultat recipročne interakcije oblik valov, ki generirajo "vzorce". Na ta način pojasnjuje sposobnost možganov, da shranijo ogromno količino informacij na relativno majhen prostor.

Pribram je verjel, da so spomini shranjeni v mreži živčnih impulzov, ki se prepletajo po možganih, tako kot se laserski žarki križajo na filmu, ki vsebuje holografsko sliko, in omogočajo, odvisno od kota, razkritje ogromnih količin informacij.

V svojih nevrokirurških študijah je Pribram tako kot Bohm prišel do zaključka, da je delovanje spomina bolj razumljivo, če ga obravnavamo kot podobno holografski realnosti. Seveda sta oba svoja prepričanja zorela po povsem različnih poteh. Bohm je svojo teorijo oblikoval po študiju kvantne fizike, Pribram pa se je v holografsko resničnost prepričal zaradi številnih, včasih nepremostljivih težav pri razlagi nekaterih nevrofizioloških vprašanj.

V sedemdesetih letih 20. stoletja je Pribram raziskoval hipotezo o holografski resničnosti, izhajajoč iz načela, da naši možgani obdelujejo signale, prejete iz oči, da bi predstavili posredovano resničnost, podobno hologramu.

Ker je bil njegov sin fizik, se je mislil obrniti nanj, da bi primerjal nekaj idej, a mu je sin takoj svetoval, naj se obrne na Davida Bohma, ki je bil zagotovo najprimernejša oseba. Pribram je to storil in iz njunega srečanja se je rodila kot skala trdna istovetnost pogledov na možnost, da je vesolje holografska resničnost.

Michael Talbot v svoji knjigi "Holographic universe: The Revolutionary Theory of Reality" takole opisuje sadove srečanja med znanstvenikoma:

> »Teoriji Bohma in Pribrama skupaj nudita globoko nov pogled na svet. Naši možgani konstruirajo objektivno resničnost matematično, razlagajo frekvence, ki so na koncu projekcije iz druge dimenzije, globljega reda obstoja onkraj prostora in časa: možgani so hologram, skrit v holografskem vesolju.
>
> Pribram trdi, da mu je ta sinteza dala vedeti, da objektivni svet ne obstaja, ali vsaj ne v smislu, kot smo vajeni verjeti. Kar obstaja »tam zunaj«, je ogromen ocean valov in frekvenc, realnost pa se nam zdi konkretna samo zato, ker so naši možgani sposobni preoblikovati to nejasno holografsko obliko v osnovne gradnike in znane predmete, ki sestavljajo naš svet. (...)

Imamo dva zelo različna vidika realnosti. Vidimo se lahko kot materialna telesa, ki se premikajo skozi prostor. V nasprotnem primeru se lahko vidimo kot zamegljena slika interferenčnih vzorcev, skritih skozi celoten kozmični hologram.

Bohm verjame, da je ta drugi pogled pravilnejši."

Ali realnost obstaja ali ne?

Kombinacija Pribramovega holografskega modela možganov z Bohmovo teorijo "holomovementa" daje presenetljiv rezultat. Če je resničnost v konkretnosti, ki jo zaznavamo, iluzija in vse, kar obstaja, ni nič drugega kot množica frekvenc in vibrirajočih energij, kaj ostane? Če možgani niso nič drugega kot hologram, ki dekodira prejete frekvence in jih pretvarja v čutne zaznave, ali objektivna resničnost res obstaja?

Odgovor bi se moral glasiti: ne, »objektivna resničnost« ne obstaja, kar potrjuje tisto, kar že od nekdaj zagovarjajo vzhodnjaške filozofije, po katerih je svet le iluzija.

Ne le to: s tem odgovorom rehabilitiramo tudi prehitro zasmehovane teorije številnih zahodnih filozofov. Za primer lahko omenimo Georgea Berkeleyja. Po njegovem mnenju vsi predmeti, za katere menimo, da obstajajo, nimajo telesa. Predmeti so samo ideje, ki jih naši čuti prenašajo v možgane. V možganih so te ideje oblikovane in oblečene z lažnim vtisom materialnosti.

Pribramova holografska paradigma in Bohmovo hologibanje vodita do zaključkov, ki jih mnogi oporekajo, vendar mnogi drugi menijo, da so to najbolj natančen opis realnosti doslej.

Kam gremo

»Razumeti moraš celotno življenje, ne le delček. Zato moraš brati, zato moraš gledati v nebo, zato moraš peti in plesati in pisati poezijo ter trpeti in razumeti, kajti vse to je življenje.
(Jiddu Krishnamurti)

Živimo v privilegirani dobi, v kateri nas skrivnostna sinhronost s kozmičnimi razsežnostmi vodi proti neslutenim ciljem. Ko bomo dosegli te cilje, se bo zgodilo, da bosta duh in materija, končno deležna enake pravice do obstoja, lahko vključila vse človeštvo v znanja in možnosti, ki se danes zdijo še nedoumljive in nedosegljive. Ta sinhronost nas vodi na prehodu med obdobjem nezavedne materije in obdobjem svetlečega duha.

Pomemben prvi korak je bil že storjen s porazom materializma, kljub dejstvu, da še danes obstajajo kraji, institucije in ljudje, ki ne opustijo postavljanja materializma kot načela svoje intelektualne vadbe. V mnogih primerih se to zgodi zaradi zaščite privilegijev ali interesov.

V zadnjih desetletjih so materialistične teorije na najnaprednejših znanstvenih področjih popolnoma zastarele. Začnemo se spraševati, ali smo res samo "naključno sestavljeni stroji" ali pa nimamo "zavesti", ki bi lahko oblikovala vesolje, ki nas vsebuje.

V tem kontekstu postane vprašanje, ki je bilo do prejšnjega stoletja omejeno na megleno sfero metafizike, izjemno aktualno in začne mučiti um najbolj razsvetljenih znanstvenikov: ali smo mi tisti, ki ustvarjamo svojo realnost?

Preučevanje duše postane del fizike.

Vse do prejšnjega stoletja je bil kakršen koli diskurz o obstoju duše omejen na teološko ali filozofsko sfero. Zdaj je presenetljivo vprašanje postalo del dnevnega reda teoretične fizike, trdno postavljeno na vrh seznama tem, vrednih nadaljnjega preučevanja.

Predvsem fizik Henry Pierce Stapp izvaja študije, ki so na spletu razglašene z določenim poudarkom z naslovi, podobnimi temu: "Henry Stapp želi dokazati obstoj duše" (Henry Stapp želi dokazati obstoj duše). Resnici na ljubo Stapp ne želi toliko dokazati obstoja duše, temveč tega, da je, razumljeno kot zavest živega bitja, ni mogoče prezreti. Duša, torej zavest, mora postati aktivna in vplivna spremenljivka v enačbah in formulah, ki opisujejo delovanje vesolja.

Stapp se je rodil leta 1928 v Clevelandu, Ohio, ZDA. Doktoriral je iz fizike delcev pod mentorstvom Nobelovih nagrajencev Emilia Segrèja in Owena Chamberlaina na kalifornijski univerzi Berkeley. Znan je po svojih delih na področju kvantne mehanike, zlasti po razvoju aksiomatske teorije S-matrike; med drugim je objavil veliko člankov, povezanih z nelokalnimi vidiki kvantne mehanike in Bellovim izrekom.

Leta 1958 ga je Wolfgang Pauli povabil na ETH Zürich, da bi z njim osebno delal na osnovnih problemih kvantne mehanike. Od leta 1969 je bil neposredni sodelavec Wernerja Heisenberga na Inštitutu Maxa Plancka v Münchnu. Kasneje je od leta 1976 delal z Johnom Wheelerjem. To je akademska kariera, ki se vedno izvaja na najvišji ravni..

Henry Stapp. Kvantna teorija in svobodna volja.

Leta 2017 je Stapp izdal knjigo "Quantum Theory and Free Will. How Mental Intentions Translate into Bodily Actions".

Ta knjiga s preprostimi, a natančnimi izrazi pojasnjuje, kako deluje ortodoksna kvantna mehanika, in prikazuje, kako ta teorija, realistično interpretirana, pripisuje pomembno vlogo našim zavestnim in svobodnim odločitvam. Stapp izhaja iz načela, da tradicionalna biologija in nevroznanost še vedno podpirata v bistvu ovržene in zgrešene klasične predsodke, po katerih mentalne namere ne vplivajo na obnašanje materije. Prikazuje, kako kvantna mehanika zagotavlja racionalno osnovo za boljše razumevanje povezav med zavestjo in vedenjem, prav tako pa omogoča razlago nekaterih pojavov, ki trenutno veljajo za "paranormalne". Te ideje imajo pomembne posledice za razumevanje nas samih in naših miselnih procesov ter s tem tudi za smisel našega življenja.

V knjigi se Stapp loteva enega najbolj perečih vprašanj, svobodne volje. To je koncept, ki ga "Enciclopedia Italiana Treccani" opredeljuje na naslednji način:

> Svobodna volja. Izraz, ki se uporablja za označevanje svobode človeka, katerega dejanja ne določajo višje sile (nadnaravne ali naravne), temveč izhajajo iz njegovih avtonomnih odločitev.
>
> Ta izraz je nastal na podlagi krščanskih teoloških razprav v zvezi z združljivostjo božje vsemogočnosti in vsevednosti ter človekove svobode. Protagonisti humanizma in renesanse so še posebej zagreto podpirali tezo o svobodni volji.

Z religioznega vidika je zelo težko uskladiti svobodno voljo z idejo vsevednega Boga: če Bog že pozna prihodnost in torej ve, kako bo ravnal človek, ali se lahko človek šteje za svobodnega pri odločanju?

Pustimo vero za trenutek ob strani, saj je oseben in neobjektiven pojem in se tudi verniki različnih veroizpovedi pogosto znajdejo v nesoglasju glede nje.

Znanost, kot vemo, deluje s svojimi metodami, ki jih lahko opredelimo kot objektivne: izvaja eksperimente, iz katerih potegne konkretne zaključke. Če eksperimentalni rezultati hipotezo neizpodbitno potrdijo, to postane fizikalni zakon, sicer se lahko sodba zavrne ali prekine.

V primeru svobodne volje še nihče ni mogel trditi, da je veljaven zakon. Pravzaprav nikoli ni bilo mogoče dokazati, da z večkratnim preučevanjem določene situacije vedno dobimo enak rezultat.

Izhajajoč iz te znanstvene podlage lahko oblikujemo širše razmišljanje, povezano z gotovostjo, da je človek sestavljen iz atomov in delcev.

Vemo, da so atomi v nenehnem vznemirjenju, in vemo, da se kot del tega gibanja nagibajo k združevanju z drugimi atomi. Toda ene stvari ne vemo: zakaj se atomi privlačijo in združujejo? S kakšno silo se združijo trije atomi (dva vodikova in en kisikov) v molekulo vode? Ali obstaja »vest«, ki jih vodi k izvajanju prav te izjemno uporabne oblike združevanja, namesto številnih drugih možnih?

Atom dejansko ne bi smel imeti zavesti, zato se ne bi smel "zavestno" odločiti, katero vrsto združevanja naj izvede. Še več, niti molekule vode ne moremo opredeliti kot zavestno. Lahko pa se atomi združujejo tudi na bolj zapleten način, na primer tako, da tvorijo biološko »živo« bitje, torej gotovo obdarjeno z zavestjo ali vsaj z nagonom. Čudežno se bitja, obdarjena z zavestjo, rodijo iz kopičenja milijard atomov brez zavesti.

Zakaj? To je prava uganka. Kaj je lahko rešitev? Ali imajo atomi zavest, v nasprotju s splošnim prepričanjem, ali pa jih vodi zavest, ki jim je zunanja: v vsakem primeru mora v procesu združevanja obstajati "pilotna zavest".

Z verskega vidika bi lahko rekli, da je vse vnaprej določeno od Boga; zavest, iz katere izhajajo vse zavesti in vsa zavestna vedenja, je Božja.

Vendar znanost teh metafizičnih razmišljanj ne šteje za veljavne in nadaljuje svoje delo, da bi odkrila, kateri so mehanizmi, ki določajo združevanje snovi.

Razumeti, kako in zakaj se atomi združujejo, bi pomenilo odkriti, kako nastanejo zavesti živih bitij. Nadalje bi to razumevanje pripeljalo do sklepa, da nastajanje zavesti poteka na podlagi jasno določljivega procesa. Proces bi bilo mogoče prenesti v algoritem.

Če bi bilo tako, bi bilo "nastajanje" zavesti del predvidljivega in ponovljivega procesa. Zato bi lahko domnevali obstoj "standardnih" zavesti. Pod temi pogoji bi bilo enkrat za vselej jasno, da svobodna volja ne obstaja.

Kvantna fizika razvija popolnoma drugačen pogled, ki ga Stapp raziskuje v svoji knjigi. Delca ne moremo opazovati tako, da ugotavljamo njegov položaj in hitrost, oziroma lahko to počnemo le verjetnostno. Z večkratno ponovitvijo meritve z istimi podatki najdemo delec na več različnih mestih. Pa ne samo to: z opazovanjem delca ustvarimo "kolaps" valovne funkcije, ki ga vsebuje; zato se odločimo, kje ga bomo našli.

Pravzaprav je delec suspendiran v meglenem stanju, dokler se preprosto z opazovanjem, tj. gledanjem nanj, sami ne odločimo, kam ta delec postaviti.

To ima neizmerne etične in filozofske posledice. Če se z opazovanjem le-teh odločimo, kam bomo delce postavili, torej če sami izbiramo lastnosti materije, potem to pomeni, da svobodna volja obstaja. Nismo več stroji, ki jim vlada materija, ampak bitja, ki so sposobna s svojo voljo obvladati materijo.

V enem od svojih številnih intervjujev se Henry Stapp tako izrazi o teoriji, ki jo je razvil, "kvantni teoriji zavesti":

> Pomembno je, da kot posamezniki in vsi skupaj popravimo trenutno razširjeno predstavo, da je znanost pokazala, da smo mehanski avtomati. Ta ideja temelji na klasični mehaniki, ki je zdaj empirično razveljavljena. Njena naslednica, kvantna mehanika, nas predstavlja kot psihofizična bitja, katerih zavestni nameni niso določeni s fizikalnimi vidiki Narave, a kljub temu vzročno vplivajo na potek fizičnih dogodkov.
>
> Vprašanje, ki se takoj pojavi, je: "Kakšna je povezava med našimi zavestnimi izkušnjami in fizično opisanim svetom?".
>
> Klasične fizikalne teorije, ki so prevladovale v znanosti v 18. in 19. stoletju, so trdile, da je vsaka fizična lastnost vnaprej določena samo s prejšnjimi fizikalnimi lastnostmi, brez kakršnih koli "dodanih elementov" iz zavesti. Ta izjava, če bi bila resnična, bi pomenila, da so naša življenja nesmiselna; to bi vsakega od nas zmanjšalo na v bistvu brezumne mehanske avtomate, ki ne morejo vplivati na potek prihodnjih fizičnih dogodkov bodisi v lastno korist bodisi v korist kogar koli drugega.
>
> Danes je znano, da so klasične fizikalne tehnike v osnovi napačne. Te zastarele teorije je nadomestila kvantna mehanika. V tej teoriji igrajo naše zavestne "svobodne odločitve" bistveno dinamično vlogo pri do-

ločanju prihodnosti. Takšne izbire imenujemo "svobodne", ker niso omejene z nobeno drugo značilnostjo teorije, statistične ali druge."

Energija Univerzalnega Duha.

Naša sposobnost opazovanja elementarnih delcev določa resničnost opazovanega in torej priča o naši svobodni volji. Toda potem se lahko vprašamo: kdo je tisti, ki opazuje naše delce, da bi ugotovil, da morajo natanko oblikovati naše telo in s tem našo zavest? Kdo nas gleda?

Ali obstaja opazovalec, ki nas določa? Ali pa: ali obstaja igra, v kateri smo opazovalci in opazovani, ustvarjeni in ustvarjalci? Kdo vodi to igro? Ali pa se je morda igra rodila iz skrivnostnega "začetka", ki že od začetka vidi nas same, igralce in sodnike?

Morda je resničnost velikanski Ouroboros, mitski zmaj, ki grize svoj rep in oblikuje krog brez začetka ali konca?

Na videz negiben, a v večnem gibanju, ouroboros predstavlja moč, ki požira in obnavlja samo sebe, univerzalno energijo, ki se nenehno porablja in obnavlja. Simbolizira torej enotnost in celovitost vsega, neskončnost, večnost, ciklični čas, večno vračanje, nesmrtnost in popolnost.

Zanimivo je opaziti, kako je ta simbol prisoten v množici mističnih in filozofskih tradicij vsakega časa in kraja.

Dejstvo, da se vsa snov oblikuje z opazovanjem, vsebuje neizogibno nujnost: moramo biti opazovani.

Geslo Georgea Berkeleyja je razsvetljujoče: "Esse est percipi" (Obstajati pomeni biti zaznan).

S tega vidika postanejo razumljive tudi besede psalmista, ki se obrača k Bogu in se mu zahvaljuje, ker je pogledal, da res ni mogel uiti njegovemu pogledu. Pa ne le to: priznava, da ga je Bog opazoval, odkar se je oblikoval v materinem trebuhu, priznava, da ga je ta pogled naredil popolnega "kot čudež".

David Bohm, ki je bil sin rabinovega pomočnika, je verjetno v otroštvu večkrat molil z besedami psalma 138

»Gospod, ti me iščeš in me poznaš,
veš kdaj sedem in kdaj vstanem.
Od daleč prodiraš v moje misli,
gledaš me, ko hodim in ko počivam.
Kam pobegniti od svojega duha, kam pobegniti od tvoje prisotnosti?
Tvoje oči so me videle, ko še nisem bil oblikovan"

V zadnjih letih svojega življenja je bil Bohm navdušen nad teorijami Jidduja Krishnamurtija, rojenega v Indiji leta 1895. S tem filozofom je vzpostavil kulturno in duhovno partnerstvo, tako zelo, da sta skupaj napisala nekaj knjig, vključno z "Where time ends".

V času tega prijateljstva s Krishnamurtijem se je Bohm zelo zbližal z vzhodnjaškim misticizmom in preoblikoval mladostno željo po izgradnji pravičnejše družbe skozi sovjetski materializem. V njem je zorela težnja, ki teži k istemu cilju, vendar po poti duhovne rasti.

V kontekstu tega kulturnega in duhovnega partnerstva je Bohm razdelal misel, ki jo je izrazil v tem citatu iz knjige »Bohm. Fizika neskončnosti« Massima Teodoranija:

»Delimitaeo« polje stvari je vse, kar lahko vidimo, slišimo, se dotaknemo, spomnimo in opišemo. To polje je v bistvu tisto, kar je manifestno ali otipljivo. Bistvena lastnost neskončnega, kontrasta, je njegova izmuzljivost. Ta lastnost ima obliko besede Duh, katere prvotni pomen je "veter, dih".

To kaže na obstoj nevidne, a prodorne energije, na katero se odziva manifestirani svet končnega. Ta energija, o Duh, prežema vsa živa bitja in brez nje bi vsak organizem razpadel na svoje sestavne elemente. Kar je resnično živo v živem bitju, je energija Duha. Ta energija se ni nikoli rodila in nikoli ne bo umrla."

Bohm je duh označil za dušo sveta, super impliciran red, ki je podlaga in oživlja vse kasnejše implikacije in razlage. Mislil je na red, ki se nahaja na ravni najvišje svobode in je kot tak osvobojen kakršne koli filozofske ali dogmatične konotacije.

Kot je pokazal v svojem življenju, je Bohm štel svobodo za veliko dobrino in si jo prizadeval osvojiti v njeni absolutnosti, da bi jo lahko delil. Umrl je zaradi srčnega infarkta 27. oktobra 1992 v Londonu, kar je zapustilo veliko praznino v znanstveni skupnosti in ogromno zapuščino idej, ki čakajo na znanstveno in filozofsko razvoj.

Bibliography.

Acheson David # One thousand eighty-nine and other magic numbers.
Aguirre Anthony # Zen and Multiverses
Allen Steve # Deceptions of logic
Ambesi Alberto # Panteismo
Amir Dan Aczel #Entanglement. The greatest mystery of physics. Amir Dan Aczel # The Mystery of the Alef
Amir Dan Aczel # The God Equation
Anderl Sybilla # The universe and me. A philosophy of astrophysics
Angier Natalie # The canon of science. Guided tour from the infinitesimal to infinity for enthusiastic beginners...
Anthes Emily # Quick Guide for Brainiacs: The Mind
Arecchi Tito & Eva # Simboli e realtà
Argentieri Niccolò # Ci sono elettroni nel mondo della vita?
Armstrong David # What is metaphysics
Asimov Isaac # The Physics Book
Asimov Isaac # In the beginning. The book of genesis interpreted.
Asimov Isaac # The invisible universe
Astrolabio Ubaldini # Neuroscienze e spiritualità. Mente e coscienza nelle tradizioni
Baker Stephen # The secret power of mathematicians
BakerJoanne # Quantum Physics. 50 great ideas
Barbour Julian # The point of Janus. A new theory of time
Julian Barbour # The End of Time.
Barcelli Simone # La storia che verrà
Baron Vincenzo # Albert Einstein. Il costruttore di universi
Barrow, Tipler # The anthropic principle.
Barrow John David # 1+1 does not (always) do 2
Barrow John David # Zero to . The great story of nothing. Oscar Mondadori.
Barrow John David # From the Self to the Cosmos
Barrow John David # The numbers of the universe
Barrow John David # The Book of Universes. Complete guide to possible universes
Barrow John David # The mono within the world
Barrow John David # Infinity
Barrow John David # The universe as a work of art

Barrow John David # The Pictures of Science
Barrow John David # The Origins of the Universe
Barrow John David # Why is the world mathematical? The third
Barucca, Jannaccone Scacchi # Forced science
Barzaghi Giuseppe # Compendio di storia della filosofia
Battiston Roberto # La prima alba del cosmo. Dal big bang alla vita nell'universo
Beitman Bernard # Messages of coincidences.
Bellone Enrico # Corpi e cose
Bergson Henri # Essay on the immediate data of consciousness
Berkeley George # Philosophical Works
Bersani-Peres # Proverbial mathematics
Bersani R, Peres E. # Mathematics. Survival course
Berti Enrico # History of metaphysics
Bocchi G, Ceruti M. # Origins of stories
Bodanis David # E=mc². Biography of the equation that changed the world
Bogdanov Igor # Before the Big Bang. The origin of the universe
Bohm - Khrisnamurti # Where time ends
Bohm - Khrisnamurti # The limits of thought
Bõhm Conrad # The Keys of the Cosmos
Bohm David # Universe Mind Matter
Bojowald Martin # Before the Big Bang. Complete history of the universe
Bonaventura, Colombo, Miluzio # The made-to-measure universe. Journey into the incredible cosmic coincidences that allow us to be here
Boncinelli, Inherited # Everything is transformed. Brief history of energy
Borgna Eugenio # Il tempo e la vita
Brockmn John # That's not true but I believe it
Bruno Giordano # Of the infinite universe and worlds
Bryson Bill # A Brief History of (Almost) Everything
Bui Daniele, LeoniSilvio # Mente, cervello e coscienza. Il vicolo cieco del materialismo nel pensiero di Sir John Eccles
Burgin Luc # Errors of science
Cambray Joseph # Synchronicity. Nature and psyche in an interconnected universe.
Campbell, Joseph # Dee. The mysteries of the divine feminine
Campbell, Joseph # The Inner Reaches of the Cosmos. The metaphor in myth and religion
Cantalupi -Santarcangelo # Psiche e realtà
Cappelletti Valentina # From order to things. Essay on Werner Heisenberg
Capra F. Luisi P.L. # Life and nature. A systemic view.
Goat Fritjof # The turning point
Goat Fritjof # The Tao of Physics.
Goat Fritjof # The science of life
Goat Fritjof # Towards a new wisdom
Carlson W. Bernard#Tesla. The inventor of the electric age
Casati Roberto # La scoperta dell'ombra
Castorina Paolo # La «particella di Dio» e l'origine della massa

Cattabiani Alfredo # Planetarium
Cederquist John # Coincidences don't exist.
Cesati Cassin Marco # Non siamo qui per caso. Il potere delle coincidenze.
Chandrasekhar Sub. # Truth and beauty. The reasons for aesthetics in science.
Chiaberge Riccardo # Il Dio variabile
Chinnici Giorgio # Si dà il caso. Il funzionamento segreto del mondo quantistico
Chopra Deepak # Coincidences.
Ciuffardi, Perissi # La fine della coscienza? Dalla mente bicamerale all'intelligenza artificiale
Clark Michael # Paradoxes A to Z
Close Frank # Theories of everything
Scatti Monica # Buchi neri evanescenti
Coppens Yves # The construction of prehistory
Couliano Joan # The journeys of the soul
Coustè Alberto # Brief history of the devil
Crespi Marco # L'equazione della coscienza
Currivan Jude # The Cosmic Hologram
D'Ancona Vittorino # Greek mythology
Dal Buono Lucio # Dall'atomo all'anima. Tutto quello che devi sapere
Damasio Antonio # Emotion and conscience
Damasio Antonio # Descartes' error. Emotion, reason and the human brain
Dask Mike # Beyond Borders
Davies Paul # How to build a time machine
Davies Paul # God and the new physics
Davies Paul # The last three minutes
Davies Paul # The Mysteries of Time. The universe after Einstein
Davies Paul # The Intelligent Cosmos
Davies Paul # The fleeing universe
Davies Paul # The Mind of God
Davies Paul # Are we alone?
Davies Paul # On the edge of infinity. Naked singularities and distribution of space-time
Dawkins Richard # The Blind Watchmaker
De Agostini # Biology
De Agostini # Large paperbacks. Geographical atlas. Historical. Astronomy
De Crescenzo Luciano # Ordine e disordine
De Crescnzo Luciano # empo e felicità
De Santillana Giorgio, Von Dechend Hertha # Hamlet's mill. Essay on myth and the structure of time.
De Santillana Giorgio #Sirio
Dehaene Stanislas # Brain and consciousness
Della Sala, Dewar # Never trust your mind. N+1 experiments to understand how it deceives us and why
Delmastro Marco # Particelle familiari. Le avventure della fisica e il bosone di Higgs

By Francesco Michele, Marraffa, Tomasetta # Filosofia della mente. Corpo, coscienza, pensiero
Mondadori Dictionary # Dizionario della saggezza orientale
Donà Massimo # Magia e filosofia
Du Sautou Marcus # The perfect mess
Du Sautou Marcus # The Million Dollar Equation
Du Sautou Marcus # The impossible theories. What are the limits of science?
Dumezil Geoges # Archaic Roman religion
Edelmen, Tononi # Un universo di coscienza. Come la materia diventa immaginazione..
Albert Einstein # Albert Einstein. Relativity and new physics
Einstein Albert # The world as I see it
Einstein Albert # Thoughts, ideas, opinions
Einstein, Infeld # The evolution of physics
Ekelan Ivar # Chaos
Ereditato Antonio # Le particelle elementari
Hermes Trismegistus # Poimandres
Fabbro Franco # The biological foundations of philosophy. The symbolic nature of DNA, psyche and language
Facchini Fiorenzo # L'avventura dell'uomo. Caso o progetto?
Facchini Fiorenzo # Origini dell'uomo ed evoluzione culturale
Facchini- Magnani # Myths and rites of prehistory
Faggin Federico # Irriducibile, Conscience, life, computers and our nature
Faggin Federico # Silicon
Falletta Nicholas # The Book of Paradoxes
Federrici Vescovini G. # Magico Medioevo
Ferrini Federico # Onde gravitazionali. Una nuova porta per il cosmo
Ferris Timothy # The Adventure of the Universe. From Aristotle to quantum theory and beyond: a never ending story
Ferrone Vincenzo # Una scienza per l'uomo
Feynman Richard # The meaning of things
Feynman Richard # QED
Feynman Richard # Six Easy Pieces
Albertini Foundation # Prove e indizi dell'aldilà
Andrea Sardos Foundation # Prove e indizi dell'aldilà. Il caso Andrea
Ford Kenneth # The quantum world. Quantum physics for everyone.
Fosar-Bludorf # Hyperconsciousness. Intelligence is hidden in the DNA
Foster Charles # We human beings. 40,000 years of history of consciousness
Franks E.M. # Carl Jung's theory of psychological types
Fraser J. T. # Time: an unknown presence
Frazer James # The golden branch
Friedman Richard # Who Wrote the Bible?
Frova Andrea # Il Cosmo e il Buon Dio. Dialogo su astronomia, evoluzione e mito
Find Andrea # Luce. Una storia da Pitagora ad oggi
Find Andrea # Perché succede quello che succede

Galfard Cristophe # How to understand E=mc2
Galilei Galileo # DDialogo dei principali sistemi
Gallippi Angelo # Federico Faggin. Il padre del microprocessore
Gamow George # Gravity
Gamow George # The Adventures of Mr. Tompkins. Daedalus Editions
Gamow George # New World of mr. Tompkins. Zanichelli
Gamow George # Thirty Years That Shocked Physics
Gasperini Maurizio # L'universo prima del big bang. Cosmologia e teoria delle stringhe
Gazzaniga Michael # Conscience is an instinct. The mysterious link between the brain and the mind
Giacobbo Roberto # Secret cities
Giacobini, d'Errico # The Neanderthal hunters
Giacomelli Giorgio # Dal quark al big bang
Giuliodori Lucio # Sul concetto di sincronicità: Jung tra psicoanalisi e quantismo
Giuliodori Lucio # Tra fisica e metafisica. Alcune implicazioni
Atlanti Giunti # Geografia generale, astronomia e cartografi
Gleick James # Chaos. The birth of a new science
Goldman Jane #Xfiles. The Book of Incredible Facts
Goswami Amit # Quantum Guide to Enlightenment. Mediterranean Editions
GrazianoMichael # Rethinking conscience
Grecchi Vittorio # The brain field lies
Greek Peter # The origin of the universe
Greene Brian # Until the end of time. Mind, matter and the search for meaning in an ancient universe
Greene Brian # The elegant universe. Superstrings. hidden dimensions and the search for the ultimate theory.
Greene Brian # The Elegant Universe
Greene Brian # The Hidden Reality
Greene Brian # The hidden reality - parallel universes and profound laws of the cosmos. Philosophies of sciences
Greene Brian # The plot of the cosmos. Space, reality.
Gribbn John # Encyclopedic Dictionary of Quantum Physics
Guido Paolo # Da Buddha a Einstein
Hack Margherita Ferreri Cossard # La lunga storia delle origini. I grandi miti e le teorie con cui l'umanità ha spiegato l'universo
Hall Nna # Chaos. A science for the real world
Hand David # Chance does not exist. Because the most amazing things happen every day
Harner Michael # The Way of the Shaman
Harrison Edward # The Masks of the Universe
Hawking - Penrose # The nature of space and time
Hawking Heckler # The Grand Design.
Hawking -Mlodinov # From the Big Bang to black holes. Brief history of the universe. Mondadori

Hawking Stephan # Holes nr and newborn universes
Hawking Stephen # The universe in a nutshell. Oscar Saggi Mondadori.
Hawking Stephen # The Great History of Time. Mondadori
Stephen Hawking # The Theory of Everything. Origin and destiny of the universe. Mondadori.
Hawking Stephen # Gazing up at the stars
Heckler Richard # Coincidences
Heidegger, Martin # What is metaphysics?
Heidegger, Martin # The concept of time
Heisenberg Werner # Physics and Philosophy
Hermann Greta # Physics and philosophy
Higfield, Roger # The Science of Henry Potter
Hillman, James # The Soul Code
Hope Murry # The Secret of Sirius
Hopke Robert # Nothing happens by chance. Oscar Mondadori
Hoyle Fred # The Origin of the Universe and the Origin of Religion
Humphrey Nicholas # Soul Dust. The Magic of Consciousness
Hunter Tobias # A new idea of the world
Huxley Aldous # Brave New World. Back to the new world.
Jaffè Aniela # Dreams, prophecies, apparitions
Jaynes Julian # The Breakdown of the Bicameral Mind and the Origin of Consciousness
Johnson Steven # Where great ideas are born. Natural history of innovation
Joseph Frank # The Power of Coincidences. The meeting point.
Jou David # Rewrite Genesis. In search of the mathematical formula of creation
Jung Carl # Animus and anima
Jung Carl # Experience and mystery
Jung Carl # The Red Book. Liber novus.
Jung Carl # Jung speaks Interviews and meetings
Jung Carl # The analysis of dreams. The archetypes of the unconscious. The synchronicity.
Jung Carl # The ego and the unconscious
Jung Carl # Man and his symbols
Jung Carl # The psychic dimension. Collection of writings.
Jung Carl # Psychology of the unconscious
Jung Carl # Memories and reflections.
Jung Carl # Psychological types
Kaku Michio # The future of humanity
Kaku Michio # Hyperspace
Kaku Michio # The divine equation
Kane Gordon # The Garden of Building Blocks. Longanesi
Karsenti Eric # A Brief History of the Origins of Life. From the cell to the human being, the most beautiful story ever told: ours
Kauffman Stuart # Reinventing the sacred

Kinnebriock Werner # Where does the passing of time go. Physics, philosophy and daily life
Kippenhahn Rudolf # Pocket Cosmology. From the big bang to the poetry of the starry sky
Koch Christof ok # The search for conscience
Kornelius Martin #Einstein Light
Kosko Bart # The fuzzy-thinking
Krauss Lawrence # The Dark Heart of the Universe. In search of the «Fifth essence
Krauss Lawrence # The Universe from Nothing
Krauss Lawrence # The Physics of Star Trek
Kumar Manjit # Quantum. From Einstein to Bohr, a new idea of reality.
Kundera Milan # Immortality
Kung Hans # Chinese Christianity and Religiosity. Arnoldo Mondadori editor.
Lalumera Elisabetta # Cosa sono i concetti
Lambert Karel, G. Gordon # Introduction to the philosophy of science
Lanternari Vittorio # Religione, magia e droga
Lanza R. + Herman # Biocentrism
Lanza Robert # The grand biocentric design
Lanza Robert # Beyond biocentrism
Laszlo Erwin # Science and the Akashic Plan
LaszloErvin # The Immortal Mind
Lazzara Salvatore # Vedi alla voce scienza
Lederman-Hill # Quantum Physics for Poets
Ledoux Joseph # The emotional brain
Licata Ignazio # Observing the Sphinx. DiRenzo Publisher.
Lindley David # Einstein's moon
Lipton Bruce # The Biology of Belief
Livio Mario # La sezione aurea. Storia di un numero e di un mistero che dura da tremila anni
Lu Tung-pin # The Secret of the Golden Flower
Luc Georg # Il magico nella cultura antica
Luccio Riccardo # FDall'anima alla mente. Breve storia della psicologia
Lurker Manfrd # Dictionary of Biblical Pictures and Symbols
Marchesi Fabio # Exotropia
Marchi Vittorio # La scienza dell'Uno. Chiave per l'universo nascosto
Marconi Momolina # Prelude to the history of religions
Marletto Chiara # La scienza dell'impossibile. Alla ricerca delle nuove leggi della fisica
Martini Francesco # Persuasive communication 4 books
Massalenti (curator) # Qualcosa di grande. L'infinita bellezza e complessità di tutto ciò che esiste
Massimini Tononi # Nothing greater
Mavaldi Marco # The two heads of the tyrant. Mathematical methods for freedom
Mazzitelli Italo # What if God existed? E se Dio esistesse? I limiti della conoscenza scientifica quando si indaga su Dio e la religione

McTaggart Lynne # The secret force of the universe. The zero point field
McTaggart Lynne # The Bond. The quantum link
Mecacci Luciano # Identikit of the brain
Michell John # Astroarchaeology
Miramonti Reseghetti # Neutrino. La particella fantasma
Mondadori # Dictionary of oriental wisdom
Morowitz Harold # The birth of everything
Mortier Roland # Imposters and gullible people in the Age of Enlightenment
Matteo Motterlini # Mental traps. Rizzoli
Mugnos Sabrina # The universe that thinks
Mullis Kary # They dance naked in the field of mind
Musso Paolo # Science and the idea of reason. Science, philosophy and religion from Galileo to black holes and beyond.
Muzzio Publisher # Caos. Una scienza per il mondo reale
Nagel Thomas # A very short introduction to philosophy
Neumann Erich # History of the origins of consciousness
Nietzsce # Beyond good and evil
Nietzsche Friedrich # Thus Spoke Zarathustra
New Syntheses # Galileo Newton Einstein
O'Keane Veronica # The Bazaar of Memory. How we build memories and how memories build us
O'Regan J. Kevin # Why colors don't play. A new theory of consciousness
Odifreddi Piergiorgio # Una via di fuga. Il grande racconto della geometria moderna
Oldstone Moore # Understanding Taoism
Oliverio Alberto # Dove ci porta la scienza
Oliverio Alberto # L'arte di ricordare. La memoria e i suoi segreti
Oreglio Flavio # Curiosa storia della scienza. Le radici pagane dell'Europa
Osho # Rajneesh's bible
Overbye Dennis # Einstein innamorato. La vita di un genio, tra scoperte scientifiche e passione romantica
Palazzi Pablo # The Great Illusion
Palmarini and others # Musica, luce, colori, nuova energia
PanekRichard # The invisible century
Paolelli Ermanno # Neuro-quantum. The new frontier of neuroscience
Parigi Silvia # Magia e scienza nell'età moderna
Paris Giorgio # In un volo di storni. Le meraviglie dei sistemi complessi
Pauli Wolfgang # Psyche and nature
Pearson Carol S. # The hero within us
Peat David # The Paths of Chance
Peat David # Synchronicity. A union between matter and psyche. Magi Editions
Peiretti Federico # Il matematico si diverte. Duecento giochi e puzzle che hanno fatto la storia della matematica
Pellegrini Massimo # Fisica quantistica per principianti
Penrose Roger # The Universe is still a secret
Penrose Roger # The Emperor's New Mind

Penrose Roger # The road that leads to reality
Perconti Pietro # Conscience. Philosophical lexicon
Pichot André # The birth of science. Mesopotamia, Egypt, Ancient Greece
Pim van Lommel # Consciousness beyond life
Pinotti-Baccarini # Italia esoterica
Pizzuti Marco # From man 2.0 to the universal matrix of ooscience. Unauthorized evolution
Plato # Against Democracy
Plez Ugo # The lost sciences
Poli Eric Francesca # Anatomy of quantum consciousness
Polkinghorne John # Quantum theory
Popper Karl # The ego and its brain. Armando Publisher.
Powell Arthur # The astral body and related phenomena
Prattico Franco # From chaos… to conscience
Privitera Agata # MBT The Myers-Briggs theory and the 16 personalities
Proverb Edward # Archaeoastronomy
Radin Dean # Interconnected Minds. Psychic phenomena explained by quantum physics.
Ramorino Felice # Classic mythology illustrated
Randall Lisa # Curved passes. The mysteries of the hidden dimensions of the universe
Ranucci Stefano # Physics of the other world. When consciousness and quantum physics explain the paranormal
Reda Giuseppe # Energy and its forms of existence
Reeves Hubert # Cosmic Evolution
Regge Tullio # Infinity
Renn Jurgen # The evolution of knowledge
Rey Olivier # Itineraries of bewilderment. What if science were a great metaphysical enterprise?
Rezzolla Luciano # The irresistible attraction of gravity. Journey to the discovery of black holes
Rhine Louisa # Psychokinesis. Mind dominates matter. Golem Books.
Richet Pascal # A natural history of time
Robinson Richard # Why does toast always fall buttered side up?
Robinson Richard # Why does toast always fall buttered side up? The brilliant scientific explanation of Murphy's Laws
Rodriguez Pepe # God was born a woman
Romano Giuliano # Archeoastronomia italiana
Romanus Julian # Orientamenti ad sidera
Rosati Giancarlo # Cosmic consciousness. Path to enlightenment
Rossi Daniela # Matter that dreams
Roth Reme # The Seekers of God
Rovelli Carlo # Heligoland
Rowan Robinon # The nine numbers of the cosmos. The origin and nature of our universe
Rucker Rudy # The Fourth Dimension. A guided journey into higher order universes

Russel Bertrand # Dictionary of physical and moral logic
Russo Lucio # The forgotten revolution. Greek scientific thought
Russo Michele # Is life a "case" of matter?
Essay Isabella # Age, if any
Sale Musio Carla # Communicating with those who no longer have a body
Sarle John # The Mystery of Conscience
Schoch Robert # The voice of the stones. Lost civilizations
Schoepflin Maurice # 100 Philosophers
Schopenhauer Arthur # The art of getting right
Schumacher Ernst # A guide for the perplexed
Searle John # The mind
Sermonti Giuseppe # A science without a soul.
Serra Pietro # From the soul to the conscience. An incursion into the folds of the mind
Severino Emanuele # The anti philosophy
Shapira Haim # Lessons on Infinity
Sheldrake Rupert # The Extended Mind. Hooray.
Sheldrake Rupert # The illusions of science. Hooray.
Siegfried Tom # The Number of Heavens. A story of the multiverse and the quest to understand the cosmos
Sigman Mariano # The Secret Life of the Mind. How our brain works when it thinks, feels, decides
Singer Charles # A Brief History of Scientific Thought
Sissa ISAS laboratories # Chaos and complexity
Smith Michael # Jung and shamanism.
Smolin, Lee # Einstein's Unfinished Revolution. The search for what is there
Sorensen Roy # Philosophical Wonder Room
Sparzani and Panepucci # Jung e Pauli. La corrispondenza originaria:
Stanzani Maserati # Consciousness and meaning
Stapp Henry# Quantum Theory and Free Will. Springer International Publishing.
Stavros Joshua # Shamanism
Stein Murray # The principle of individuation. Towards the development of consciousness
Stenger Victor # Why Science Doesn't Believe in God. Faith's Lost Challenge to Reason
Styer Daniel # Really understanding relativity. Discovering Einstein's theory
Sun-Tzu # The Art of War
Surace Graziano # The Quantum of Challenge
Surprise Kirby # Sincronicità. Comprendere e utilizzare coincidenze significative
Tagliagambe Malinc # Jung e il libro rosso: il sé e il sacrificio dell'ego. Moretti & Vitali.
Malinc Legcutter. # Pauli e Jung. Un confronto tra materia e psiche.
Tagliagambe Silvano # Lo sguardo e l'ombra
Talbot Michael # All is one. Feltrinelli
Teilhard de Chardin # The human phenomenon
Teilhard de Chardin # The future of man

Teillard De Chardin # The place of Man in Nature
Teillard De Chardin # The singularities of the human species
Teodorani Massimo # Bohm. The physics of infinity.
Teodorani Massimo # Entanglement. The entanglement in the quantum world: from particles to consciousness.
Teodorani Massimo # The great celestial numbers
Teodorani Massimo # The atom and the elementary particles. Macro Editions
Teodorani Massimo # The creative mind. From the physical universe to intelligent life. Macro Editions.
Teodorani Massimo # Telling the universe. Popular introduction to astrophysics
Teodorani Massimo # Synchronicity. The link between physics and psyche. From Pauli to Jung to Chopra.
Teodorani Massimo # Teleportation
Teodorani Massimo # Tesla. A brillant idea
Tesla Nicola # My inventions. The autobiography of a genius
Tesla Nikola # On increasing human energy
Frank Tipler # The physics of immortality. Double day.
Tong Ziya # When you look at the world and you don't see it
Toni Paolo # Mathematical sparks. Games and competitions of creativity and logic
Tononi Edelman # A universe of consciousness
Tononi Giuio # PHI A journey from the brain to the soul
De Agostini # Illuminismo
Vaas Rudiger # Hawking. Universe, space, time
Vacca Roberto # You too are a mathematician
Vafa Cumrun # Puzzles to decipher the world
Vassallo Nicola # Philosophies of the sciences
Vidali Paolo # History of the idea of nature. From Greek Thought to Anthropocene Consciousness
Vincenzo Lorenzo # Enlightenment.
Vitebski Piers # Shamans
Von Franz Marie-Louise # Divination and synchronicity. Psychology of significant coincidences
Von Franz Marie-Louise # Fairy tales interpreted
Von Franz Marie-Louise # Psyche and matter
Von Franz Marie-Louise-ok # Psychological typology. The functions of consciousness: thinking and feeling, intuition and sensation
White John # The meeting of science and spirit. Publishing Practices.
Widmann Claudio # Introduction to synchronicity. Magi Editions.
Widmann Claudio # Synchronicities and significant coincidences. Magi Editions.
Wiener Anna # The dark valley
Wigner Eugene # The unreasonable efficacy of mathematics in the natural sciences
Wilber Ken # Quantum Issues
Wilson Edward # Wonderful Harmony
Wolf Fred # Time loops and space twists. How God created the universe. Find out why space, time and matter are closely connected

Wolke Robert # To his barber Einstein told it like this. Daily life and scientific questions
Zeilinger Anton # Einstein's Veil
Zeilinger Anton # The dance of photons
Zichichi Antonino # The irresistible charm of time. From the resurrection of Christ to the subnuclear universe
Zichichi Antonino # Infinity
Zolla Elemire # Archetypes. auras. Secret truths. Wandering Dionysus
Zoppi Giorgi0 # Cosmology with six difficulty levels

Finished printing on May 8, 2023

Bruno Del Medico, bloger, pisatelj, urednik, specializiran za širjenje vprašanj, povezanih z družbenimi aktualnimi dogodki in novimi mejami znanosti. Je avtor številnih besedil, povezanih z nedavno pandemijo, in specializirane serije o kvantni fiziki in metafiziki..

www.ingramcontent.com/pod-product-compliance
Lightning Source LLC
LaVergne TN
LVHW010651051026
849532LV00001B/250